U0254118

全国二级注册建造师继续教育教材

综合科目

中国建设教育协会继续教育委员会　组织
本书编审委员会　编写

中国建筑工业出版社

图书在版编目（CIP）数据

综合科目/中国建设教育协会继续教育委员会组织；《综合科目》编审委员会编写. —北京：中国建筑工业出版社，2019.6
全国二级注册建造师继续教育教材
ISBN 978-7-112-23766-1

Ⅰ.①综… Ⅱ.①中… ②综… Ⅲ.①建筑师-继续教育-教材 Ⅳ.①TU

中国版本图书馆 CIP 数据核字（2019）第 095830 号

责任编辑：李 慧 李 明
责任校对：党 蕾

全国二级注册建造师继续教育教材
综合科目
中国建设教育协会继续教育委员会 组织
本书编审委员会 编写
*
中国建筑工业出版社出版、发行（北京海淀三里河路 9 号）
各地新华书店、建筑书店经销
霸州市顺浩图文科技发展有限公司制版
北京京华铭诚工贸有限公司印刷
*
开本：787×1092 毫米 1/16 印张：14¾ 字数：363 千字
2019 年 7 月第一版 2019 年 7 月第一次印刷
定价：**55.00** 元
ISBN 978-7-112-23766-1
（32119）

全国二级注册建造师继续教育教材编审委员会

本书编审委员会

主　　编：丁士昭　王雪青　何红锋

参编人员（按姓氏笔画排序）：

马升军　王广斌　王　丹　刘云峰　李英杰

李德华　范美燕　赵　丽　徐友全　谭敬慧

为进一步提高注册建造师职业素质，提高建设工程项目管理水平，保证工程质量安全，促进建筑行业发展，根据《注册建造师管理规定》，注册建造师应通过继续教育，掌握工程建设有关法律法规、标准规范，增强职业道德和诚信守法意识，熟悉工程建设项目管理新方法、新技术，总结工作中的经验教训，不断提高综合素质和执业能力。注册建造师按规定参加继续教育，是申请初始注册、延续注册、增项注册和重新注册的必要条件。

本教材是二级注册建造师继续教育的必修课教材，也可供建设、设计、施工、咨询等单位相关工程技术和管理人员参考使用。本教材共6章，包括：建筑业全面深化改革及项目管理的新发展；注册建造师的法律责任和职业道德；工程项目投标报价及案例；建设工程项目成本管理及案例；招标投标法、合同法、建筑法；建设工程施工合同订立和履行案例。

本教材在建造师相关法律法规方面，主要体现了以下三个特点：第一，力图反映最新的立法现状，特别是《中华人民共和国建筑法》《中华人民共和国招标投标法》的修改，以及最新发布的《政府投资条例》《最高人民法院建设工程施工合同司法解释（二）理解与适用》等内容；第二，结合最新内容进行了案例分析，并且力图反映司法实践的现实情况；第三，不回避不同的学术观点，及其可能产生的影响。

本教材由丁士昭教授、王雪青教授和何红锋教授主编，其中第1章由丁士昭、王广斌、徐友全、范美燕、马升军编写，第2章由丁士昭、徐友全、马升军编写，第3章和第4章由王雪青、赵丽、王丹、刘云峰编写，第5章由何红锋，李德华编写，第6章由何红锋，谭敬慧，李德华，李英杰编写。

本教材在编写过程中，参阅和引用了不少专家学者的著作，在此一并表示衷心的感谢。

书中难免存在不妥之处，敬请广大读者批评指正。

目录
CONTENTS

1

建筑业全面深化改革及项目管理的新发展

1.1 国务院办公厅关于促进建筑业持续健康发展的意见

2017年2月24日，国务院办公厅发布了《关于促进建筑业持续健康发展的意见》(国办发〔2017〕19号，以下简称《意见》)。该《意见》为我国新时代建筑业发展指明了前进方向，是未来若干年建筑业发展的纲领性文件，许多新理念、新举措都是首次提出。

同年，党的十九大报告提出了习近平新时代中国特色社会主义思想，作出了我国经济已由高速增长阶段转向高质量发展阶段的重要判断，为建筑业改革转型提供了理论源泉和路径指导。回顾党的十八大以来建筑行业的总体发展历程可以发现，建筑业改革有一条主线贯穿始终：由“粗放型发展”向“精细化发展”转型。精细化发展的最终诉求，在于服务高水平、产品高品质和发展高效益。《意见》中的改革方向和重要举措都与“高质量发展”的要求相契合。

1.1.1 《意见》出台背景

1. 建筑业的重要性

建筑业的重要性可以从以下三个方面来加以认识。

一是建筑业已经是国民经济的支柱产业。经过30多年的改革发展，我国建筑业的建造能力不断增强，产业规模不断扩大，建筑业增加值占GDP的比重多年以来都超过6%，建筑业增长率始终高于国民经济增长率，并与GDP增长率变动趋势相一致。到2016年，全国建筑业总产值达19.35万亿元，建筑业增加值达4.95万亿元，占国内生产总值的6.66%。

二是建筑业对国计民生关系重大。建筑业吸纳了超过五分之一的农村转移劳动力，并带动了50多个关联产业发展，对经济社会发展、城乡建设和民生改善作出了重要贡献。建筑业所创造的最终建筑产品是国家和社会财富的重要组成部分，也直接影响到国家安全及人民生命财产安全。

三是建筑业的持续健康发展对于我国成功实施“一带一路”倡议有着举足轻重的影响。“一带一路”倡议是近200年来首次以中国为主导的洲际开发合作框架，是我国构筑国土安全发展屏障、寻求更大范围资源和市场合作的世纪大战略。其中，基础设施互联互通是“一带一路”建设的优先领域。“一带一路”地区覆盖总人口约46亿（超过世界人口60%），GDP总量达20万亿美元（约占全球三分之一）。这将给中国建筑业带来巨大的国际市场，而中国建筑业也将从一个重要方面代言我国的国际形象。

2. 建筑业转型升级发展面临重大历史机遇

建筑业既是支柱产业、传统产业和基础性产业，又是朝阳产业。建筑业这样一个传统行业，之所以能跻身于当代的朝阳产业，是因为当代建筑业的转型发展正面临以下重大机遇。

一是绿色发展的机遇，绿色可持续已经成为我国重要的国家战略，必将长期坚持，绿色建筑、地下管廊、海绵城市、生态修复等领域都已成为建筑业转型发展的重要方面。

二是新型城镇化的机遇，如今我国的城市化进程已经进入增速发展阶段。2016 年 2 月 6 日《中共中央国务院关于进一步加强城市规划建设管理工作的若干意见》中指出，要着力转变城市发展方式，着力塑造城市特色风貌，着力提升城市环境质量，着力创新城市管理服务，走出一条中国特色城市发展道路。2016 年 7 月 1 日《住房城乡建设部、国家发展改革委、财政部关于开展特色小镇培育工作的通知》（建村〔2016〕147 号）还进一步明确提出到 2020 年要培育 1000 个左右各具特色、富有活力的休闲旅游、商贸物流、现代制造、教育科技、传统文化、美丽宜居等特色小镇。

三是 BIM、大数据、互联网等新型 IT 技术为建筑业带来的新机遇。BIM 将颠覆建筑业的传统协同方式，大数据、互联网将极大地增进交易信用和透明度，改变建筑业的传统市场生态，以新型 IT 技术重构建筑业将是建筑业转型发展的新风口。

四是装配式建筑的发展机遇。装配式建筑是建筑工业化的一个重要组成部分，势必将极大地提升我国建筑业的生产效率。长期以来建筑业的工业化相对滞后，但随着我国劳动力就业人口的日渐萎缩，工业化是必由之路，而 BIM、大数据、互联网等则为装配式建筑的快速发展提供了极为有利的外部条件。目前，全国各地在装配式建筑的发展方面已经有了大量的试点，而国务院办公厅于 2016 年 9 月 27 日印发《关于大力发展装配式建筑的指导意见》（国办发〔2016〕71 号），则吹响了装配式建筑发展的集结号。

3. 建筑业急需应对的若干挑战

当前，中国建筑业面临的主要挑战如下。

一是市场监管体制机制不健全。我国建筑市场的监管体制机制还处于从计划经济到市场经济的艰难转型之中，政府监管越位、缺位、错位并存，导致改革对既有体制机制突破的需求与各种市场违法违规行为之间的界限容易相互混淆，加上工程建设领域腐败诱惑巨大，常常导致政府对不少市场违法违规行为总是难以根治。由此，转包挂靠、围标串标、工程款及农民工工资拖欠等违法违规现象屡禁不止，建筑业也成为腐败重灾区。

二是建筑业自身还存在不少亟待解决的问题。如工程建设组织方式落后、建筑设计水平有待提高、企业核心竞争力不强、工人技能素质偏低等。这些问题不少也与整个建筑市场的监管体制机制未理顺存在着极大的相关性，如建筑市场因过度的行政监管而碎片化，导致新型工程建设组织方式难以落地，同时建筑业专业人士话语权不足，设计大师难以脱颖而出；不少企业则因受到过度的资质保护而无动力去提升自身竞争力；而工人技能素质问题，则直接与因公共服务不足而导致建筑市场大量使用缺乏身份归属感的农民工密切关联。最终，上述问题在企业层面表现出来，就是我国建筑业尽管规模很大，但大而不强，整体效益较低。

三是质量安全问题。当前，一方面是在建工程的质量安全事故时有发生，质量安全问题是建筑业发展中各项问题矛盾的一个焦点，也凸显了有关工程质量安全保障这一重要的公共服务的不足。工程质量安全将是建筑市场监管体制机制改革成败的试金石。

1.1.2 《意见》颁布的意义

在上述背景下，《意见》的出台首先是对十八大和十八届二中、三中、四中、五中、六中全会以及中央经济工作会议、中央城镇化工作会议、中央城市工作会议精神的全面贯彻，也是对习近平总书记系列重要讲话精神和治国理政新理念新思想新战略的深入贯彻；是对《中共中央、国务院关于进一步加强城市规划建设管理工作的若干意见》（2016 年 2 月 6 日）的落实，也是对进一步深化建筑业“放管服”改革的一次重要部署。它必将有利于完善监管体制机制，优化市场环境，加快建筑业的产业升级，提升工程质量安全水平，促进建筑业持续健康发展，并为新型城镇化提供重要支撑。关于《意见》出台的意义，可以从以下几个方面进行解读。

1. 从顶层设计入手完善体制和机制

《意见》的出台为建筑业持续健康发展之路做出了顶层设计。长期以来，我国建筑业的诸多问题都是系统性的，与既有建筑市场监管体制机制不畅密切相关。单纯头痛医头脚痛医脚很难从根本上解决问题。尤其是监管体制机制不健全，行业监管重审批、轻监管，信息化水平不高，工程担保与保险和诚信管理等市场配套机制进展缓慢，市场在行业准入清出、优胜劣汰方面作用不足，严重影响行业健康持续发展。不少地方在实践中也看到了问题的根源，但改革中首先遭遇的就是现行法律法规滞后，难以突破；其次则是受制于部门利益、相互掣肘，在上层改革思路大方向不明之际，难以在部门间形成合力。此次《意见》的出台无异于是对建筑业全面深化改革的一大助力。

2. 以问题为导向明确改革举措

《意见》所提出的每一条都非常有针对性，直接切入到行业痛点。如市场信用问题、资质管理碎片化问题、招投标扩大化形式化问题、工程总承包落地问题、培育全过程咨询问题、工程质量安全问题、工程承包履约及合同价款结算问题、人才队伍建设问题和建筑业转型升级及走出去问题，等等。上述问题是建筑业难以治愈的顽症，根本原因是因为缺乏系统性的配套解决手段。《意见》从七大方面分别提出了 20 条举措，逐一提出破解上述制约行业发展的关键问题的措施。2017 年 6 月 13 日，住房城乡建设部等 19 部委又联合发布《住房城乡建设部等部门关于印发贯彻政策促进建筑业持续健康发展意见重点任务分工方案的通知》，进一步明确《意见》中所列改革举措的具体责任部门、配合部门，确保改革举措能够落地。

3. 以“放管服”为突破口强化市场机制

建筑业是一个受政府监管影响较大的行业，严格的资质管理、众多的行政审批环节早已成为建筑业不堪承受之重。《意见》对简政放权进一步做出了详细的部署，提出了明确的要求。可以预见，随着全国统一建筑市场的推进，资质管理的简化，行政审批效率的提高，必将为建筑业带来更为宽松的发展环境，有望进一步释放市场创造的活力，甚至激发一些建筑市场新业态的成长。目前，全国许多地市都开展专项行动，出台“放管服”改革文件，不断精减行政审批事项，压缩行政审批时间，改善营商环境，加快项目落地建设。

长期以来，一种错误的思潮是政府简单的“退出”，似乎只要政府退出了，建筑业的所有问题就迎刃而解了，这就造成政府监管部门在不少问题上举棋不定、该管不管，甚至成为懒政的借口。《意见》在强调简政放权的同时，又强调了强化政府对工程质量安全的监管，全面提高监管水平和行政效率，在简政放权的同时加强事中事后监管。应该说，这次改革是在建筑业对政府监管理念的全新调整。沿着这个方向坚定地走下去，相信未来我国的工程质量安全水平肯定会再上一个台阶。

4. 狠抓供给侧结构性改革

人口红利衰减、“中等收入陷阱”风险累积、国际经济格局深刻调整等一系列内因与外因的作用，中国经济发展逐步进入了“新常态”。供给侧结构性改革因此上升为国家战略。供给侧改革旨在调整经济结构，使要素实现最优配置，提升经济增长的质量和数量。落实到建筑业的供给侧，则主要在于强化队伍建设、增强企业核心竞争力，和创新建筑生产组织方式。《意见》在此方面着墨很多，从设计队伍、技术队伍，到工人队伍，到企业的转型发展，及工程总承包、全过程咨询等新型服务模式，再到行业的技术进步和准建设等，不一而足。这些措施必将有力地支持建筑业供给侧改革的深化发展。

1.1.3 《意见》内容解析

《意见》针对当前我国建筑业发展中存在的一些突出问题，从七个方面提出了 20 条措施，基本理念是以市场化为基础、以国际化为方向，聚焦建筑业管理的体制和机制，抓住了建筑业持续健康发展的核心问题。

1. 深化建筑业简政放权改革

深化建筑业简政放权改革，是落实国务院“放管服”改革的要求，是在建筑业进行简政放权放管结合优化服务的改革。简政放权，是要加快完善体制机制，创建适应建筑业发展需要的建筑市场环境，进一步激发市场活力和社会创造力。深化建筑业简政放权改革的主要内容是优化资质资格管理，完善招标投标制度等。

（1）优化资质资格管理，是要改革建筑市场准入制度，对资质资格管理进行改革，改变重企业资质的行业监管方式。我国建筑企业资质人为分割，分级分类又过多过细。这就使得企业需要花费大量人力、物力和财力去申请多种资质，企业精力分散，影响效率，并导致大量“挂靠”等违规乱象的产生。

发展社会主义市场经济，发挥市场配置资源的决定性作用和更好地发挥政府的作用，关键是处理好市场和政府的关系。《意见》提出的优化资质资格管理，减少政府对市场经济活动的直接干预，弱化企业资质，强化个人执业资格。对行政审批权精减压缩，降低和取消不必要的门槛，减轻企业负担。建立完善以信用体系、工程担保为市场基础，强化个人执业资质管理的制度。

资质资格管理的变化，有利于破除对企业资质等级的迷信，同时也能更好地发挥市场的作用，鼓励市场竞争。如对于那些信用良好、业绩优秀、具有专业技术能力的建筑企业，可以打破企业资质等级的限制和束缚，在市场竞争中发展壮大。

另外，大力推行“互联网＋政务服务”，实行“一站式”网上审批，进一步提高建筑领域行政审批效率。《意见》发布后，全国各地都在探索如何提高工程建设项目审批效率，精减审批事项，创新审批办法，充分发挥互联网的作用，大幅压缩建设项目从立项到获取施工许可证的政府审批时间，极大地提高了建设项目的落地效率。2019 年 2 月 12 日，国家发展改革委、住房城乡建设部等15部委又联合发布《关于印发全国投资项目在线审批监管平台投资审批管理事项统一名称和申请材料清单的通知》，进一步强调为防止审批工作中的自由裁量权，各级审批部门不得要求项目单位提供通知之外的申请材料，提高投资审批“一网通办”水平，严格执行并联审批制度、规范投资审批行为。

（2）完善招标投标制度，是将招投标改革作为深入推进建筑业“放管服”改革的重要任务。

改革开放以来，工程招投标制度的建立健全客观上推动了我国工程建设管理体制改革，促进了工程建设管理水平的提高和建筑业的发展。但是，招投标制度设计和监管体制建设相对滞后，招投标过程中暴露出许多薄弱环节，严重制约行业的健康持续发展。强制招投标的工程范围过宽，政府投资工程要招投标，社会投资工程也要招投标；大型工程要招投标，小型工程也要招投标。

《意见》提出的完善招标投标制度，是要缩小必须招标的工程建设项目范围，让社会投资工程的建设单位自主决定发包方式。

分类管理两类工程，即政府工程采购以招标方式为主，社会投资工程由建设单位自主决策，充分尊重市场主体意愿，体现“谁投资、谁决策”的理念。两类工程实施分类管理，有利于转变政府职能，减政放权、放管结合，提高监管成效。

清除阻碍企业自由流动、公平竞争的各种市场壁垒。进一步简化招投标监管程序，全面清理涉及招投标活动的相关文件，减少不必要的备案或审核环节，彻底革新传统监管方式，有利于全面提高招投标工作效率，保障投资效益。

《意见》提出将依法必须招标的工程建设项目纳入统一的公共资源交易平台，实现招标投标交易全过程电子化，推行网上异地评标，规范建筑市场。推行招投标信息化，将传统的线下现场报名、资格预审、答疑、投标等环节搬到线上，有利于减少不必要的资源浪费，减轻投标企业负担。通过政府工程的示范带动，引导实施网上异地评标，广泛整合专家资源，提高信息公开程度，发挥社会监督作用，减少交易成本和腐败现象，从根本上杜绝虚假招标、围标串标等行业痼疾，使招投标的竞争淘汰机制能够切实发挥作用。

2. 完善工程建设组织模式

完善工程建设组织模式的主要内容是加快推行工程总承包、培育全过程工程咨询等。

（1）加快推行工程总承包，提高工程建设组织效率。

“施工总承包”向“工程总承包”发展是完善工程建设组织模式的方向之一，有利于实现设计、采购、施工和运行阶段工作的深度融合。《意见》提出，装配式建筑原则上应采用工程总承包模式；政府投资工程应完善建设管理模式，带头推行工程总承包；要加快完善工程总承包相关的招标投标、施工许可、竣工验收等制度规定。同时，《意见》也明确了应按照总承包负总责的原则，落实工程总承包单位在工程质量和安全、进度控制、费用控制与管理等方面的责任。

专业工程分包是建筑市场专业化、精细化、产业化发展的结果。《意见》明确，除以暂估价形式包括在工程总承包范围内且依法必须进行招标的项目外，工程总承包单位可以直接发包总承包合同中涵盖的其他专业业务。这对于工程总承包企业而言，除特定情形外可以直接发包总承包合同中涵盖的其他专业业务（包括专业工程、货物和服务），将有利于与信誉好质量高的专业工程分包单位和供应单位建立长期高效的战略合作关系。同时，工程总承包企业必须承担对选择的专业分包企业负责的义务。工程总承包模式对承包企业的经济实力要求较高，企业应具有较好的承担经济风险的能力。

（2）培育全过程工程咨询，是要整合分散的工程咨询服务，发展全过程工程咨询，发展全过程工程咨询企业。

我国现行工程咨询市场是各个部门在不同时期，依照部门需求分别建立起来的，对工程咨询相关工作和环节都设置了单独的准入门槛，导致市场被强行切割，咨询服务碎片化，难以贯穿工程建设全过程。

在建设的全过程中都存在对工程顾问的需求，国际大型工程顾问公司能提供系统性问题一站式整合服务的模式。大型工程顾问公司吸收多国人才，全球布点，构建网络型组织，开展多种国际合作模式，实现全球化服务。通常，其拥有一批设计、施工和工程管理经验非常丰富的顾问工程师，提供综合性很强的多元化服务，包括各种类型工程的顾问服务［房屋建筑、工业建设、基础设施（公路、铁路、地铁、航道等)］、建筑设备、环境工程和水务工程等，提供全生命周期顾问服务，并能以可持续建设指导工程建设，积极开展创新研发。

《意见》提出，要鼓励投资咨询、勘察、设计、监理、招标代理、造价等企业采取联合经营、并购重组等方式发展全过程工程咨询，培育一批具有国际水平的全过程工程咨询企业。制定全过程工程咨询服务技术标准和合同范本。政府投资工程应带头推行全过程工程咨询，鼓励非政府投资工程委托全过程工程咨询服务。由此，目前的投资咨询、勘察、设计、监理、招标代理、造价等单个方面或环节的咨询将向全过程工程咨询方向转变，提供整合服务，积极参与各类城市建设和基础设施建设，形成为建设项目全面服务的综合能力。同时，也需要政府尽快消除工程管理制度建设的障碍，拆除传统建设模式下的投资、设计、施工等各阶段之间的制度性“篱笆”。

另外，国家发展改革委、住房城乡建设部于 2019 年 3 月 15 日联合发布《关于推进全过程工程咨询服务发展的指导意见》，在前期研讨、征求意见和各地试点的基础上，正式对《意见》中的“培育全过程工程咨询”给出明确意见。文件中特别提到，要遵循项目周期规律和建设程序的客观要求，在项目决策和实施两个阶段，着力破除制度性障碍，重点培育发展投资决策综合性咨询和工程建设全过程咨询，为固定资产投资及工程建设活动提供高质量智力技术服务，全面提升投资效益、工程建设质量和运营效率，推动高质量发展。

3. 加强工程质量安全管理

建筑业的供给侧结构性改革，就是要不断提升工程质量和安全水平，为人民群众提供高品质、安全、美观、绿色的建筑产品。坚持以推进供给侧结构性改革为主线，满足人民群众对宜居、适居和美居等的居住需求。加强工程质量安全管理的主要内容是严格落实工程质量责任、加强安全生产管理、全面提高监管水平。

（1）严格落实工程质量责任，是要强化建设单位的首要责任和勘察、设计、施工单位的主体责任。

工程质量是建筑的生命，也是社会关注的热点，事关国家经济发展和人民群众生命财产安全。改革开放以来，我国工程质量整体水平不断提高，但是，工程质量监管仍存在一些问题和不足，不能完全适应经济社会发展的新要求和人民群众对工程质量的更高期盼。

全面严格落实工程质量责任，就是要保证参建各方的责任可追溯，把责任转化为参建各方的内在动力。对于施工企业来说，发生工程质量事故，企业将被停业整顿、降低资质等级、吊销资质证，个人将被暂停执业、吊销资格证书，一定时间直至终身不得进入行业等处罚。

（2）加强安全生产管理，是要全面落实安全生产责任。加强施工现场安全防护，深基坑、高支模、起重机械等危险性较大的分部分项工程的管理是重点。要通过信息技术和手段，与安全生产深度融合，以信息化手段加强安全生产管理。

（3）全面提高监管水平，是要强化政府对工程质量安全的监管，提升工程质量安全水平。

长期以来，工程质量监督机构定位不明晰，职责不明确，没有明确什么该监管，什么不该监管，导致该监管的没有监管好，不该监管的，倒费了不少工夫。要保证落实责任就要强化政府监管，明确监管重点，强化队伍建设，创新监管方式，确保政府对工程质量安全实施有效监管。《意见》突出了政府质量监管的地位。政府是人民群众利益的代表，理应强化政府对工程质量的监管力度，对涉及公共安全的工程地基基础、主体结构等部位和竣工验收等环节的监督检查是重中之重；不仅是涉及公共利益的各类公共工程，对涉及群众切身利益的住宅工程，特别是商品房住宅质量的监管也要强化，确保工程质量满足人民群众的生产生活需要。高水平的技术标准是实现高品质工程质量的保障，要对标国际先进标准，不断完善和适度提高我国的工程建设标准。

《意见》提出创新政府监管和购买社会服务相结合的监管模式。除加强政府对工程质量的监管之外，还应当通过购买社会服务的方式弥补政府监管力量的不足，逐步实现由“行政手段干预工程质量”的管理模式向“市场机制调节工程质量”的全新模式转变，转变政府职能，激发市场活力。

4. 优化建筑市场环境

优化建筑市场环境的主要内容是建立统一开放市场，加强承包履约管理、规范工程价款结算。

（1）建立统一开放市场，是要充分发挥市场机制的作用。

《意见》提出，要打破区域市场准入壁垒，取消各地区、各行业在法律、行政法规和国务院规定外对建筑业企业设置的不合理准入条件。

由于地方保护主义，统一开放的建筑市场尚未完全形成，地方保护、部门分割等问题严重，不利于建筑市场的公平竞争。建立统一开放、竞争有序的建筑市场，将有助于营造公平竞争的市场环境，使市场机制作用得到充分发挥。

（2）加强承包履约管理，是要规范建筑市场主体的行为。

《意见》明确，要引导承包企业以银行保函或担保公司保函的形式，向建设单位提供履约担保。严厉查处转包和违法分包等行为。

健全的诚信体系是一个成熟规范建筑市场的重要标志。我国的工程款拖欠问题，集中反映了建筑市场诚信体系建设的缺失。因此，这就要建立承包商履约担保和业主工程款支付担保等制度，用经济的手段约束合同双方的履约行为。要充分运用信息化手段，完善全国统一的建筑市场诚信信息平台，为社会各方所用，营造“守信得偿、失信惩戒”、“一处违规，处处受限”的市场信用环境。要健全完善市场机制，通过设定前置条件，推行国际通行的最低价中标办法。

(3) 规范工程价款结算，是要通过经济、法律手段，预防拖欠工程款。

《意见》明确，建设单位不得将未完成审计作为延期工程结算、拖欠工程款的理由。未完成竣工结算的项目，有关部门不予办理产权登记。对长期拖欠工程款的单位不得批准新项目开工。

这就是通过执行工程预付款制度、业主支付担保等经济和法律手段约束建设单位行为，预防拖欠工程款。为规范工程价款结算，《意见》明确了相关具体落实的措施。

5. 提高从业人员素质

20世纪80年代我国的建筑业实施劳务层和管理层分离，把建筑业中的生产力几乎全部变成农民工，建筑工人都是亦工亦农，多数没有学过专业技术、没有经过必要的从业常识和职业技能培训，业务素质不高，质量安全意识淡薄；此外，由于务工人员流动性较大，就业不稳定，企业并不愿意承担技能培训和教育责任，因而可以说目前建筑业几乎没有产业工人和技术工人。这种“两层分离”后的施工作业群体的专业质量和素质，是导致工程质量安全事故时有发生的重要原因之一，因此，《意见》提出的加快培养建筑人才、建立用工制度，非常必要和紧迫。

提高从业人员素质的主要内容是加快培养建筑人才、改革建筑用工制度、全面落实劳动合同制度。

(1) 加快培养建筑人才，是以提高建筑工人素质为基础，推动“大众创业、万众创新”，要大力弘扬工匠精神，培养高素质建筑工人，培育现代建筑产业工人队伍。到2020年建筑业中级工技能水平以上的建筑工人数量达到300万，2025年达到1000万。

要从根本上提高工程质量和施工安全生产管理水平，必须大力提升建筑产业发展水平和从业人员素质，重新培育产业工人。当前，我国建筑业吸纳农村转移人口5000多万人，建筑劳务就是建筑业的基础。这样一个庞大的建筑劳务工人队伍，若要实现知识化、公司化、专业化和技能化，培训工作相当重要，需要从最底端做起，制度建设和政策建设到位。《意见》明确了提高建筑工人技能水平的管理体制和机制，明确了政府部门的管理责任，包括建立建筑工人职业基础技能培训制度、职业技能鉴定制度、统一的职业技能标准；发展建筑工人职业技能鉴定机构，开展建筑工人技能评价工作，引导企业将工人技能与薪酬待遇挂钩等，符合国际上工业发达国家和地区的通行做法，是提高工程质量和保证安全生产的非常重要的基础性工作。

以香港为例，20世纪70年代初期，香港建筑行业用工制度很混乱，工人自身素质、技术水平普遍偏低，直接导致工程质量没有保障，工程存在安全隐患，安全事故频发；同时工人待遇没有保障，出现劳资纠纷，香港没有年轻人愿意从事建筑行业，工人队伍面临枯竭。香港政府通过立法、政府投资、建立专门管理机构等行政手段，逐步将香港建筑业用工制度正规化。现在的香港工人要通过正规的培训、考核鉴定，取得相应工种的技术等级资格，才能进入工地工作。香港的建筑企业也积极配合政府的各项管理措施，因为工人管理制度的完善，工人技术水平的提升，建筑企业是最大的受益者之一。

(2) 改革建筑用工制度，是要大力发展以作业为主的专业企业。农民工是建筑业生存和发展的基石，建筑业的改革发展必须要惠及他们。只有先解决农民工的归属问题，降低其流动性，才能保障工人的合法权益，才能有效地开展技能培训和技能鉴定，提升工人技能水平，这是提高工人素质的基本条件。要以专业企业为建筑工人的主要载体，逐步实现建筑工人公司化、专业化管理。在此基础上，推动实名制管理，落实劳动合同制度，规范工资支付，开展技能培训和鉴定，促进建筑业农民工向技术工人转型。

2019年2月17日，住房和城乡建设部、人力资源社会保障部联合发布《关于印发建筑工人实名制管理办法（试行）的通知》，明确要求全面实行建筑业农民工实名制管理制度，坚持建筑企业与农民工先签订劳动合同后进场施工。

要打破过去建筑劳务用工必须通过有资质的劳务企业这一壁垒，对于技术已经历练成熟的建筑劳务人员，可以以专业技能为基础，创建以建筑作业为主的小微型企业。

要健全建筑业职业技能标准体系，全面实施建筑业技术工人职业技能鉴定制度。制定施工项目技能配比标准，如每个项目的工地必须配比有多少中级以上的工人、高级以上的工人。监管部门负责进行检查，如果达不到标准，则对项目总包单位进行处罚。运用这种倒逼方式，使建筑工人意识到培训是一定管用的，技能水平一定是和薪酬挂钩的。

（3）全面落实劳动合同制度，是要加大监察力度，督促施工单位与招用的建筑工人依法签订劳动合同，到2020年基本实现劳动合同全覆盖。将存在拖欠工资行为的企业列入黑名单，对其采取限制市场准入等惩戒措施，情节严重的降低资质等级。建立健全与建筑业相适应的社会保险参保缴费方式，保护工人合法权益。

6. 推进建筑产业现代化

应该看到，在建筑产业现代化方面，我们与发达国家相比还有很大差距，多数技术领域总体上仍以模仿跟踪为主。设计理念存在差距，施工精细化水平有待提升，国产化装备总体质量不高，建筑工业化程度不高，部分信息化核心技术依赖于国外技术，部分高端或专用产品和材料技术滞后等。此外，建筑产业科技投入明显不足，科研与市场需求结合不紧密，科技成果转化率低，无法形成新的生产力，因此，亟须大力推进建筑产业现代化。

推进建筑产业现代化的主要内容是推广智能和装配式建筑、提升建筑设计水平、加强技术研发应用、完善工程建设标准。

（1）推广智能和装配式建筑，是要推动建造方式创新和升级。

我国施工工业化水平较低，技术创新能力和集约化程度不够，施工企业还大量依靠民工，技能劳动者占从业人员总量比重低。在生产方式上，发达国家已较早就采用了预制装配式建造方式，主要包括装配式混凝土结构、钢结构和木结构。而我国预制装配化比例较低，房屋建筑基本采用现场浇筑，新建建筑中装配式建筑比例不高，建造工业化率低。

《意见》明确，要坚持标准化设计、工厂化生产、装配化施工、一体化装修、信息化管理、智能化应用，推动建造方式创新，大力发展装配式混凝土和钢结构建筑，在具备条件的地方倡导发展现代木结构建筑，不断提高装配式建筑在新建建筑中的比例。《意见》提出，大力推广智能和装配式建筑，推动建造方式创新，力争用10年左右的时间，使装配式建筑占新建建筑面积的比例达到30%。

因此，在建筑工业化方面，今后一段时间内应研究形成设计、构配件生产、施工建造、运维的全产业链成套应用技术，形成符合我国当前设计施工技术水平的工业化建筑体系，包括装配式混凝土结构、钢结构、现代木结构、现场现浇体系的工业化等。建立建筑工业化信息集成应用体系和平台，研究完善标准规范、工法、技术导则等标准化体系。研究建筑工业化产业商业模式和管理模式。要优化产品结构，促进我国建筑业装备自动化、智能化的转型升级，提升装备的安全、环保、节能等绿色技术性能，为建筑工业化发展提供强有力的技术支撑。

（2）提升建筑设计水平、加强技术研发应用、完善工程建设标准，是要不断提升建筑产业现代化水平。

《意见》提出，要健全适应建筑设计特点的招标投标制度，推行设计团队招标、设计方案招标等方式。

《意见》提出，要加快先进建造设备、智能设备的研发、制造和推广应用，提升各类施工机具的性能和效率，提高机械化施工程度。限制和淘汰落后、危险工艺工法，保障生产施工安全。

《意见》提出，要整合精简强制性标准，适度提高安全、质量、性能、健康、节能等强制性指标要求，逐步提高标准水平。

因此，这就要加快建筑业产业升级，转变建造方式，提升我国建筑业的国际竞争力。加强技术研发应用，大力推广建筑信息模型（BIM）技术、大数据、智能化、移动通信、云计算等信息技术在建筑业中的集成应用，大幅提高技术创新对产业发展的贡献率，推动建筑业传统生产方式的升级改造。培育有国际竞争力的建筑设计、工程咨询和工程承包企业，打造“中国建造”品牌。

7. 加快建筑业企业“走出去”

我国建筑企业外向度仍偏低，企业“走出去”整体水平较低、国际竞争力不强。企业的境外市场主要集中在发展中国家，对外承包工程业务主要在亚洲和非洲，欧美市场拓展的规模不大。且对外承包工程的业务主要集中在中低端领域。针对企业在走出国门后面临的种种“水土不服”，国务院提出对标国际先进标准，推行工程总承包。对此，住房城乡建设部也早已着手对相应政策进行调整。

加快建筑业企业“走出去”的主要内容是加强中外标准衔接、提高对外承包能力、加大政策扶持力度。

（1）加强中外标准衔接，是要推动中国标准“走出去”。

《意见》提出，要积极开展中外标准对比研究，适应国际通行的标准内容结构、要素指标和相关术语，缩小中国标准与国外先进标准的技术差距。加大中国标准外文版翻译和宣传推广力度，以“一带一路”倡议为引领，优先在对外投资、技术输出和援建工程项目中推广应用。到2025年，实现中国工程建设国家标准全部有外文版。

建筑企业要“走出去”，就必须掌握标准制定的主动权，推动中国标准“走出去”，要系统性翻译中国标准，为开展工程技术标准合作打好基础。同时，要做好标准的国际接轨工作，通过国际化认证、对国外项目业主和专业人员进行培训，开展多种方式的双边合作，提高中国标准在相关国家的接受度。要制定相关政策，鼓励和要求使用中国资金的境外投资项目采用中国标准。

（2）提高对外承包能力，是要求建筑业企业积极研究和适应国际标准，加强对外承包工程质量、履约等方面管理，鼓励建筑企业积极有序开拓国际市场。

《意见》提出，要统筹协调建筑业“走出去”，充分发挥我国建筑业企业在高铁、公路、电力、港口、机场、油气长输管道、高层建筑等工程建设方面的比较优势，有目标、有重点、有组织地对外承包工程，参与“一带一路”建设。

建筑业企业要积极响应和紧密结合国家战略，积极参与“一带一路”建设，积极探索适应国际竞争的业务发展模式。在国际建筑市场中，通过工程顾问和设计咨询来带动工程承包业务。在一般情况下，工程顾问或设计咨询来自哪个国家，项目往往就会被推荐给那个国家的工程承包企业，因此，工程顾问和设计咨询的实力有时就决定着工程承包企业在国际工程承包市场上的份额。

(3) 加大政策扶持力度，是要重点支持对外经济合作战略项目。

《意见》提出，到2025年，与大部分“一带一路”沿线国家和地区签订双边工程建设合作备忘录，同时争取在双边自贸协定中纳入相关内容，推进建设领域执业资格国际互认。

8. 关注《意见》提出的新理念

《意见》提出了有关建筑业发展理念、建筑方针、责任体系、风险体系、服务模式创新和品牌建设等一系列新理念。这些理念将会对行业未来的健康持续发展产生深远影响。

1.1.4 对基层单位变革发展的推动

作为今后一段时期内建筑业改革发展的纲领性文件，《意见》充分体现了以市场化为基础、以国际化为方向的发展理念。纵观《意见》中的七大改革举措，国际化、专业化、市场化、信息化等“四化”贯穿其中、统领全文，无疑会对建筑行业产生巨大而深远的影响。设计、施工、监理等基层企业应当积极响应《意见》中提出的改革方向，贯彻落实《意见》中的改革举措，形成改革合力，共同推进建筑业健康持续发展。

1. 国际化是建筑业改革发展的主导方向

住房和城乡建设部领导在2017年2月召开的促进建筑业持续健康发展新闻发布会上明确指出，要加快建筑业“走出去”，推动品牌创新，培育有国际竞争力的建筑设计队伍和建筑业企业，提升对外承包能力，打造“中国建造”品牌，因此，如何贯彻实现国际化也是基层单位首当其冲需要考虑的核心问题。与以往所提国际化不同的是，《意见》对国际化进行了更加深刻的阐述。一方面，建筑业企业要主动与国际接轨，适应发达国家市场经济的游戏规则，通过工程服务的国际化和企业组织的国际化，发挥在高铁、公路、电力、港口、机场、高层建筑等工程建设方面的比较优势，有目标、有重点、有组织地对外承包工程，真正提高中国建筑业企业在国际市场上的对外竞争能力和市场份额，打造中国建造品牌。另一方面，尽快缩小中国标准与国外先进标准的技术差距，加大中国标准外文版的翻译和宣传推广力度，在“一带一路”倡议实施过程中，建立以中国标准为核心的游戏规则，打破西方标准的垄断地位，为中国企业走出去彻底扫除标准障碍，与沿线国家共享中国建筑业的成功经验。

围绕国际化这一核心发展主题，基层单位都需要积极行动起来，共谋改革发展大计。地方政府应当积极鼓励推动当地企业走出去，从税收、政策、管理、信息等方面提供必要的支持和帮助，充分发挥政府在对外沟通交流、经贸往来方面的资源和渠道优势，为企业走出去创造便利条件；行业协会作为政府与企业的纽带，要积极发挥“提供服务、反映诉求、规范行为”的职能作用，在促进企业贯彻实施国家“一带一路”倡议，加快企业“走出去”过程中，为企业提供更贴近市场的专业服务，为企业提供交流沟通的平台；企业则需要立足长远、系统谋划，深刻解读国际化的真正内涵，结合企业发展实际情况，重新拟定国际化发展战略，从市场定位、战略规划、组织管理、人才培育、技术引进等方面进行全方位改造升级，从而增强企业的竞争力。

2. 专业化是建筑业改革发展的核心

专业化是一个持续不断的过程，最终实现“专业人干专业事，专业企业专业化发展，专业主体承担专业责任，专业工作有规范标准”的专业化发展模式。与其他行业相比，建筑行业的整体形象亟待提升。工业发达国家中建筑业数百年长期博弈后的结果提醒我们，专业化是建筑业健康持续发展的根基，离开专业化的支撑，国际化、市场化、信息化均难以实现，而专业化最本质的内涵就是“专业人干专业事”，这与中央政府深化建筑业“放管服”改革的要求完全一致。因此，专业化是基层单位必须高度重视和真正强化的环节，未来建筑业的形象将更加“高大上”，将由一系列专业机构、注册执业人士和产业工人组成，彻底扭转当前的脏乱差形象。

建筑业有其独特的内在规律和行业特征，因此，建筑业的专业化内涵非常丰富，《意见》中对此也有深刻、全面的剖析。所谓专业人干专业事涵盖整个建筑业的各个环节，《意见》对每第一个环节的专业化都直面问题、指明方向。当务之急就是如何尽快行动起来。首先是建设单位的首要责任，强化建设单位的首要责任可以有效约束建设单位的管理行为，促使建设单位自律守法，提高工程质量安全水平。其次是注册执业，未来的建筑业将要不断强化注册执业人士管理，通过担保与保险、诚信信息公开、企业资质淡化等一系列组合拳，进一步强化建筑业的注册执业管理。这对于拥有注册执业资格的注册建筑师、结构工程师、注册造价师、注册建造师、注册监理工程师们来说，既是机遇更是挑战，需要不断强化专业学习，提高个人的注册执业信誉和口碑。再者是人员素质，毕竟行业的竞争归根结底还是人才的竞争，《意见》中花费大量篇幅来阐述如何提高从业人员素质，涉及建筑业高级管理人才、既有国际视野又有民族自信的建筑师队伍、具有工匠精神的高素质建筑工人等，可见人才培养的紧迫程度和巨大缺口。

对于基层单位来说，专业化任重而道远。各类工程建设企业、各级地方政府都责无旁贷，否则建筑业改革只能是无本之木、无源之水。地方政府应当加快落实深化建筑业“放管服”的改革要求，转变职能定位，由管理向服务过渡。要统筹考虑“放管服”，通过法律、行政、经济和引导手段规范建筑市场，形成有序的建筑生产过程。同时，要强化政府在公共工程管理中的核心地位，通过政府工程的带头示范作用，引导其他建设工程不断提高规范管理程度。工程建设企业则要通过市场定位、发展战略、人才培养、信息技术等方面围绕专业化扎扎实实做好各项准备工作，提高企业管理水平，增强核心竞争能力。

另外，在专业化改革发展过程中，行业协会将会发挥越来越重要的作用。在工业发达国家，政府对建筑行业的许多专业管理职能都由行业协会组织实施，即“小政府，大协会”。因此，行业协会要围绕建筑业改革发展，做好充分的准备，积极整合资源，充分发挥出自身优势，为建筑业改革出谋划策。

3. 市场化是提高建筑企业竞争能力的重要举措

李克强总理在 2017 年 2 月召开的推进“放管服”改革电视电话会议上明确提出，“放管服”改革的实质是政府自我革命，用政府减权限权和监管改革，换来市场活力和社会创造力释放。“放管服”改革是对传统行政管理模式的深刻变革，决定市场化进程、影响改革成效。有建筑业人士表示，建立统一开放、竞争有序的建筑市场，将有助于解决地方保护、部门分割等问题，营造公平竞争的市场环境，使市场机制作用得到充分发挥。因此，市场化是建筑业改革的基础，也是激活国内建筑市场、提高建筑企业竞争能力的重要举措。《意见》中提到的建筑业存在的诸多问题，市场化程度不高都难辞其咎。市场化是建筑业改革的必由之路，也恰恰是许多传统建筑业基层单位最不愿意面对的挠头问题，因此，如何应对市场化是建筑业基层单位的当务之急。

对于传统计划经济体制下孕育的勘察、设计、施工、监理、招标代理、造价咨询等基层工程建设企业而言，市场化面临的压力更大。春江水暖鸭先知，基层企业将率先感受到来自市场化的冲击，一大批核心竞争力不强、人才储备少、管理能力差的企业将会被淘汰出局，经历重新洗牌的生死时刻。其次，洗牌过后的企业还要面临战略定位带来的风险和挑战，传统的设计院究竟是侧重于方案设计还是施工图设计，监理单位究竟是迈向全过程工程咨询还是继续坚守质量安全监管，总承包单位如何打造总承包管理能力和资源整合能力，不同资质等级的施工单位如何在新的资质规则中寻找市场，建筑业劳务企业如何转型等问题都需要审时度势，对企业进行准确定位。最关键的是，通过与国际高水平的企业进行对标可以发现，国内的工程建设企业急需全方位转型升级，从战略、人才、知识、资源、管理、技术等方面奋起直追，强化学习型组织建设和知识储备，掌握信息技术手段，提升合作意识，不断提升核心竞争力，这些都是市场化进程中基层工程建设企业必须要尽快解决的棘手问题。

另外，政府“放管服”的最终目的是激发市场活力和创新能力。在市场化的大背景下，行业协会面临的机遇与挑战并存。一方面，行业协会将会承担大量政府转移的管理职能，例如资质管理、继续教育、行业自律等工作，传统依靠政府的工作思路、工作方式、人员配备均无法承担重任。如何有效、快速承接来自政府转移的各种职能是摆在面前的一道难题。另一方面，随着市场化的洗礼和行业变革的不断深化，行业协会与会员企业之间的关系将会发生根本转变，协会的发展空间将会更大。协会既要架起政府与企业之间的沟通桥梁，合理反映企业诉求、解读政策法规，还要通过各种方式强化行业自律和形象建设，制订行业规章、维护行业利益，更要为会员企业提供优质、高效服务。

4. 信息化是建筑业发展战略的重要组成部分

信息化是建筑业转变发展方式、提质增效、节能减排的必然要求，对建筑业绿色发展、提高人民生活品质具有重要意义，但是，建筑业在信息化技术应用方面一直行动迟缓。有统计数据表明，建筑业在信息技术应用方面只略好于农业，远远落后于一般制造业。建筑业的低生产效率与其在信息技术使用方面的落后呈正相关性。与国际建筑业信息化率0.3%的平均水平相比，我国建筑业信息化率仅约为0.03%，差距高达10倍左右。因此，建筑业信息化建设任重而道远。某种程度上，信息化是国际化、专业化、市场化的前提，整个建筑业改革中的许多关键环节都离不开信息技术的应用和普及，例如电子招投标、互联网+行政审批、公共诚信平台建设、建筑信息模型（BIM）技术在建设工程全过程的集成应用等。建筑业只有尽快提高自身的信息化应用，才能提升竞争力，才能满足服务于国民经济发展的要求，因此，信息技术不仅是一项技术，更是管理思想、组织形态和管理方式的变革。《意见》中多处提到信息化或信息化管理，对于基层单位而言，信息化带来的冲击和紧迫感丝毫不亚于其他方面。

围绕简政放权的全新执政理念，各级地方政府应当高度重视信息化建设工作。组织编制本地区的建筑业信息化发展目标和措施，加快完善相关配套政策措施，形成信息化推进工作机制，落实信息化建设专项经费保障。首先，应当重视信息技术在建筑业中的应用研究，加大人力、物力和财力投入。如何将先进的信息技术应用于建筑业中、如何实现基于BIM的全生命周期建设管理，尤其是涉及整个行业信息化建设的基础性理论、标准体系研究工作都需要持续投入。其次，需要加快统一信息化标准规范体系和编码体系，以及与信息安全相关的法律法规。建筑业产生的大量数据交互和共享都需要有统一的数据标准，否则大量数据无法有效利用和共享，建筑业信息化只能是各自为战，形成一个个新的信息孤岛。最后，还需要加快互联网＋行政审批建设力度，项目审批、招投标、诚信管理等传统的线下工作都要通过互联网进行，提升建筑业信息化的整体水平。

大量工程建设企业的信息化建设水平还处于初级阶段，资金投入、人才配备、建设成效远远无法满足企业发展需要，严重制约服务水平提升和企业生产组织方式变革。在信息化时代，传统的工程建设企业最重要的任务是思想、制度、组织、管理变革，充分应用信息技术支撑企业标准化管理，提升企业的核心能力，这也是先进企业发展过程中的最佳实践经验。对于各类基层企业而言，信息化建设必须要明确需求，深入研究企业的业务特点、组织模式、战略目标等因素，形成科学合理的信息化建设规划。其次，信息化建设的失败在某种程度上企业管理不规范难辞其咎，信息化必须建立在规范化管理的基础之上。企业必须下大力气进行企业内部的任务、流程、成果再造，用信息化的理念规范企业管理，为信息化建设奠定成功基础。同时，信息化建设成败的关键还在于持续投入和人才匹配，没有资金和人才的长期支撑，信息化建设无法走出怪圈，为企业发展助力。

针对一系列信息孤岛及其他信息化建设核心问题，依靠企业单方面的努力在短时间内很难奏效，行业协会也有必要承担更多的专业化管理工作，从专业角度组织开展相关的研究讨论、信息共享、考察交流等工作，从整体上提升整个行业的信息化建设水平。

1.2 国际项目管理的新理论和新方法

项目管理知识引进到我国并在工程实践中应用已近40年，建设项目的投资方、开发方、设计方、施工方和供货方都渐渐认识到推广和应用项目管理的意义和价值。2001年以来，我国先后出版了《建设工程项目管理规范》(GB/T 50326—2001、2006、2017)，参考国际标准也编写出版了《项目管理指南》ISO 21500—2012。在建筑业中，一提到项目管理，人们就会联想到项目经理和项目经理部，联想到项目管理的任务："三控两管一协调"，似乎项目管理已很了解了。2017年颁发的《意见》，提出了全过程工程咨询这一新的工程组织模式，全过程指的是工程项目全生命周期。此文件发布后，出现了全过程(指的是建设全过程)项目管理和项目管理一体化等与全过程工程咨询内涵并不一致的服务提法。项目管理发展到今天，通俗地说，它已不是"一棵树"，而是"一片森林"，它已不仅是一门学科的名称，已成为一个相关知识群的总称。深化学习国际项目管理的理论体系、相关知识和工程实践应用经验，很有意义，也很必要。

项目管理协会PMI(美国)，在国际项目管理领域影响很大，始于1996年，20余年来项目管理相关的知识领域已被拓展得相当宽，PMI编制出版了项目管理领域有关的基本标准、应用标准和实践指南(图1-1)，主要包括：项目管理、项目集管理、项目组合管理、组织变革管理、组织级项目管理，以及项目组合、项目集和项目治理等。

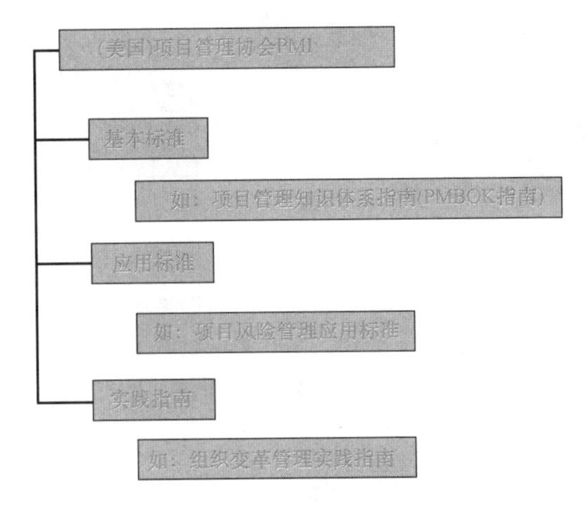

图 1-1　项目管理协会 PMI（美国）编制的标准和实践指南

1.2.1　项目管理的创新和发展

PMI 引领了国际项目管理的发展过程，它经历了 4 个主要的里程碑，如图 1-2 所示。

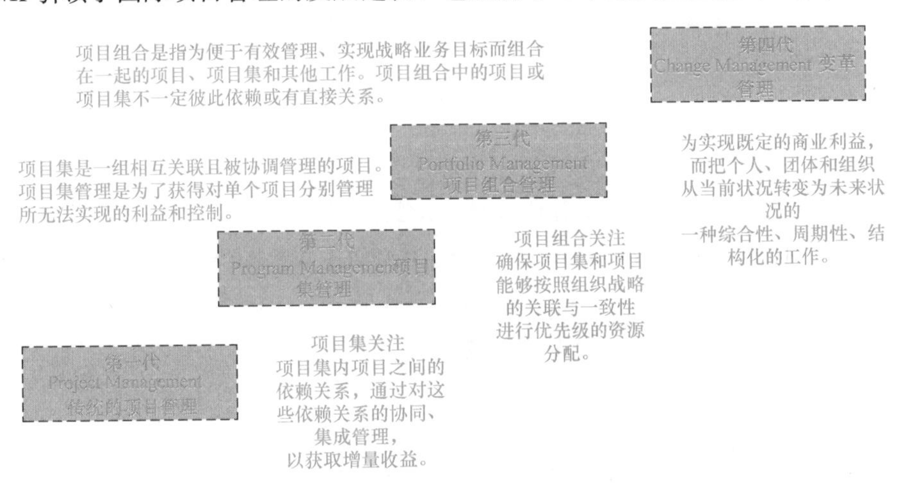

图 1-2　回顾国际项目管理发展的主要里程碑

PMI 于 2017 年编辑出版的项目管理知识体系指南（PMBOK 指南）第六版（最新版）全面整合各种项目管理标准，更加强调了项目经理作为整合者的地位，提出了项目经理提升和培养的要求，以及在使项目风险管理更加全面有效等方面又有了创新和发展，如图 1-3（*a*）、（*b*）、（*c*）所示。

PMI 在《项目管理知识体系指南》第六版提出了项目经理能力三角形的新观念，由此可得到一些启发：

（1）项目经理必须掌握项目管理知识和工程项目相关的技术知识、经济知识和法律知识，以满足会干的知识要求；

（2）项目经理不但要会干，而且还要能巧干，具备良好的领导力，即能运用项目管理

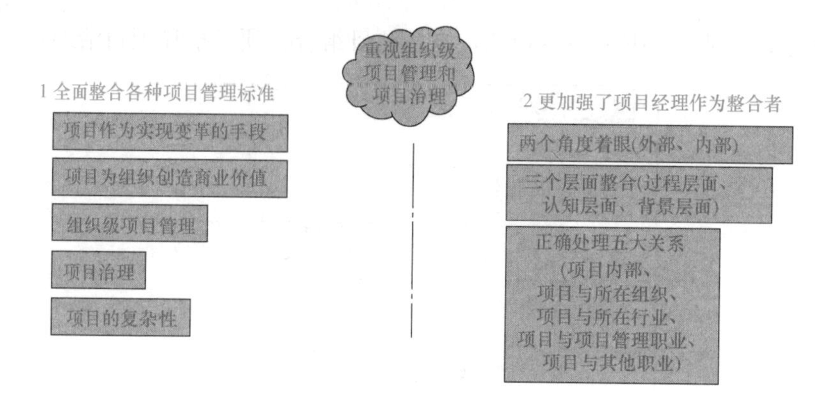

图 1-3（*a*） 项目管理知识体系指南（PMBOK）第六版的创新和发展

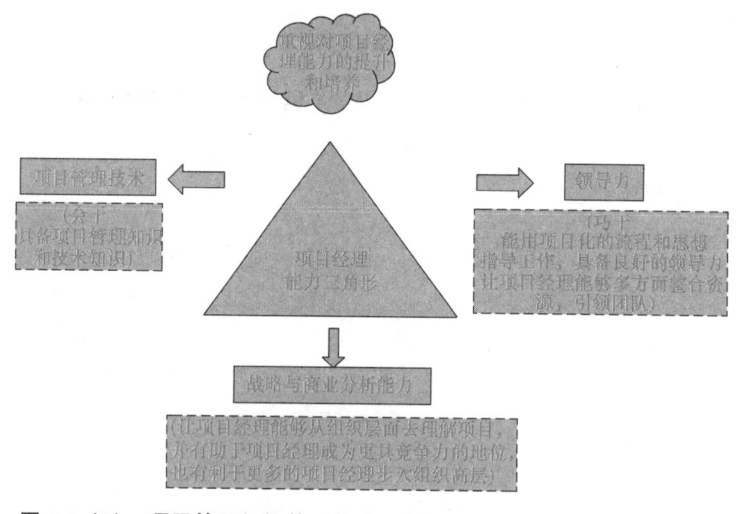

图 1-3（*b*） 项目管理知识体系指南（PMBOK）第六版的创新和发展

3 使项目风险管理更加全面有效

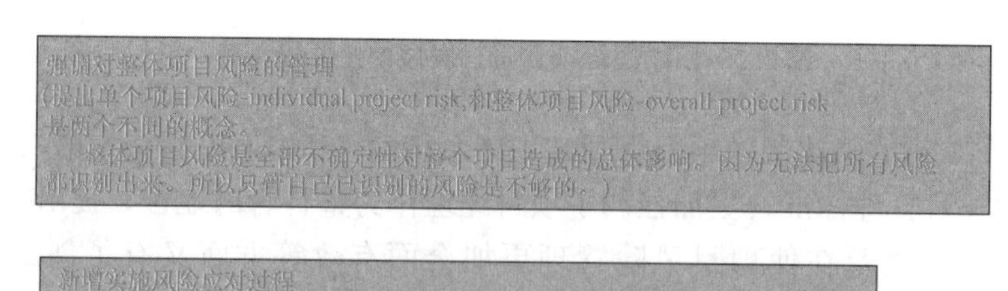

图 1-3（*c*） 项目管理知识体系指南（PMBOK）第六版的创新和发展

的思想和理论指导工作，能整合多方面资源，引领团队；

（3）随着项目经理能力的不断提升，会有机会进入组织（企业）高层工作，应重视逐步培养项目经理的宏观思维、战略分析和经营管理的能力。

PMI 自 2002 年开始针对特定行业（专业领域）发布《项目管理知识体系指南》（《PMBOK 指南》）的扩展分册。《项目管理知识体系指南（PMBOK 指南：建设工程分册）》（以下称《建设工程分册》）于 2003 年首次发布，并随着《PMBOK 指南》的每一次改版而更新。图 1-4是根据 2016 年发布的版本（取代《建设工程分册》第 2 版）于 2018 年 9 月出版的中文翻译本。《建设工程分册》含有建设领域特有的、未出现在《PMBOK 指南》中的知识，如项目健康、安全、安保和环境管理，以及项目财务管理等。

图 1-4 《项目管理知识体系指南（PMBOK 指南：建设工程分册）》

《建设工程分册》的附录还包括：施工索赔管理和建设项目的风险常见成因。

附录 A 施工索赔管理解释了索赔的概念：“索赔是对应得的东西或自认为应得的东西的一种请求。”重点阐述了索赔管理中的规划和监控任务。

索赔管理－规划，包括：

（1）索赔预防的规划活动；

（2）项目伙伴制；

（3）索赔诉讼预防技术；

（4）对变更和文档的联合确认

索赔管理—监控，包括：

（1）索赔识别和初步鉴定；

（2）索赔计量；

（3）索赔解决；

（4）合同法解释；

（5）投标抗议；

（6）道德建设。

附录 D 建设项目的风险常见成因，分析了建设项目中的一些典型的关键风险和潜在风险来源，包括针对以下几种风险的类型：

（1）设计和技术风险；

（2）施工风险（包括承包商和供应商、技术因素、现场条件、自然因素、安保因素、合同因素和绩效因素等）；

（3）外部风险（包括合同因素、不可抗力因素、社会因素、公众参与、环境因素、政治透明度等）；

（4）组织风险；

（5）项目管理风险；

（6）经营风险（包括金融和经济、规划和监控、土地和财产及法定许可）等。

如设计和技术风险列出以下常见成因，可供参考：设计不充分和不完整；不完全了解当地现场条件；不准确的技术假设；缺乏与具体项目类型和当地情况有关的技术背景和经验；设备、材料和建筑技术选择错误；岩土和地基估计和结构设计不准确；公共服务设施不可用及容量不准确；顾问的错误及疏漏；缺乏关于项目关键方面的专门技术顾问；业主过分干预设计；对项目范围的不断更改；获取客户同意方面的延误；设计范围超出可用的概预算；在项目前期和初步设计阶段由于不确定数量和单价而导致的项目估算和概算不确定；项目估算、概算和预算及项目进度规划和计划不准确等。

如施工风险中的源于承包商和供应商的风险列出如下成因，可供参考：承包商（包括分包商）资质；项目计划的协调不良；缺乏足够和熟练的人力资源；特殊材料和施工设备不可用和施工设备故障；设备调试的问题；设备和材料不合适；管理水平低（特别是分包商）；对特定施工技术的知识和培训不完全；建筑职业安全；现场工人缺乏与环境有关的培训和知识；工作时间受限；健康和安全条例和职责等。

如项目管理风险列出如下成因，可供参考：相关方认识不完全；团队负担过重；用于管理项目的资源不足；用于编制计划的时间不足；意料之外的项目经理工作量；员工无经验、经验不足或训练不够；项目团队稳定性不够（人员流动大）；资源的可用性；变更管理程序不恰当；项目团队的沟通问题；项目目的、需求、目标、成本和可交付成果的定义不清等。

德国房屋建筑和房地产项目控制协会（DVP）和德国工程师和建筑师酬金协会的专业委员会（AHO）自1996年开始在传统的广义的项目管理的理论基础上，开展了房屋建筑工程项目控制和项目管理的创新研究，界定了房屋建筑和房地产项目控制和管理（为业主提供服务的工程顾问）服务标准和酬金标准（AHO丛书第9册，2014年5月），该标准相当于德国的房屋建筑工程项目控制与管理的规范（由于施工企业的多样性，需求差别大，较难统一标准，几乎没有行业组织编制施工企业项目管理规范）。它明确指出建设项目控制不仅是项目管理的任务，而是建设工程项目管理的核心，建设项目控制的核心是引导项目建设的各项工作按项目目标予以实现的方向进行，并使工程质量保证措施得以持续改进。该标准拓展了与建设项目控制和管理服务相关的工作阶段和工作范围（表1-1），其工作阶段确定为：

（1）建设项目准备阶段；

（2）设计阶段；

（3）施工准备阶段；

（4）施工阶段；

（5）项目完成。

德国建设项目控制和管理服务标准　　表1-1

建设项目控制的工作阶段	A组织、信息、协调和文档	B工程质量和数量	C工程费用和融资	D进度、生产能力和后勤	E合同和保险
1　建设项目准备阶段					
2　设计阶段					
3　施工准备阶段					
4　施工阶段					
5　项目完成					

其工作范围确定为：

(A) 组织、信息、协调和文档；

(B) 工程质量和数量；

(C) 工程费用和融资；

(D) 进度、生产能力和后勤保障；

(E) 合同和保险。

表 1.2-1 中有 5 个工作阶段，5 大类工作任务（A、B、C、D、E)，共 25 块任务，该标准针对每一个块详细分解了若干个大项，每一个大项又细分为若干个分项和附加特殊分项任务，建设项目控制与管理任务清单总共 83 页，阐述非常详细。以下以 1-A 为例，建设项目准备阶段的任务分解为 8 大项：

(1) 1-A-1 结合项目结构，编制项目组织类要件（如组织结构、工作流程组织等)，并与有关方商定，形成文件；

(2) 1-A-2 确定设计相关事项的组织，并与各方商定，形成文件，如确定设计的阶段，根据设计和施工的组织安排，编制设计框架进度，确定设计审核、设计文件分发和明确设计图纸相关要求等；

(3) 1-A-3 参与确定项目建设的目的和相关文件，包括项目组织、项目需求分析、已有的和待完成的设计文件，面积分配，房间（空间）手册，现有的投资估算、进度计划资料分析以及决策和变更清单等；

(4) 1-A-4 关于信息处理、项目进展报告和工作记录等信息沟通的建议和有关约定，如：设计进展状况、招标工作状况、发包状况、要求决策的问题、投资分析和预测、进度进展和预测、项目风险和相关措施、施工现场、工程进展等；

(5) 1-A-5 关于决策管理的建议和约定（清单，此略)；

(6) 1-A-6 关于变更管理的建议和约定（同上)；

(7) 1-A-7 关于参与风险管理事务（同上)；

(8) 1-A-8 协助选择项目信息处理系统（同上)。

德国建设项目控制和管理服务标准的工作范围增添了有关工程档案管理、工程数量计量、工程融资、生产能力和后勤保障分析以及保险业务等，更贴合建设项目管理实践发展的需求。

1.2.2 项目集管理

图 1-5 中有多个相互有依赖关系的项目：P1、P2、P3、P4、P5 和 P6，项目集管理（Program Management）是通过对这些有依赖关系项目的协同和集成管理，寻求增量收益。

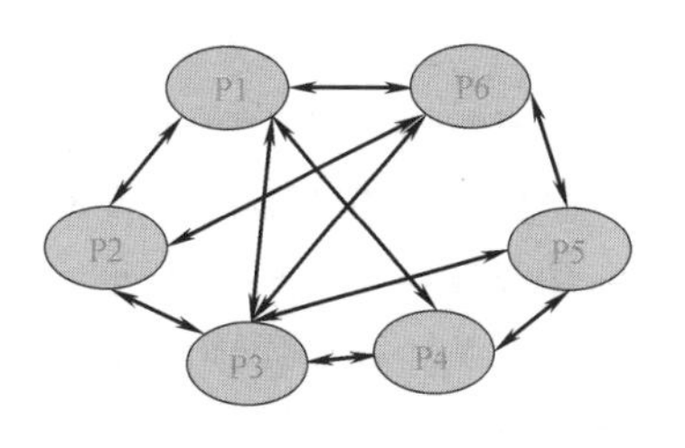

项目集关注

这些项目之间的依赖关系，
通过对这些依赖关系的协同、
集成管理，以获取增量收益。

图 1-5 项目集示意

某集团下有多个技术改造项目（图 1-6)，如采用传统的工程组织方式，各项目都自成系统，分别建设，分别管理，如建成一个项目集，可进行集成管理。

项目集是实现组织战略目标的一个重要手段，其核心价值是将创造有形和无形的增量收益（图 1-7)。

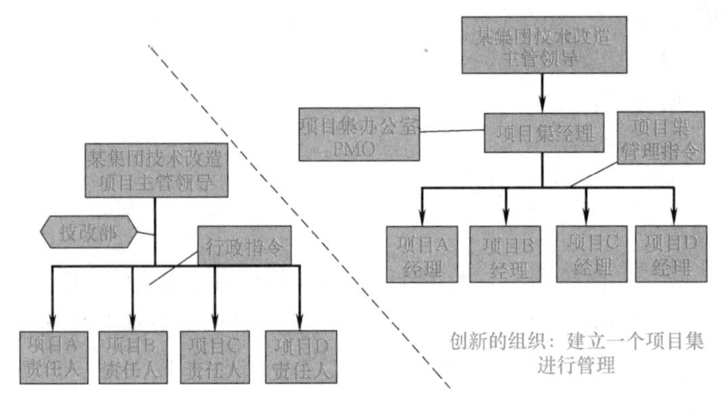

传统的组织：各项目独成系统，分别管理

图 1-6　传统工程建设的组织结构和项目集组织结构的比较

项目集管理是建设工程管理的观念创新、体制创新、机制创新

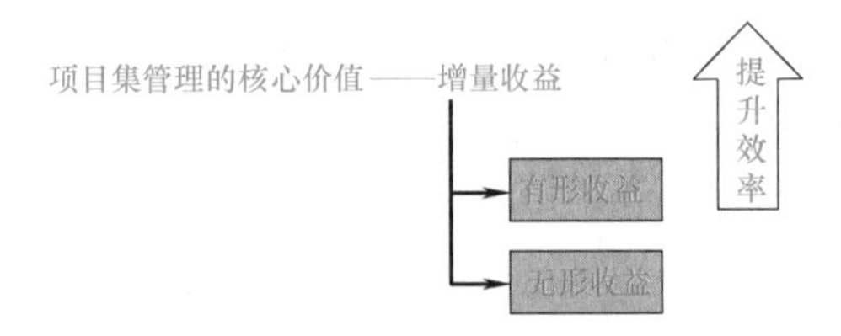

图 1-7　项目集管理的核心价值

PMI 的《项目集管理标准》对项目集作了如下的定义（图 1-8）

• 项目集是经过协调统一管理以便获取单独管理这些项目时无法取得的效益和控制的一组互相联系的项目。项目集还包括处于项目集中各单个项目范围之外的有关工作(例如：连续的运作)。

增量收益

• 项目集通常是在组织战略的实施过程中，实现组织战略目标最重要的手段。

图 1-8　项目集的定义

项目集经理的主要任务是：

（1）关注组成项目集的各个项目，确保各项目可以生成产品、服务或结果，并实现其目标和要求；

（2）关注期望实现的项目集的收益，并确保多个项目的成果与项目集预期的收益和目标相符。

1.2.3　项目组合管理

PMI《项目组合管理标准 》（Portfolio Management）指出，项目组合是指为了实现战略业务目标而集中放在一起以便进行有效管理的一组项目、项目集和其他工作。组合中的项目或项目集不一定相互依赖或直接相关（图 1-9）。

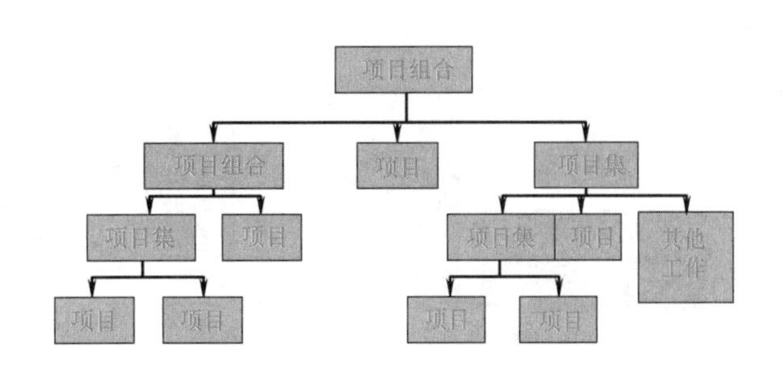

图 1-9 项目组合和项目组合管理

项目组合关注确保项目集和项目能够按照组织战略的关联与一致性进行优先级的资源分配。

一个施工企业，如有多个同时在施工的项目，可按企业经营管理的需要（属于企业组织战略关联），选择若干个项目（这些项目之间不一定有依赖关系），组成一个或多个项目组合，以便相对集中进行有效管理，优化资源分配。如图 1-9 所示，在项目组合下，可设下一个层级的项目、项目组合和项目集，视需要还可再设再下一个层级的项目集、项目等。

1.2.4 组织变革管理

PMI《组织变革管理实践指南》（Management Change in Organizations，它尚未形成标准，以实践指南出版）阐明了组织变革管理的概念，以及在组织级项目管理下管理变革的内容，和项目组合层面、项目集层面、项目层面的变革管理（图 1-10）。

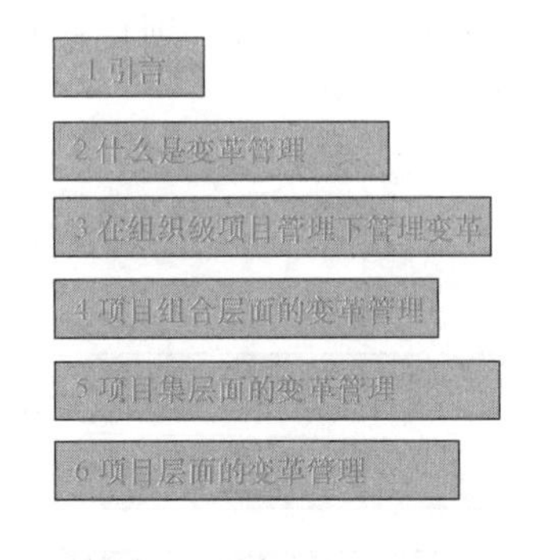

图 1-10 组织变革管理的主要内容

《组织变革管理实践指南》指出，变革管理是为实现既定的商业利益（如企业的经营效益、管理组织和管理方法的提升等），而把个人、团体和组织从当前状况转变为未来状况的一种综合性、周期性和结构化的工作。变革的生命周期包括启动变革、规划变革、实施变革、管理过渡和保持变革效果等工作环节（图 1-11）。

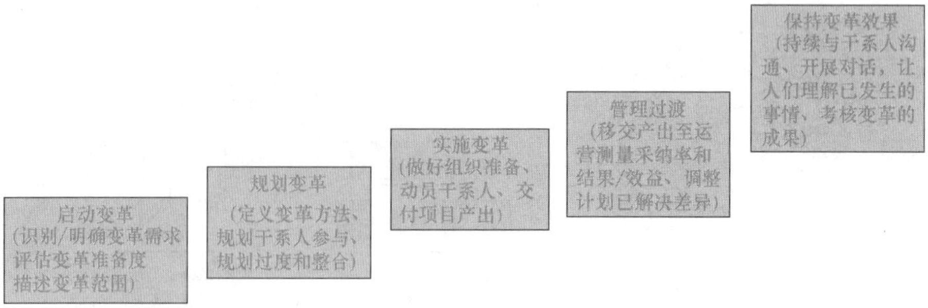

启动变革
（识别/明确变革需求
评估变革准备度
描述变革范围）

规划变革
（定义变革方法、
规划干系人参与、
规划过度和整合）

实施变革
（做好组织准备、
动员干系人、交
付项目产出）

管理过渡
（移交产出至运
营测量采纳率和
结果/效益、调整
计划已解决差异）

保持变革效果
（持续与干系人沟
通、开展对话，让
人们理解已发生的
事情、考核变革的
成果）

图 1-11　变革生命周期框架

《组织变革管理实践指南》阐述了由于诸多的外部和内部原因，变革往往是必然的：

（1）外部原因：组织不能依靠自然演变而取得成功，而必须借助有目的、有活力的战略来有效预测，影响和应对不断变化的外部趋势、模式和事件；

（2）内部原因：组织需要使用规范的项目组合、项目集和项目管理的方法以及作为这些方法的内在组成部分的灵活有效的变革管理，来维持生存，实现快速发展。

自从《意见》发布提出全过程工程咨询后，很多建设监理企业、造价咨询企业和设计企业等都在积极考虑怎样通过联合经营和企业重组等，变革管理的途径，提供全过程工程咨询服务。

1.2.5　组织级项目管理

PMI《组织级项目管理实践指南》阐明了组织级项目管理的概念，如何实施组织级项目管理，以及组织级项目管理的方法论（图 1-12）。

PMI《组织级项目管理实践指南》指出：组织级项目管理是一种战略执行框架，通过利用项目组合、项目集与项目管理，以及组织驱动实践，不断地以可预见的方法取得更好的绩效、更好的结果及可持续的竞争优势，从而实现组织战略。换言之，组织级项目管理是为了取得理想结果，而把项目组合、项目集和项目管理与组织的业务管理协调起来开展的一种集成管理方法（图 1-13）。

1 引言

2 如何为推行组织级项目管理做好准备

3 如何实施和改进组织级项目管理

4 如何实施核心驱动过程

5 如何裁剪出组织级项目管理方法论

图 1-12　组织级项目管理的主要内容

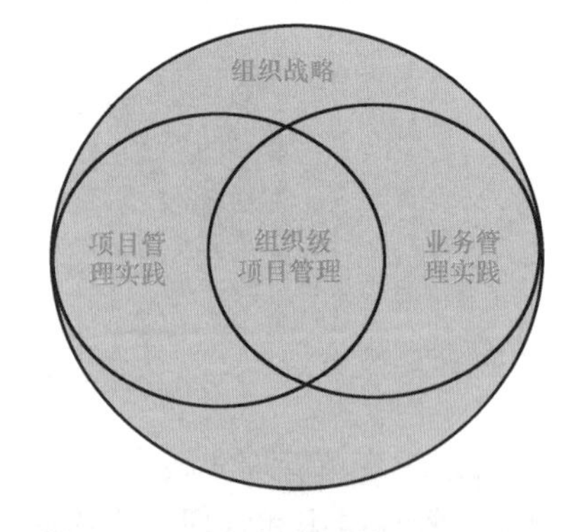

图 1-13　组织级项目管理促进项目管理和业务管理实践的协调

1.2.6 项目组合、项目集和项目的治理

PMI《项目组合、项目集和项目治理实践指南》阐明了组织级项目管理治理以及项目组合层级、项目集层级和项目层级的治理（图 1-14）。

图 1-14 项目组合、项目集和项目治理的主要内容

PMI《项目组合、项目集和项目治理实践指南》指出：治理和管理是两个不同的概念，治理的核心是关注“做什么”？包括决策、指导和监督；而管理的核心是关注“怎么做”，包括工作的组织和实施。治理是良好项目组合、项目集和项目管理的驱动因素，也是成功项目组合、项目集和项目的必要条件。治理通常关注谁来决策（决策权和决策架构）、如何决策（流程、程序），以及对相关的诸多因素（如信任、灵活性和行为控制）进行协调，从而定义治理框架，在此框架下，决策得以制定，决策者负有最终责任。主要的治理职能如下：

（1）监督职能，为项目组合、项目集合和项目提供指南、指导和领导的流程和活动；

（2）控制职能，为项目组合、项目集合和项目提供监督、度量和报告的流程和活动；

（3）整合职能，为项目组合、项目集合和项目提供战略一致性的流程和活动；

（4）决策职能，为项目组合、项目集合和项目提供授权架构和委托的流程和活动。

如何应用治理理论？如把一个施工企业作为对象进行组织级项目管理的治理，也可以把施工企业内的一个项目组合，或一个项目集，或一个项目为对象进行治理。同样，可以对一个房地产企业，或一个工业园区，或一个城市的公共工程管理机构（如工务署、工务局）进行组织级项目管理的治理，也可对其中的项目组合、项目集、项目为对象进行治理。

PMI《项目组合、项目集和项目治理实践指南》提出治理框架的四步实施法，即评估、规划、实施和改进。评估的目的是评审和分析组织内治理的现状，以及项目组合、项目集和项目治理的现状。规划指的是对治理的未来期望状况进行规划，建立治理的组织架构、明确各角色的职责、授权，以及与治理相关的流程等。

1.3 信息化案例

1.3.1 项目管理信息系统（PMIS）典型案例

项目管理信息系统（Project Management Information System，PMIS）是针对工程项

目，利用计算机和信息技术来辅助项目管理的信息系统，其核心是项目目标控制。随着信息通信技术和项目管理方法体系的发展，PMIS也在不断地发展。国内PMIS相关产品种类很多，本节选取某一有代表性的PMIS系统进行重点介绍，以下简称为P系统，并提供了两个应用成功案例。

1. P系统概述

P系统是国内某软件开发公司自主研发的一套既融入了国际先进的项目管理思想，又结合了国内管理习惯及标准的企业级多项目管理集成系统，其界面如图1-15所示。它以项目管理知识体系为主导思想，以成熟的IT技术为手段，将现代项目管理理论、国内项目管理规程与习惯、项目管理专家的智慧、P3系列软件等集成到一起，通过“专业管理+平台+门户”的模式，实现“以计划为基准、衍生出职能部门配合计划”，达到将各项业务以计划形成串联的目的，使项目管理水平实现质的提高成为可能。

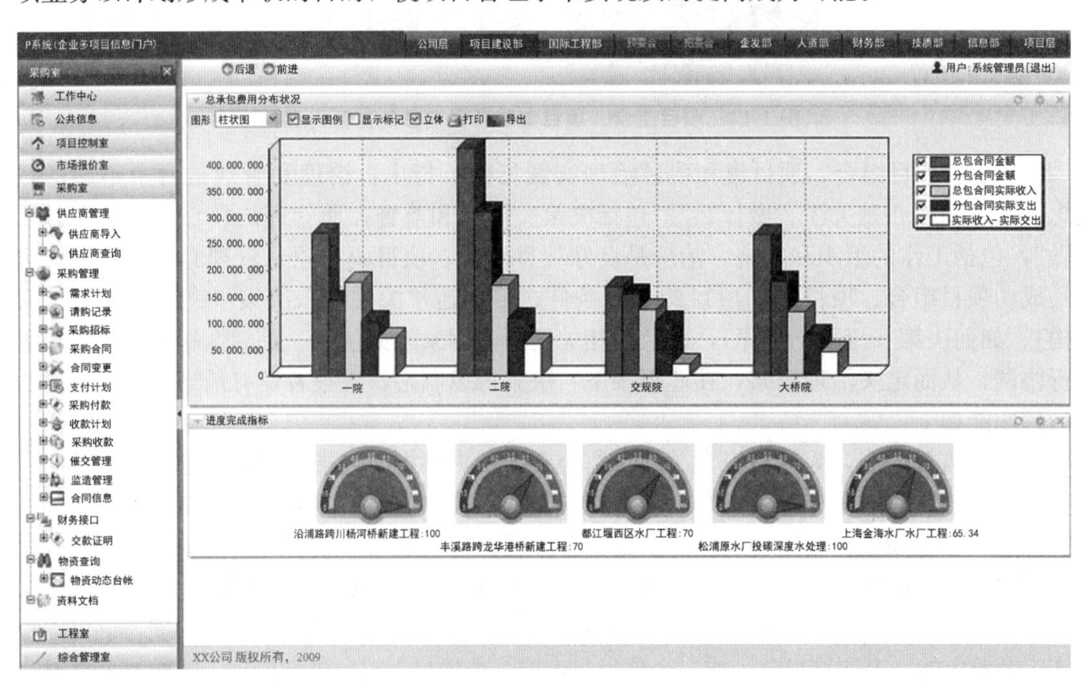

图1-15 P系统界面

P系统以项目为主线，以计划为龙头运筹协同，以合同为中心全面记录，以费用管理为核心深度控制，借鉴先进的、与国际接轨的项目管理方法体系（理论、工具、技能和方法），依托其开发公司20多年的项目管理应用实践经验，为项目型企业构建跨区域、分布式的多项目管理平台，涵盖企业从业务操作层、管理层、决策层三个不同层次的实际需求，满足单项目管理、多项目管理、项目组合管理及企业集约化经营的要求。该系统的具体特点包括以项目为主线，以进度计划为龙头运筹协同，以赢得值作为项目经理的控制杠杆，以合同、成本管理为核心深度控制，以流程管理为纽带，以知识管理为支撑、多层次、跨区域的管理布置，有效集成企业其他IT系统，基于SOA架构、灵活构建系统功能等。

2. P系统主要功能及架构

P系统的主要功能包括两条控制主线、八条管理副线、一个平台、三个门户，具体阐述如下。

(1) 两条控制主线

1) 进度控制线：项目主体进度、各种辅助计划的编制、审批、执行跟踪与控制。

2) 费用控制线：基于费用工作表的费用跟踪与控制、精细的成本核算、赢得值管理。

(2) 八条管理副线

1) 经营管理线：市场前期、投标报价、立项、合同、收付款、客户管理、项目风险管理等；

2) 设计管理线：工作包分解、责任分派、进度与工时管理、设校审管理、专业资料互提、设计产品管理、出图管理、数据接口等；

3) 采购管理线：请购、招标、采买、催交、监造、领用、租赁、结算、库管等；

4) 合同管理线：合同的招投标、合同执行、支付、变更、索赔、结算等；

5) 资源管理线：人员招聘、考勤、工资核算；材料现场管理；机具管理、结算；

6) 质量与HSE管理线：规划、计划、检查、控制、统计、体系管理等；

7) 图档管理线：分类管理、审批流转、版本处理、竣工资料管理、借阅分发、查询等；

8) OA管理线：日常办公、沟通、资料、资产登记、知识管理等。

(3) 一个平台

PBP（多项目管理基础业务平台）：基础技术平台、业务集成与协同平台、自定义开发平台。

(4) 三个门户

1) 多项目管理门户：集团统一管控、跨区域多项目资源协调和管理；

2) 项目网站：项目管理仪表盘、统计报表、信息查询等；

3) 个人信息门户：责任事项、警示告示、启动起草、邮件、即时消息等。

P系统的功能架构由基础设施、项目管理集成平台、核心业务模块和信息门户四部分组成，如图1-16所示。

3. P系统特点及应用价值

(1) P系统的IT特点如下

1) P系统以《PMBOK® Guide（项目管理知识体系指南）》《国家建设项目工程总承包管理规范》和《建设工程项目管理实施手册》为设计理论基础；

2) 支持多公司集团式管理，项目组合管理、多项目式管理、单项目管理，具备高度扩展性；

3) P系统程序为B/S+C/S混合结构，支持多语言切换，支持合同多币种结算，可以满足国内外工程管理需要；

4) P系统二次开发平台（P系统 Business Design）可以支持用户进行应用扩展；

(2) P系统的应用特点如下

1) 领导通过项目管理仪表盘和订阅的报表，及时准确直观的把握项目健康状况；

2) 自身具备完备且强大的进度计划引擎，也能集成P3、P6、Project等；

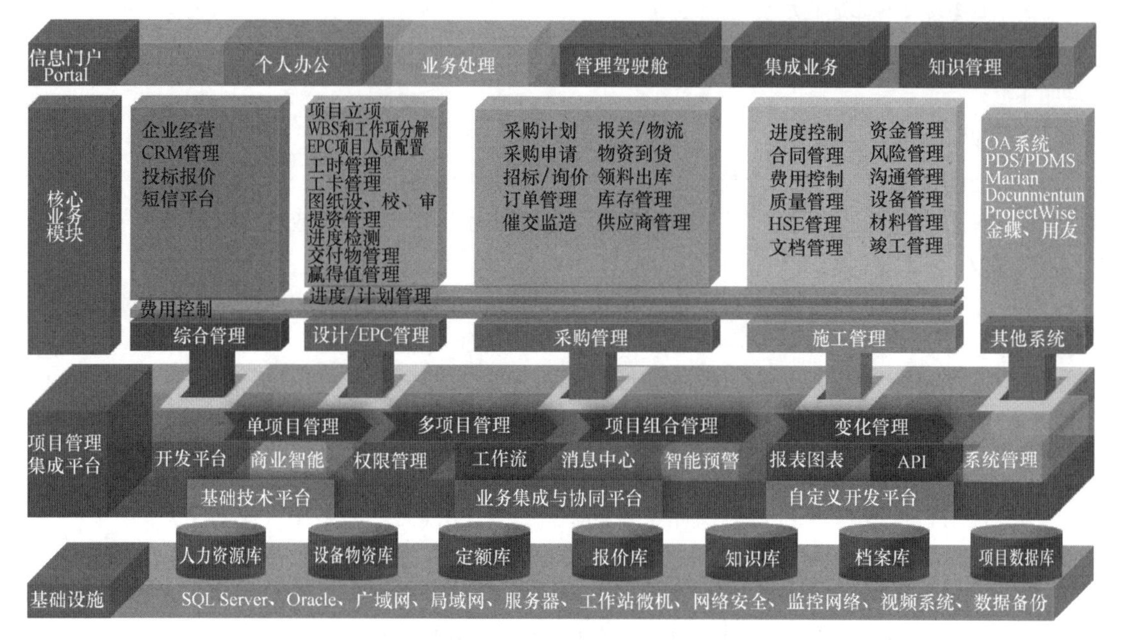

图 1-16　P 系统功能架构

3）产品经过不同行业（如核电、火电、水电、石油化工、市政交通、地铁、路桥等）、不同项目型企业（大型设计院、EPC 总承包工程公司、大型施工企业等），几十个项目的深度检验，功能完善成熟、适应性强；

4）通过 P 系统建立完善的企业知识积累程序，企业本部和各项目、各管理模块相关的文档、数据即时进行归档和整理，逐渐形成和不断丰富企业知识库，提高企业“复制项目成功”的能力；

5）所见即所得的打印：打印预览窗口的功能十分强大，用户可选择打印预览窗口上的各项功能菜单，对被打印的文件进行颜色格式以及日期格式等相关信息的设置；

6）业务范围涵盖从企业经营到客户服务的项目全生命周期管理；

7）P 系统自带多套不同行业、不同角色适用的编码体系和业务管理模式。

（3）P 系统的应用价值如下

1）IT 角度：为项目型企业构建跨区域、分布式的施工项目综合管理平台，能满足单项目管理、多项目管理、项目组合管理等不同层次的需要；

2）项目管理方法论角度：引进吸收先进的、与国际接轨的项目管理方法体系（理论、方法、技能和工具），运用成熟先进的管理技术和模式，规范企业的项目管理方法，提高企业项目管理水平；

3）企业级多项目并行管理：公司级实现对多项目的标准化管理控制，实现针对多项目的企业资源协调管理，实现针对多项目的组织或专业协同，实现知识积累和再利用；项目级实现项目管理业务的标准化、科学化、信息化；

4）优化企业资源配置：通过系统实现企业范围内资源（人、材、设备）的调拨，优化资源配置；

5）领导决策支持：公司管理层可以实时获取远程项目施工过程的各种经营信息，如计划执行情况、成本消耗情况、合同执行情况、资源配置情况等；通过项目管理仪表盘和订阅的报表，及时准确直观地把项目健康状况呈现在企业管理者面前；

6）知识沉淀与复用：改善工作流程，固化优秀的管理模式，建立规范的业务处理流程。实现“管理复制”；建立完善的企业知识积累程序，企业本部和各项目、各管理模块相关的文档、数据即时进行归档和整理，逐渐形成和不断丰富企业知识库，提高企业“复制项目成功”的能力；

7）针对单项目管理：建立与企业特点适应的，较为完善的成本控制体系；建立计划编制与进度控制体系；采购过程公开透明，阳光采购、提高项目采购规模效益；标准化的项目管理过程；

8）其他：所有信息与普通公司其他产品充分集成，减少信息孤岛。

4. P系统应用概况及案例

P系统的适用对象为EPC总承包企业、施工总承包企业、设计院、建筑工程公司等企事业单位。自2004年推向市场以来，P系统已经在国内外诸多行业和企业得到应用，有效帮助项目型企业实现了项目的标准化、规范化、精细化管理，提高了企业对项目的管控能力。目前P系统客户及应用的项目遍布国内外，涵盖石油化工、电力、冶金、地铁交通、市政等诸多行业的设计院、工程公司、施工总承包企业。接下来将介绍两个P系统应用的成功案例，分别是电力行业某施工总承包企业和某建筑工程项目的应用案例，每个案例包括项目概况、选用P系统的理由、应用情况、实施效果及经验借鉴。

【案例一】 电力行业某施工总承包企业及其核电项目试点应用

市场经济的发展，市场竞争的加剧，信息时代的到来，对企业的管理理念和经营思路形成了新的冲击，企业管理信息化是提高企业核心竞争力的有效手段之一，这已成为共识。P3软件很好地解决了项目计划编制与进度控制、企业多项目的进度监控等问题，但围绕计划执行具体业务的过程管理是缺失的。因此电力行业某施工总承包企业开发了EMIS，EMIS基于项目现有的业务流程自动化，实现了项目数据的收集与整理，但无法实现企业多项目并行管理；无法实现以项目协调企业资源与职能配合，多项目并行监控；无法实现以项目管理的诉求有效集成企业其他管理系统。因此，该公司结合企业发展战略与现状，设定了以下信息化建设目标。

（1）建立符合施工项目管理理念的管理体制；

（2）建立系统的可视化的项目管理控制体系；

（3）建立全面统一的项目管理整体解决方案；

（4）建立标准的企业项目管理知识库；

（5）培养一批既懂工程又懂管理并熟练使用项目管理软件的人才。

P系统作为一个企业级多项目管理平台，产品成熟、稳定、可扩展性强，不但涵盖了国际先进的项目管理思想，也充分考虑了国内企业的实际管理状况及与P3E/C软件的无缝集成；同时，开发单位在业界有良好的口碑和业绩。

该公司以P系统作为原型，基于它的基础业务平台P系统 Business Designer，针对自身企业的独特需求，进行了扩展开发，并以该公司承包的某核电项目作为第一个试点应用。随着该核电项目的日益进展，项目业务日趋复杂，P系统的应用也同时得到全面展开，主要体现在以下几个方面。

（1）图纸文档管理

对于工程建设项目，在施工建设过程中，会产生并使用上万件的文档和图纸。如何建立有效的图纸、文档管理机制，不仅是工程建设得以顺利进行的保障，也是圆满移交工程项目的必然要求。

P系统的图纸文档管理模块，为企业及各个项目的文件资料集中管理提供统一的平台，便于文件共享、检索，实现了图纸文档资料从起草、审批流转到归档全生命周期的电子化管理，如图1-17所示。

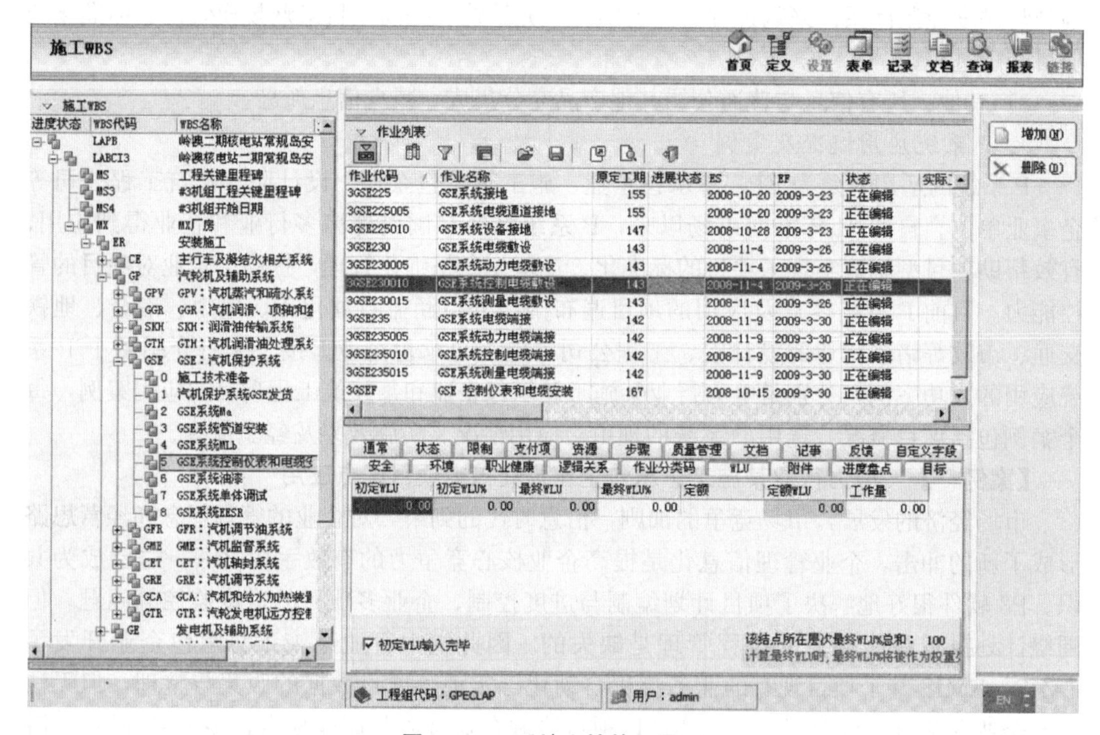

图 1-17　P系统文档管理界面

（2）项目进度管理

P系统的进度管理模块是在P3E/C应用的基础上研发出来的，主要子系统包括：项目分解、进度盘点、进度报告、管理工作计划、进度协调管理和横道图的展示等。

该核电项目的进度控制，可以脱离P3E/C，在P系统的平台上执行，真正做到了项目管理平台的集成统一：项目部根据实际情况，在P系统中分解出了两万多道作业，在作业上加载资源，基于合同工程量清单制定进度计划。

（3）成本管理

项目成本管理能够体现施工项目管理的本质特征，能够反映施工项目管理的核心内容，能够提供衡量施工项目管理绩效的客观尺度。项目成本管理是施工项目管理向深层次发展的主要标志。

P系统的成本管理体系以WBS为载体，通过统一的费用控制单元（WLU）来进行成本控制，通过纵向和横向的分解来达到层次和时间的控制目标，以进度百分比来计算赢得值，通过实际工作业务表单来统计实际值，实现计划值、赢得值、实际值三者的动态比较，进而实现对项目成本的动态控制，以达到对项目资金流的整体控制。

（4）人力资源管理

P系统人力资源管理的应用，使得该公司以及该核电项目的人员得以统一的管理，包括人员的岗位变动、学历变动、劳动合同、证书管理、任职历史、培训记录、薪资管理、考勤管理等。更令人满意的是将人员的考勤与WBS、费用科目进行了关联，可以准确地从不同的角度进行人工费的分摊以及分析，汇总出每级WBS所发生的费用，做到实际人工成本的核算。

（5）采购管理

P系统中的物资管理采用了科学、现代化的管理方法对材料/设备的采购供应管理业务进行全方位的控制和管理，采购管理包括以下内容：以物资需求计划为起点，结合管理作业流程，实现对采购的全过程的管理。完整的采购流程环环相扣，层层关联，步步追溯，真正地实现了对采购流程的过程控制与跟踪、信息查询与搜索、物资统计与分析。

（6）专项管理

施工项目工作对该核电项目来说，工作量大又及其重要，施工中产生的数据量更是惊人。P系统的投入应用，解决了施工项目工作中的难题：所有的数据通过计算机进行处理，大部分报表都可从P系统自动产生，所有流程应用电子审批流程。电仪项目、管道项目、焊接项目、NDE项目等都全面应用P系统，并体验到了信息化管理的优势。

P系统软件的投入使用，是该公司信息化建设的一个重大突破。新系统的应用成功解决了信息孤岛、专业技术人员不足、与P3软件接口、档案归档、与OA及门户接口等问题。经过该核电项目的试点应用，实践证明该公司的选择是正确的，其投入是值得的。

该公司的施工企业信息化建设有以下经验可供借鉴。

（1）施工企业的信息化建设是个循序渐进的过程。可参考英国学者阿尔沙维·穆斯塔法（Mustafa Alshawi）的实施信息化能力模型，从信息技术、人员、环境、过程共四个方面来诊断本企业信息化目前处于什么样的水平，并为企业实施信息化的未来发展指明方向。

（2）施工企业诸多核心竞争力中，重要的一点是“项目管理能力”，如何提高企业的项目管理能力，建设具有国际先进项目管理思想、满足企业当前实际需求的项目管理信息系统是必经之路。只有这样，才能做到项目管理业务的标准化、精细化、规范化和科学化管理。

【案例二】 某建筑工程项目应用

某大型国际工程项目合同总价4.37亿美元。项目通过疏浚和吹填，建立新岛屿，连接渠道及其他方式改造目前的海岸线。工程内容主要有陆地回填、疏浚和开挖工程三项，另外还包括道路和公共设施迁移的设计和建造。工程范围包括设计服务、采购、施工。该项目工程量大，工期紧，管理要求高，并且在工程的投标过程中，P3应用规划、项目管理信息系统应用规划也作为非常重要的内容写进标书当中。为适应国际工程项目的要求，同时更是为了提高项目管理水平，决定部署由P3E/C和P系统构成的项目管理系统，主要业务模块应用情况简述如下。

（1）合同、支付及费用管理

以合同为基础，对工程量清单（支付项）进行了统一的编码，作为进度款申请及变更管理的基础。建立了层次化费用科目编码。通过对合同、进度款申请、变更的费用分摊，实现以一张费用工作表的形式，全面反映项目投资及概算执行状况。

（2）图纸资料及档案管理

按项目施工组织情况建立了图纸文档、工程记录等资料分类编码，将从项目部成立以来的近五千件信函文件和近二千份图纸扫描录入到系统，定义了管理作业流程，实现图纸文档资料从起草、审批流转、归档的电子化移交光盘的全生命周期管理。依托管理作业（管理作业可以简单理解为工作流，但远远超越工作流的概念域）在该项目上，以项目部的岗位分解结构为基础，通过给各岗位指定不同的管理职责，建立不同管理业务的管理网络。不同业务类型的管理作业能够自动对接相关的管理网络，实现流程的自动化。管理作业可以把所有与项目管理相关的所有事务纳入计划、执行、控制体系，同时，管理作业也支持责任转移，流程调度，消息提醒和条件设置等常见的工作流系统的功能。

（3）进度控制

根据该项目实际情况，共分解出 1500 道作业。通过将作业加载的资源，使得进度计划基于合同工程量清单制定出来的定量的、切实可行的进度计划。通过过滤周计划和设置目标计划，施工部可以按照周计划安排工作，项目部可以按照目标计划随时检查工作。

P3E/C 软件提供了甘特图、网络图、各种代码、作业分类码、资源条目以及记事条目等渠道。计划编制时，在每一道对应的作业上加载大量信息，在计划执行时，各级管理人员和技术人员可以通过 P3E/C 直接打开相应项目，可以查询有关作业的信息。

（4）成本控制

定义好有关成本统计过程中要求填报的基础数据表格，随时可以看到这些基础数据，是出具实际费用信息的主要依据，通过在三级施工计划中对每道作业加载人力、材料、机具资源，为每种资源设置单价，继而得出项目成本控制目标，在安排施工时也为施工所需要的各种资源比较客观的做出了需求分析计划，可以调出每月的实际成本和实际工程量完成情况，可以分析出各月乃至今后较长时期的成本计划，有利于按计划较好地控制成本。

（5）质量管理

定义了项目全套的质量验收评定编码，建立了质量验评管理网络，制订了质量验评计划，实现了从质量报验、验评电子流转，对质量文件做到集中统一管理。

（6）材料、设备及采购管理

建立了项目统一的材料、设备的编码，实现材料和设备从需求、请购、招投标、采购合同签订、合同付款、合同变更、到货检查、入库、领料、出库的全过程管理。

（7）沟通管理

沟通管理在该项目管理系统包含如下方式：一是记录表单（如合同、联系单、送审件等）和图纸文件通过管理作业进行审批流程；二是记录和图纸文件的分发管理；三是通过邮件系统实现内外部的邮件收发。系统对沟通的所有过程信息有详细记录，对记录表单和图纸文件提供了统一的存放。

（8）人力资源管理

建立了项目部门和人员编码及人力资源分类编码，将项目所有人员情况基本、照片、护照、签证录入系统。该项目人员众多，外籍劳工来自多个国家，在项目所属国这种签证难以办理的国家，如果不能及时准确地掌握及签证护照情况，将给项目施工带来巨大的麻烦，利用人力资源管理模块，人员情况清晰明了，人力资源办的管理人员可以随时掌握情况，有针对性、有重点的开展工作，为工作提供了极大的便利。

P 系统在该项目展开了全面应用，项目部领导及相关部门的管理人员深深感受到了项目管理系统为日常工作带来的益处，主要体现在以下几个方面。

1）管理模式和用户习惯的转变

应用 P 系统以后对原来的管理模式和用户习惯产生了较大影响，从手工模式转到计算机辅助管理模式、从原来的陌生到熟悉、从开始的担心到后来的放心、从原来的复杂到现在的简单、从开始的拒绝到现在应用的得心应手等。

2）业务流程自动流转，工作效率大大提高

该项目的几乎所有审批业务均通过 P 系统进行。试运行过程中，项目管理人员在跟踪流程时发现有十几个节点的流程，在他们以为设置错误，找到流程启动者落实时，才知道该业务的确要经过十几道手续，通过系统自动流转效率较原模式提高了几倍。

3）原始数据的跟踪变得简单，易于跟踪合同执行情况

强大的合同费用管理功能，让合同跟踪变得很简单，招标记录、各种合同台账、进度款申请功能等包含了合同费用管理的全部过程；多种视角分析数据更利于成本、费用分析；各种分层统计汇总从多种角度分析数据，灵活的报表让所见即所得变成现实，各种统计基于原始资料，保证的结果的真实。

4）快速实现工程竣工记录的归档与整理

整个项目所产生的文档都在系统中记录，电子化管理给项目竣工资料的整理提供了方便，把竣工资料的整理融入日常项目管理过程中。

实现企业技术的积累、安全共享技术文档，最终形成自己的核心竞争力，档案管理模块积累一套完整的工程技术资料；可以按多种方式组织工程资料；能自动对应国家标准档案分类编目，辅助案卷组卷；实现电子移交，形成竣工移交资料光盘。

5）数据共享得以实现，资料查询方便快捷

P 系统实现了数据标准化，保证了数据的共享性和一致性，当一个人填写了某些数据后，其他有权限的人直接利用这些数据，减少了重复工作，数据的准确性也提高了；因为有统一编码的存在，用户更多的时候是进行选择操作，减小了出错的概率；各种数据之间的有机关联，让信息不再孤立；系统强大的数据追溯功能，让每个过程可以重现；多级权限控制，让数据的安全变得可靠。特别是在资料的查询方面，更是提供了极大的方便。

该项目管理系统的部署和实施工作负责人，通过整个实施过程，对工程业务知识有了较深刻的认识，积累了大量的实际经验，归纳如下。

1）领导参与及组织措施是成功的保证；

2）科学合理的系统规划是实施成功的前提；

3）建立与信息化系统相适应的制度，使 P 系统实施程序化、制度化；

4）培训是实施 P 系统的基础；

5）合理制定阶段性目标，循序渐进是系统达到实际应用的有效途径；

6）合理、周密的安排试运行；

7）积极创造软件应用环境，把 P 系统作为工作的一部分。

1.3.2 智慧工地典型案例

本节选取的智慧工地典型案例是一个超高层项目，该项目采用建筑信息模型（BIM）、云计算、大数据、物联网、移动终端、人工智能等新一代信息技术应用的多方协作智慧建造管理，实现项目的可视、可管、可控，可测，提高施工各环节的管控水平，优质高效地推进建设目标。

1. 项目概况

该项目是某区域的高品质居住项目，占地面积 87119.79m²，总建筑面积 474965.79m²，地上居住建筑面积 331302.00m²，地下室建筑面积 122939.04m²，采用剪力墙-核心筒结构。项目特点如下。

（1）本工程基坑面积大，较深，地质条件及周边环境复杂，地下水位高且靠近长江，必须采取合理的基坑支护和开挖降水方案。施工场地狭窄，总平面管理难度大，且地下室楼面不能重载，平面布置时必须充分考虑环形路的利用。

（2）超高层建筑临边作业、交叉作业、高空作业多，特种设备垂直运输周转难度大，安全管控如果不到位就可能发生高频建筑“五大类事故”。临边洞口多，各类安全防护的及时安装以及过程中的管理不到位容易导致防护缺失。

（3）工期紧，节点严，容易产生进度与安全要求的不协调，安全管理必须要有预见性、超前性，否则将会影响施工进度。

（4）周边外部环境、不良天气条件等不利因素带来的管理难度。

2. 智慧工地应用策划

该项目定制了智慧工地管理平台，集成了劳务实名制管理系统、物料验收系统、质量和安全巡检系统、多方协作云平台、进度计划系统，运用了塔吊防碰撞系统、环境监测系统和视频监控系统对现场进行智慧管理。项目指挥中心以会议室智慧大屏来实时动态展示，并与项目搭建的 BIM 高精度模型结合应用，便捷高效地进行智慧建造管理。

该项目“管理决策 BI”依托“基础平台”采集数据，通过“智慧工地”子系统应用分析、加工数据，集合“BIM 模型”和“项目成本管理系统”形成有效的大数据，将前期设计规划、中期建设、后期管理统一在三维信息模型上，数据互联互通，从而实现智慧进度、智慧安全、智慧质量、智慧劳务、智慧物料、智慧协同、智慧监控和成本分析，探索出全新的管理模式。该项目的智慧工地框架体系详见图 1-18。管理决策 BI 平台能实现项目整体目标执行可视化，实行基于生产要素的现场指挥调度及基于 BIM 模型的项目协同管理，主要对现场进度、质量、安全整体负责，逐步形成数据资产。然后是智慧工地平台，项目各部门负责人及使用人员通过此平台结合终端应用，并集成已有系统，对项目管理范围内的生产、质量、安全、成本、经营管理指标进行整体管控。最后是基础平台终端工具应用，项目部管理人员通过应用各种终端，利用云＋端、大数据、物联网、移动互联网、智能化、BIM 技术等手段，聚焦于工地、施工现场实际工作活动，采集专业化、场景化、碎片化的数据，进而提升工作效率和现场管理效率。

3. 智慧工地实施情况

该项目的智慧工地管理平台界面由项目概况、生产管理、质量管理、安全管理、经营

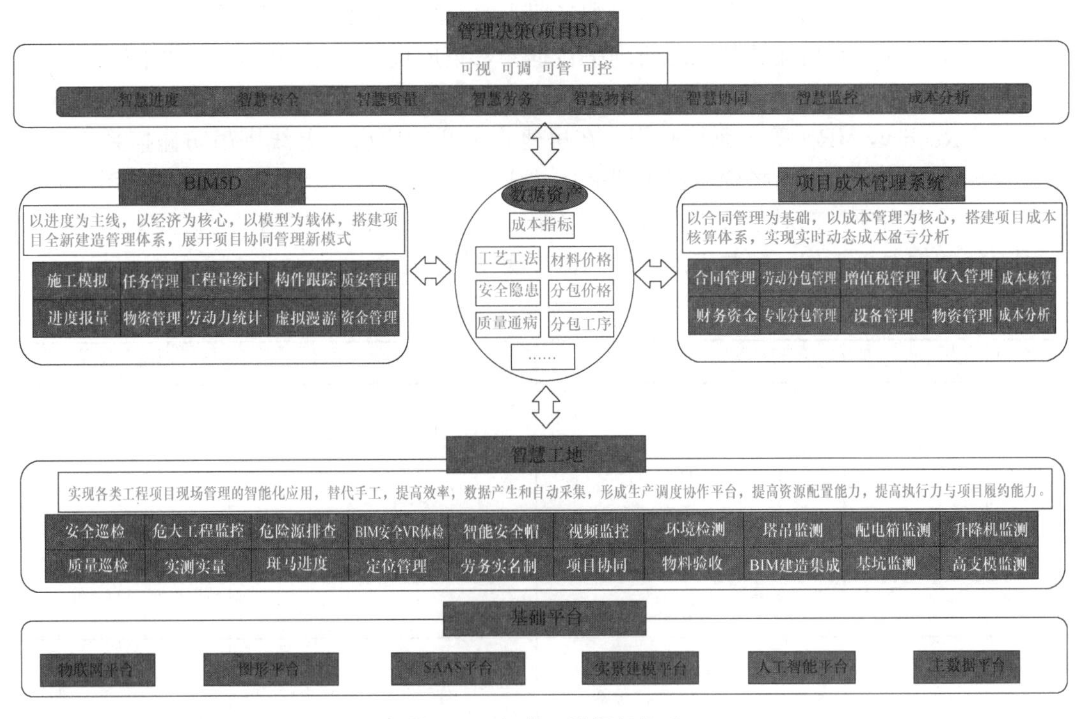

图 1-18 智慧工地框架体系

管理、BIM 建造、党建管理等七大板块组成，如图 1-19 所示。平台首页包含项目现场管理的基础信息，现场的进度状况能够一目了然，通过平台也能快速了解项目整体的安全质量情况。七大板块又分成十个管理系统，围绕“人、机、料、法、环”基础数据，通过劳务实名制管理系统、智能安全帽定位系统、物料验收系统、进度管控系统、质量巡检系统、安全巡检系统、多方协作云平台、BIM5D 平台系统、视频监控系统及项目办公管理系统等，把所有内容都集成到智慧工地管理平台中。

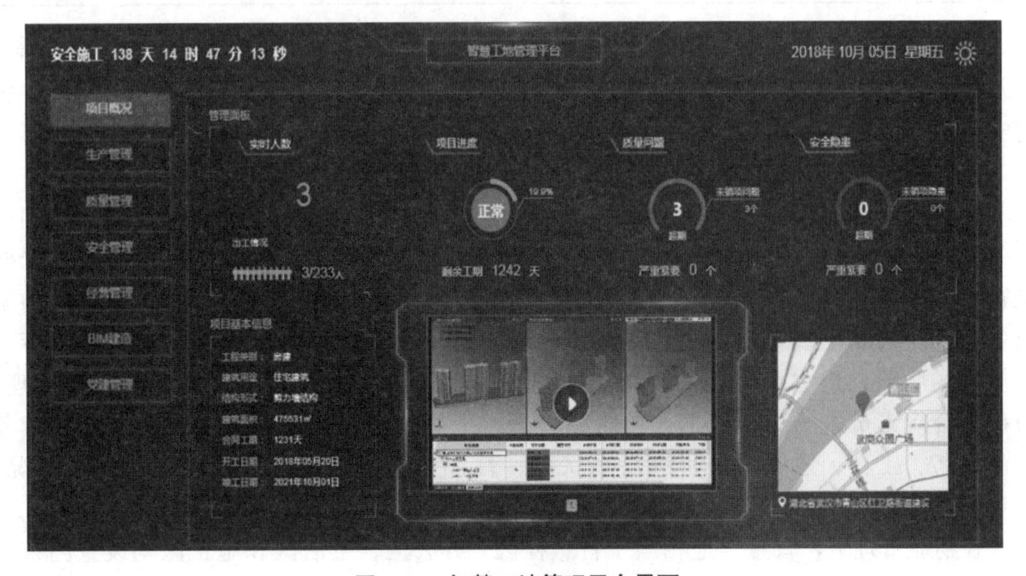

图 1-19 智慧工地管理平台界面

该平台的开发经历了平台搭建阶段和二期业务阶段。基础平台搭建阶段以现有管理系统、管理工具为基础搭建智慧工地管理平台框架，集成现有应用系统，并同时上线质量、安全管理、劳务实名制、物料验收、斑马进度、项目成本管理系统、BIM 和虚拟现实（Virtual Reality，VR）等子系统应用。在房建施工开始后启动上线塔吊防碰撞系统和智能安全帽系统。基础平台搭建阶段上线完成并成功试运行后，系统接入视频监控系统和环境监测系统。由项目部对系统进行选型，经第三方供应商确定后，由平台开发商与第三方开展系统数据对接工作。智慧工地实施总体步骤详见表 1-2。

智慧工地实施步骤　　表 1-2

序号	实施事项	具体内容	主导人	参与人
1	启动会	根据沟通确认智慧工地应用目标、应用内容及应用方式，召开相关人员开启启动仪式	项目经理、项目总工平台开发商服务经理	项目负责人，平台开发商智慧工地项目团队
2	硬件安装	根据各个子模块需要的硬件进行安装调试	平台开发商实施负责人	平台开发商实施人员、项目负责人
3	应用试运行	根据应用培训内容，项目总工或者负责人主导推动，各个岗位将应用内容试运行起来	项目负责人、项目总工、平台开发商实施负责人	平台开发商实施人员、项目相关人
4	试运行总结会	根据应用试运行过程结果召开试运行总结会，对应用问题做解答，对应用方案做优化	项目负责人、平台开发商实施负责人	平台开发商实施人员、项目相关人
5	正式应用	根据调整后的方案进行正式应用，过程中进行数据的积累和使用	项目 BIM 中心推动人 软件开发实施负责人	涉及应用及查询等项目 BIM 人员

该项目周边环境复杂、体量大、压力大，在此类施工项目中运用智慧工地管理平台，涉及模块广、应用点多，发挥的功效和产出的成果都非常显著。下面将就劳务实名制、智能安全帽定位、进度管控、质量巡检、安全巡检等几个重点方面进行详细阐述。

（1）劳务实名制系统和智能安全帽，实现人员管理促生产提效能

项目高峰时期人员近 1000 人，管理人员接近 50 人，因项目分为两个地块，中间由一条铁路隔开，且人员流动频繁，现场人员管理难度非常大。项目针对人员管理严格推行了“劳务实名制＋智能安全帽”管理。在施工人员进场，通过劳务管理系统和集成各类智能终端设备对建设项目现场劳务工人实现高效管理。项目的管理人员和劳务人员进场后即刻建立个人档案，绑定身份信息，通过规则设立将人员进行分类管理，防范不合规人员进场。在施工人员现场管理，采用安全帽智能系统实时查看现场劳务人员姓名、工种、隶属单位、进出场状态、教育交底情况、定位、轨迹及分布情况，实现人员动态管理。

在物业管理上，智慧工地相当于智慧社区。办公区、生活区和施工区均设置门禁系统，刷卡出入。通过后台配置，将生活区入住卡、工地现场出入卡、饭卡、水电卡、洗

衣、洗澡等多卡合一。多卡合一既实现了信息的集中管理，又方便了施工人员的日常生活，实现智能化、标准化管理，然后再与智慧馆安全教育 VR 挂钩。一张卡基本上能把工人的工作行为、生活习惯的数据整合在一起。现场通过这种实时统计，把所有工种的整体情况快速传递到智慧管控平台，让管理者直接了解现场实时人员情况。

（2）进度管控系统，实现工程进度尽在掌握

针对地下室 12 万平方米的混凝土结构的施工，项目进度管控主要依靠 BIM5D 技术。本工程工期紧，多线并行施工，过程中人员、机械、材料投入量需要非常准确的分析来进行管控。应用 BIM5D 进行进度管理，主要侧重于两个方面。一方面，通过平台开发商 BIM5D 的应用，完成项目进度计划的模拟和资源曲线的查看，直观清晰，方便相关人员进行项目进度计划的优化和资源调配的优化，基于 BIM 的进度管理流程如图 1-20 所示。另一方面，将日常的施工任务与进度模型挂接，建立基于流水段的现场任务精细管理。通过后台配置，推送任务至施工人员的移动端进行任务分派。同时，工作的完成情况也通过移动端反馈至后台，建立实际进度报告。该系统支持快速建立流水段任务管理体系，实现了基于流水段的现场任务精细管理，设置任务相关工艺、计划时间和责任人，通过将施工任务与施工工艺相互关联，工长或技术员、质量员在现场跟踪中可以查看任务的相关工艺要求，快速便捷地安排生产任务。举例来说，工长在生产进度列表中总览派分给自己的全部流水段，点击某一流水段后，可以查看该流水段的全部施工任务，填报任务起止时间、进度详情，运用到包括照片、详情描述、延期原因和解决措施的方式，实现了完善的移动端任务跟踪系统。

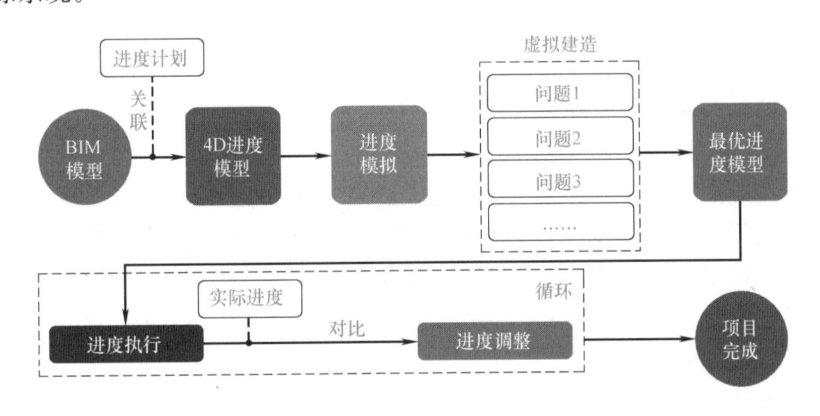

图 1-20 基于 BIM 的进度管理流程

（3）质量巡检系统，实现质量问题一目了然

该项目上线了质量巡检系统。该系统能将质量检查标准精准推送到相关工作人员所持的移动端，也可以反向接收信息，由工作人员将现场质量问题实时拍照并同步上传到平台系统中。系统在后台将收集到的质量问题汇总并进行统计分析，在系统的看板中可以快速查看质量问题。

质量巡检系统还可以自动生成业务表单并打印替代原来手写表单，大幅度提升一线岗位人员工作效率；并通过对项目质量问题数据的趋势和指标分析，为项目领导决策提供数据依据。

（4）安全巡检系统，实现施工现场提前风险预控

项目上线安全巡检系统，以移动端为手段，以海量的数据清单和学习资料为数据基础，以危险源的辨识与监控、安全隐患的排查与治理、危大工程的识别与管控为主要业务，支持全员参与安全管理工作，对施工生产中的人、物、环境的行为或状态进行具体的管理与控制，通过“事前预防”“事中管控”的方式杜绝事故的发生，为施工现场的安全管理提供全过程、全方位的实时监督管理。

当发现现场安全问题时，安全管理员对问题点进行拍照，描述具体的问题，在手机端上传智慧工地平台安全巡检系统。系统自动通知项目负责人，并将问题同步发送到了项目负责人手机中。后台对安全问题进行汇总和统计分析，安全检查报告一键生成。项目负责人通过安全看板对问题快速查看、及时整改，从源头监管施工安全问题，降低施工事故的发生。平台打造质量红黑榜，对优秀施工做法和质量缺陷警示进行定期（按月）公示。同时采用 VR 虚拟安全体验和多媒体安全教育培训，并结合实体综合安全体验区，现实与虚拟多功能教育培训室，提高工人的安全意识。

（5）其他较为重要的智慧工地管理系统

除了上述四大系统外，群塔作业安全监控系统、资料管理系统等系统也均链接在平台上进行管理。

群塔作业安全监控系统：对现场塔吊运行状况和一些具体信息实现现场安全监控、运行记录、声光报警、实时动态的远程监控，使得塔机安全监控成为开放的实时动态监控。

资料管理系统：本工程图纸版本多、模型文件多、参建单位多、报审资料种类多，为便于统一有序地管理，需要一个多方协同平台。该平台可以支持 50 余种建筑行业常见文件格式在线预览，无需安装专业软件，随时随地查看，提升了工作效率。桌面端和手机端均可在线打开图纸模型，无需安装应用软件。

4. 智慧工地应用成效

该项目通过应用智慧工地管理平台，明显提高了施工组织策划的合理性，优化了项目资源配置，提高了沟通效率及决策效率；实现不同时间段内一系列流程的迅速反应、实施、决策等，实现了管理升级，显著缩短工期，节省成本，提高公司效益。该项目的智慧工地建设取得了显著的进展和成果，主要体现在应用方法、经济效益、人才培养、社会效益等方面，具体阐述如下。

（1）应用方法

智慧工地管理平台的集成应用管理，打破了项目各部门存在的信息孤岛问题，同时也满足项目数据采集、积累、分析的需求，能够帮助项目管理者进行目标可视化监控，能够科学决策。

（2）经济效益

借助智慧工地管理平台可视化管理，数据实现在线、及时、准确、全面，生产目标下达清晰、风险预警及时、纠偏措施得当，根据测算，现场一线岗位作业人员工作效率提升 20%～30%，包括现场劳务管理员、施工员、材料员、经营人员等，安全检查、质量检查施工人员工作效率提升近 40%，有效的支撑安全、质量管理履职履责，保证安全、质量目标顺利实现。

（3）人才培养

借助智慧工地管理平台的成功实施和应用，该平台开发商通过“集中培训＋跟踪辅助”应用的形式为项目成功培养了两名 BIM 应用工程师，三名智慧工地应用工程师。

（4）社会效益

该项目因智慧工地管理平台成功应用，荣获该平台开发商和武汉建筑业协会联合颁布的“数字中国 智慧工地”示范基地 TOP100 项目。

1.3.3 建筑信息模型（BIM）应用典型案例

本节选取的建筑信息模型（Building Information Modeling，BIM）应用典型案例是一个在建的超高层建筑项目，既包括 BIM 技术在规划、设计、施工不同阶段的不同专业（建筑、结构、机电、幕墙等）的综合应用，也涉及了 BIM 与 VR、AR、3D 打印等技术的创新应用。

1. 项目概况

该项目位于成都东部新城文化创意产业综合功能核心区域，项目总建筑面积 454428m^2，主体结构采用“核心筒＋外伸臂＋（外周）巨型斜撑框架”的结构体系，该工程主要由超高层塔楼、高层裙楼和地下室构成，其中超高层主楼（T1）包括天际会所、酒店、行政公馆、办公等，地下 5 层，地上 101 层，建筑高度 468m，建成后将成为西南地区地标性建筑。2015 年 12 月 16 日，该项目的塔楼主体结构施工正式启动，计划于 2018 年 10 月封顶，2019 年年末竣工投入使用。

2. BIM 协作关系

BIM 的成功应用离不开相适应的技术、组织与流程。该项目的 BIM 协作关系如图 1-21所示，业主、设计方、施工总包、专业分包等不同参与方通过 BIM 协同平台在项目上实施 BIM 应用。

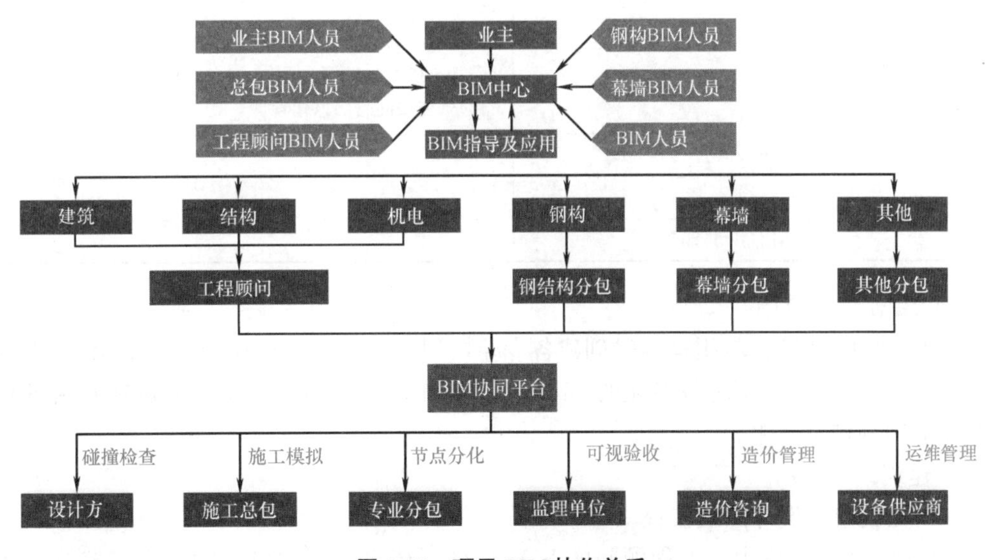

图 1-21 项目 BIM 协作关系

3. BIM 应用领域

该项目的 BIM 应用领域详见表 1-3。接下来本节将分别介绍各项应用。

项目 BIM 应用领域汇总　　表 1-3

<table>
<tr><th>类别</th><th>各专业应用领域</th><th>细分应用领域</th></tr>
<tr><td rowspan="5">BIM 综合应用</td><td>建筑结构应用</td><td>(1)模型创建及设计图纸校核
(2)基础土方开挖模拟
(3)基础筏板优化
(4)筏板施工优化
(5)大体积混凝土浇筑模拟
(6)基坑支护与主体结构碰撞检查
(7)地下室换撑方案模拟
(8)高大支模数据支持
(9)地下室净高核查
(10)钢筋复杂节点优化
(11)伸臂桁架钢筋优化
(12)斜率复核辅助定位
(13)施工方案模拟</td></tr>
<tr><td>机电安装应用</td><td>(1)模型建立及设计审核
(2)机电管线综合优化
(3)预留洞审核</td></tr>
<tr><td>幕墙 BIM 应用</td><td>—</td></tr>
<tr><td>钢结构应用</td><td>(1)钢结构模型创建及图纸深化
(2)钢结构预留洞分析</td></tr>
<tr><td>BIM 管理应用</td><td>(1)现场用地规划
(2)施工电梯位置
(3)安全防护模拟
(4)BIM 移动客户端现场监管
(5)现场进度管理
(6)工程量数据支持
(7)工程指标分析
(8)变更管理
(9)计价成本曲线
(10)资料协同与信息化管理</td></tr>
<tr><td rowspan="3">BIM 技术创新应用</td><td>BIM+VR</td><td>—</td></tr>
<tr><td>BIM+AR</td><td>—</td></tr>
<tr><td>BIM+3D 打印</td><td>—</td></tr>
</table>

(1) BIM 综合应用

该项目的 BIM 综合应用是通过创建各专业模型，并经由工程顾问提供的 BIM 协同平台进行模型整合，从而实现各专业的 BIM 应用，如图 1-22 所示。接下来逐项介绍各专业的 BIM 应用领域及效果。

1) 建筑结构应用

① 模型创建及设计图纸校核

在模型的搭建过程中，工程顾问的 BIM 团队对建筑、结构设计图纸进行校核，共发现图纸问题 900 余项，问题提交设计单位后均得到回复并收到修正图纸。图纸累计修改 18 版，大大减少了施工过程中的设计变更，对比传统图纸检查方式可节约时间 30%以上。

② 基础土方开挖模拟

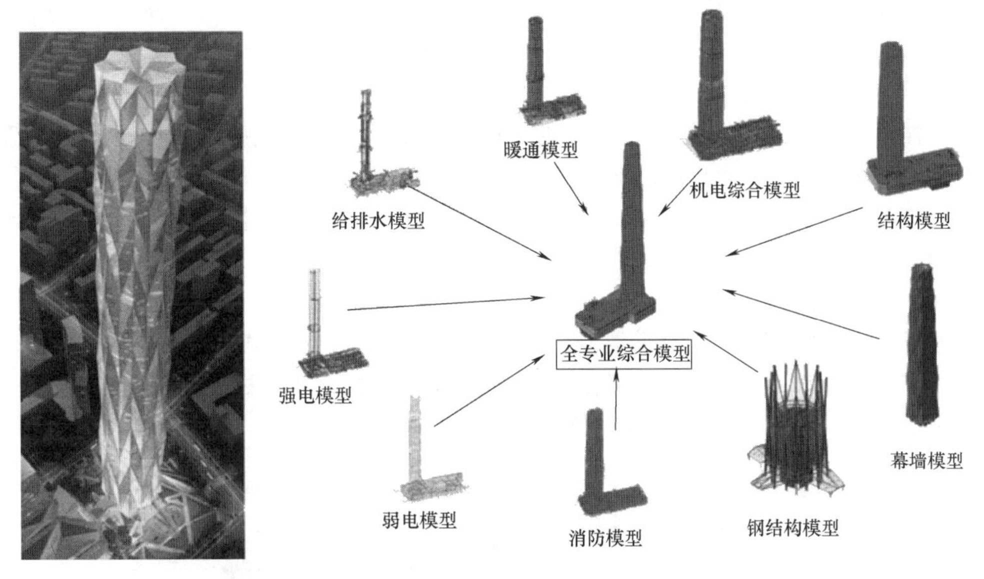

图 1-22 BIM 综合应用示意

本工程地下室基坑深度 27.1m，土方运输成本较高，项目对土方开挖精度要求高；且电梯井基坑和核心筒筏板为多级放坡，开挖形状多变，空间关系复杂，因此需借助 BIM 技术提前模拟土方开挖，从而控制开挖精度。

③ 基础筏板优化

通过 BIM 模型对地下室基础进行复核，发现很多桩基础与筏板位置不对应，无法连接，严重影响施工。利用 BIM 软件对筏板图纸进行深化设计后共优化避让问题 34 处，每处至少节省工期 0.5 个工日，合计可节省工期近 16 天。

④ 筏板施工优化

塔楼筏板钢筋总用量 7102t，支撑面积约 4000m^2，钢筋支撑最大高度 11m，项目为此编制专项施工方案，并提前通过 BIM 技术对钢结构预埋、钢筋支撑等进行三维模拟，为现场钢筋下料、施工提供重要参考。

⑤ 大体积混凝土浇筑模拟

T1 塔楼筏板基坑深度 27.1m，筏板厚 4.6m，浇筑需混凝土 3 万方，浇筑时间 100 余小时，通过 BIM 技术进行安全计算，并模拟混凝土浇筑施工，确保深基础施工的安全性、可靠性。

⑥ 基坑支护与主体结构碰撞检查

利用 BIM 技术进行基坑支护结构和主体结构碰撞检查，判断影响施工的因素，并提前制定解决方案和应对措施，提升现场的质量风险预控能力。本工程确定并提前解决影响施工作业的碰撞点 169 项，疑似碰撞点 87 项。

⑦ 地下室换撑方案模拟

通过 BIM 模型以动画方式模拟每一阶段换撑过程，更加直观形象的向施工队伍展示换撑步骤，以达到交底目的。

⑧ 高大支模数据支持

通过 BIM 软件快速分析，精确定位，地下室共计筛查 544 处高大支模，为专家论证提供参考依据。

⑨ 地下室净高核查

本工程通过 BIM 技术对设计方提供的工程地下室图纸进行复核，发现地下室坡道结构净高低于 2.2m 位置共计 5 处，楼梯净高低于 2.2m 位置共计 1 处（原楼梯休息平台板净高满足要求，但未考虑框架梁，导致梁下净高仅为 1244mm），将以上位置提交设计单位对图纸进行修正，为项目提供了有力的技术保障与支持。

⑩ 钢筋复杂节点优化

本工程钢结构体量大，与钢筋混凝土结构碰撞较多，节点处钢筋排布十分复杂，利用 BIM 技术优化复杂节点，并以三维方式导出钢筋排布大样，共计提供 159 处节点的三维详图，如图 1-23 所示，累计可为现场节约工期至少三日。

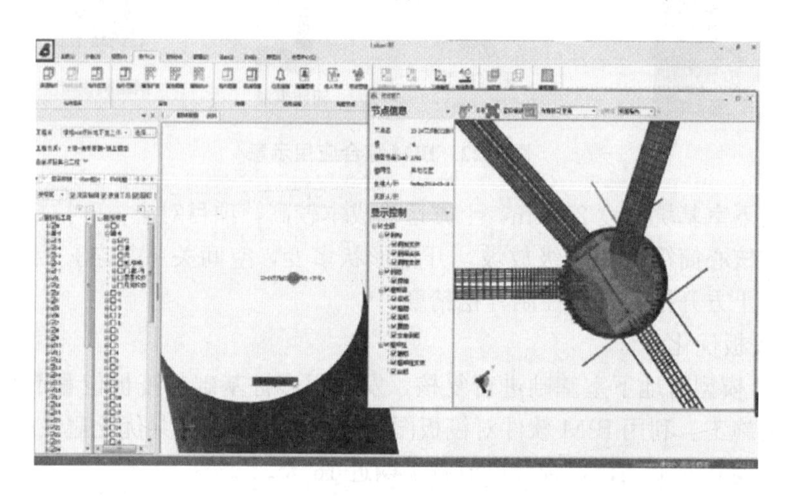

图 1-23　钢筋钢构复杂节点制作→过程交底→指导现场施工

⑪ 伸臂桁架钢筋优化

本项目结构图纸中，伸臂桁架层多处钢筋与钢结构位置存在多处碰撞，设计单位及各参建方召开会议进行讨论，确认冲突位置钢筋处理及深化办法，最终决定借助 BIM 模型对碰撞节点进行优化，解决碰撞问题。

⑫ 斜率复核辅助定位

本项目外立面设有大量斜柱，为方便现场施工质量控制，BIM 工程顾问对可能影响定位关系的外框斜柱进行复核检查，并依据 BIM 模型出具节点剖面图纸，以供现场施工人员参考。

⑬ 施工方案模拟

T1 塔楼核心筒外墙从 L50 层开始向内倾斜至 61 层，倾斜宽度约 240mm，倾斜高度 48.4m，倾斜角度约为 3 度，导致斜墙转角部位出现模板转角下大上小的情况，且模板结构异形，需局部拆改，部分区域还存在较大门洞，通过 BIM 模型对模板拆改方案进行模拟，如图 1-24 所示，从而确保方案可行性。

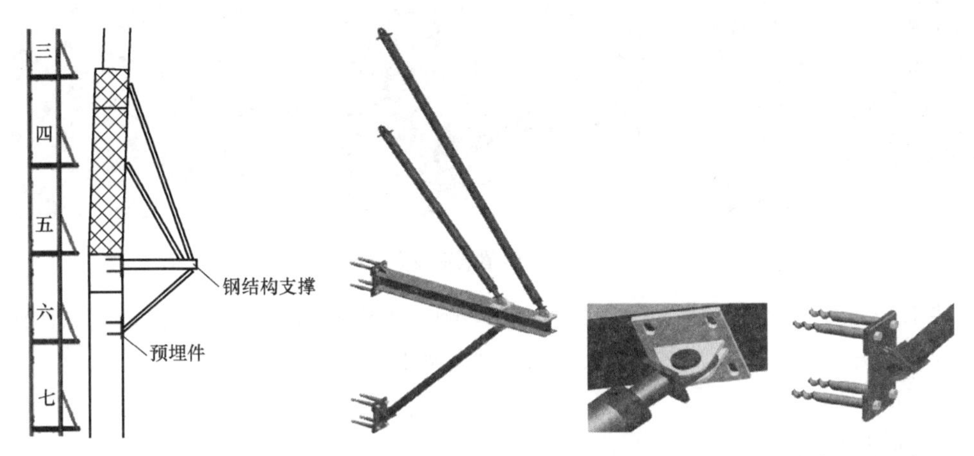

图 1-24 施工方案模拟，依次为顶模安装模拟、可周转预埋件组装和局部节点设计示意

2）机电安装应用

① 模型建立及设计审核

BIM 团队根据机电专业图纸搭建三维模型，建模过程中发现原设计图纸存在机电问题 600 余项，提交设计单位修改图纸后，对模型进行修正，以指导现场施工。

② 机电管线综合优化

项目设备层及伸臂桁架层，结构复杂、管线繁多，如何保证走道等区域的净高是本工程首位重难点。通过 BIM 模型对该区域机电管线进行优化后，23～25 层解决走廊净高不足处共计 41 处，其余碰撞点 4423 处；走廊净高由原设计 1400mm 提升至 2200mm，提升 800mm，优化效果显著。

③ 预留洞审核

对管线综合优化后，进一步对结构预留洞口进行校核，通过工程顾问的 BIM 平台自动生成预留洞口，并输出预留洞图纸，以指导现场施工，如图 1-25 所示。本项目审核洞口 5000 多个，优化洞口 500 余个，提出增加洞口方案 12 项。

3）幕墙 BIM 应用

通过创建节点 BIM 模型，对幕墙进行图纸深化，并导出零件加工图，提供厂家进行构件加工，并通过 BIM 模型指导幕墙的现场安装。

4）钢结构应用

① 钢结构模型创建及图纸深化

② 钢结构预留洞分析

在通过 BIM 平台协调各专业虚拟施工的过程中，发现大量钢梁的开孔无法满足机电

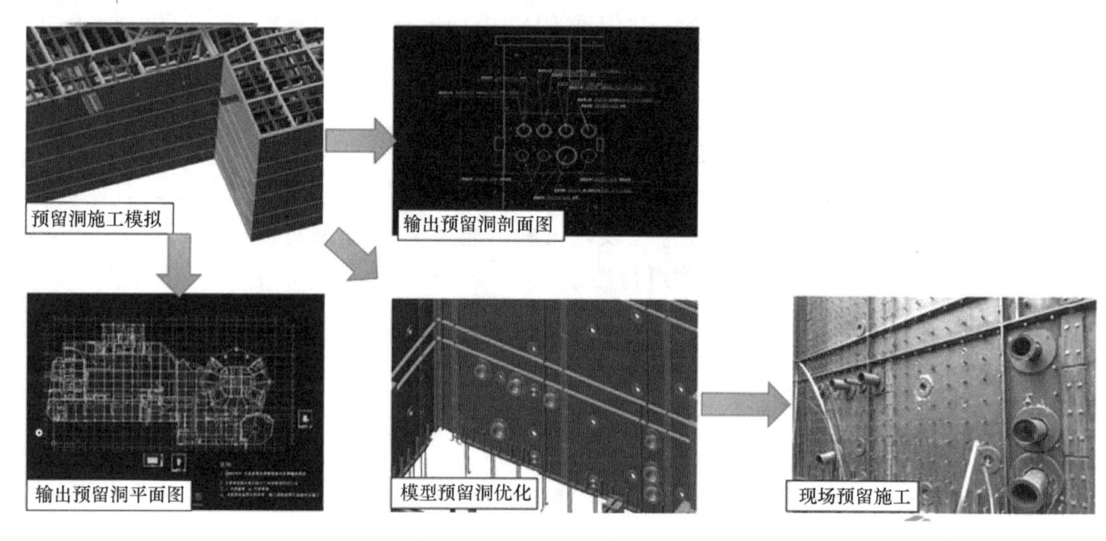

图 1-25　预留洞审核及优化

施工要求，为避免后期切割对结构强度造成影响，工程顾问通过 BIM 模型对预留洞进行三维模拟，并导出图纸，为钢梁深化设计和加工提供参考依据。

5）BIM 管理应用

① 现场用地规划

本项目同时施工队伍多达 20 余家，现场用地紧张，因此需要高效地安排各家施工队伍材料用地，有序地组织各单位完成材料运输。BIM 工程顾问通过施工场布三维模拟，合理规划场地，有效确保了现场施工效率。

② 施工电梯位置

现场有 1000 多名施工人员，因此施工电梯的位置合理性直接关系到施工效率，通过 BIM 模型模拟寻找电梯的最佳布置位置，从而保证现场每天大量材料、设备的顺利运送，满足频繁的交叉施工要求。

③ 安全防护模拟

通过 BIM 技术模拟项目临边防护，提前做好临边洞口危险源识别，并由 BIM 平台统计临边防护材料用量，既能指导现场施工，又能为项目材料管理带来便利。

④ BIM 移动客户端现场监管

本工程通过 BIM 手机移动端对现场质量、安全进行管控，现场施工人员利用手机端将现场发现的安全、质量问题拍照记录，并以协作形式上传 BIM 平台，提醒相关责任人对问题进行整改，如图 1-26 所示。本工程创建问题整改共计 320 项，问题闭环率达到 90%。

⑤ 现场进度管理

通过工程顾问提供的 BIM 平台沙盘模式，对现场施工进度进行管理，将实际进度与模型挂接，从而可以直观的体现计划施工进度与实际进度的差值，便于管理人员对施工进度进行把控。

⑥ 工程量数据支持

通过 BIM 模型提供材料用量，为项目材料采集提供数据参考，较大提升现场施工效

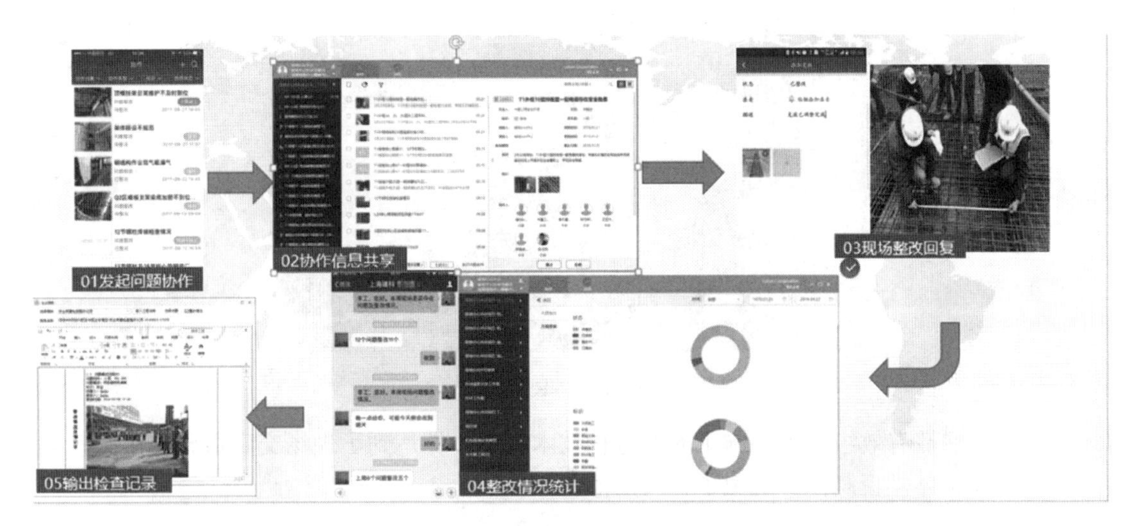

图 1-26 BIM 移动客户端现场监管流程

率。通过平台数据共享，各参建方可以随时提取各分部分项工程工程量。

⑦ 工程指标分析

通过 BIM 模型进行工程量指标分析，对项目投标、施工精细化管理、成本分析测算等进行全面解剖，并生成风险分析结果。

⑧ 变更管理

本工程设计变更频繁，涉及专业众多，牵一发而动全身，工程顾问通过 BIM 模型调整，来对比各专业变更前后变化，从而实现对设计变更成本的有效管理和动态控制。

⑨ 计价成本曲线

通过 BIM 平台，将实时工程进度与量价结合，便于过程中的成本审核并按照合约支付工程进度款。

⑩ 资料协同与信息化管理

基于 BIM 协同平台，各参建单位可查询设计、建造过程以及今后运维阶段的资料信息，用于过程项目管理、归档、查询、信息共享等，目前累计 3972 份。主要为 BIM 成果报告（技术复核、节点模拟、方案模拟、机电管线预留洞等）图纸、周检记录、整改通知单等。

（2）BIM 技术创新应用

1）BIM＋VR

利用 BIM 软件建立与施工现场 1∶1 的工程模型，结合 VR 眼镜实现动态漫游，可以让体验者充分畅游在模拟场景中，如图 1-27 所示。在顶模和廻转塔机安装完成前，身临其境观看两种大型设备细部结构；代替实体样板，建立虚拟样板，用于信息化观摩体验；通过虚拟模型，切身感受高空坠落、洞口坠落、脚手架倾斜等效果；借助信息化模型，对各构件定位、排版、做法、标准、属性等信息进行查看等。

2）BIM＋AR

通过 AR 增强现实技术对本工程重难点工艺及做法，进行虚拟仿真交底，如：脚手架搭设、梁柱节点施工、钢板剪力墙工艺、防水工艺、楼梯等，如图 1-28 所示，使现场技

图 1-27　VR 视角

术人员可以快捷有效组织现场施工人员进行技术交底，即达到了现场交底指导的作用，又节省了现场实体样板制作，避免了材料的浪费。

图 1-28　AR 楼梯样板

3）BIM＋3D 打印

采用“立体光固化成型”和“熔融沉积”两种技术将虚拟的 BIM 模型转换为实体模型，将廻转塔机、顶模等复杂结构更加直观、真实地展现在人们眼前，如图 1-29 所示，

图 1-29　3D 打印模型展示

通过全视野无死角观看，有助于大家全方位了解大型复杂施工设备。

4. BIM 应用成效

该项目建造过程中的 BIM 应用成效显著。

(1) 通过搭建 BIM 模型对全专业进行三维图纸审核，发现问题 1500 余项，大大减少现场返工情况，降低设计缺陷损失约 30%。

(2) 通过 BIM 技术虚拟建造对重难点施工方案和措施进行可视化校验，验证方案可行性和安全性，减少建设技术方案造成的损耗约 15%。

(3) 工程量统计方面通过 BIM 技术提供数据支持，提高成本估算效率，避免少算漏算，从而保证数据的准确性。

(4) 通过 BIM 移动端的现场质量、实测实量等数据与 BIM 模型结合，进行质量协同管理，提高标准化管理效率，减少因质量缺陷造成的返工，提升工程品质。

(5) 利用 BIM 技术对现场安全维护、安全教育等进行方案模拟，确认其方案的可行性并增加教育体验效果，为现场施工的安全保驾护航。

(6) 以 BIM 模型为基础，融入现场施工时间及计划，实时反映现场施工情况，协同管理人员把控现场进度，提升管理效果。

(7) 该项目通过实行 BIM 样机先行机制，对支护桩爆破、大容积混凝土浇筑等工程重大施工方案等进行模拟推演，对施工现场设备堆场进行策划，有效提升项目建造的效率与进度。累计在设计优化、建造施工预警风险，成本管控数据支持，项目协同管理等方面，规避经济损失千万余元。

注册建造师的法律责任和职业道德

2.1 注册建造师的法律责任

注册建造师的执业法律责任应当结合注册建造师的实际执业情况区别对待，当前重点关注的还是担任施工企业项目负责人或项目经理的注册建造师群体。因此，本章节除特别注明外，注册建造师主要是指担任施工企业项目负责人或项目经理的注册建造师。

法律责任是行为人因违反法律义务而应承担的不利的法律后果。法律义务不同，行为人所需要承担法律责任的形式也不同。一般而言，根据行为人所违反的法律的性质，法律责任的形式主要可分为民事责任、行政责任和刑事责任等。

民事责任是指由于违反民事法律、违约或者由于民法规定所应承担的一种法律责任，主要目的是恢复受害人的权利和补偿权利人的损失。

行政责任是指违反有关行政管理的法律规范的规定，但尚未构成犯罪的行为依法应当受到的法律制裁。行政责任主要包括行政处分和行政处罚，其中行政处分是对国家工作人员及国家机关委派到企业事业单位任职的人员的行政违法行为所给予的一种惩戒措施。行政处罚是指国家行政机关及其他依法可以实施行政处罚权的组织，对违反经济、行政管理法律、法规、规章，尚不构成犯罪的公民、法人及其他组织实施的一种法律制裁。

刑事责任是指因违反刑法，实施了犯罪行为所承担的法律责任。刑罚主要分为主刑和附加刑。

2.1.1 注册建造师（相关的）执业法律责任

法律责任同违法行为紧密相连，只有实施某种违法行为的人才承担相应的法律责任。在《建筑法》《建设工程质量管理条例》《建设工程安全生产管理条例》《建筑工程五方责任主体项目负责人质量终身责任追究暂行办法》以及《注册建造师管理规定》中对注册建造师不履行义务应当受到的法律责任做了详细的描述。

1.《建筑法》对注册建造师（相关的）执业法律责任的规定

作为建筑行业的大法，《建筑法》中并没有直接提及注册建造师，但是许多条文都与注册专业人士、项目经理有关，涉及他们的执业资格、行为规范和法律责任等方面。由于时代背景所限，《建筑法》对注册专业人士的规定相对较少，对企业的约束更多。相关条文摘录如下：

第六十八条 “在工程发包与承包中索贿、受贿、行贿，构成犯罪的，依法追究刑事责任；不构成犯罪的，分别处以罚款，没收贿赂财物，对直接负责的主管人员和其他直接责任人员给予处分。对在工程承包中行贿的承包单位，除依照前款规定处罚外，可以责令停业整顿，降低资质等级或者吊销资质证书。”

该条文是对廉洁自律的要求，其法律责任主要偏重于对施工企业的处罚，主要包括罚款、处分、停业整顿、对企业资质进行处理等。

第七十一条 “建筑施工企业违反本法规定，对建筑安全事故隐患不采取措施予以消除的，责令改正，可以处以罚款；情节严重的，责令停业整顿，降低资质等级或者吊销资质证书；构成犯罪的，依法追究刑事责任。建筑施工企业的管理人员违章指挥、强令职工冒险作业，因而发生重大伤亡事故或者造成其他严重后果的，依法追究刑事责任。”

该条体现了对发生事故的责任追责。对施工单位的处罚主要包括罚款、停业整顿、资质处理以及追究刑事责任等，而对管理人员的处罚主要是发生重大伤亡事故后追究刑事责任。

2.《建设工程质量管理条例》对注册建造师（相关的）执业法律责任的规定

2000 年，第 279 号国务院令《建设工程质量管理条例》发布。其中，第四章节对施工单位的质量责任和义务进行了系统的规范，对《建筑法》中的相关条文进行了扩充和细化。总体来看，这些条文分别规范了施工企业的组织管理、按图施工、材料设备检验、隐藏验收、质量返修、岗前培训等内容，基本涵盖了建设工程施工的关键管理环节。这些规定依然是以施工企业为管理对象的，继续沿用传统的以企业作为责任主体的行业管理理念，对项目经理个体的规定相对较少。关于责任追究主要在第八章“罚则”中体现。相关条文摘录如下：

第六十四条 “违反本条例规定，施工单位在施工中偷工减料的，使用不合格的建筑材料、建筑构配件和设备的，或者有不按照工程设计图纸或者施工技术标准施工的其他行为的，责令改正，处工程合同价款 2%以上 4%以下的罚款；造成建设工程质量不符合规定的质量标准的，负责返工、修理，并赔偿因此造成的损失；情节严重的，责令停业整顿，降低资质等级或者吊销资质证书。”

第六十五条 “违反本条例规定，施工单位未对建筑材料、建筑构配件、设备和商品混凝土进行检验，或者未对涉及结构安全的试块、试件以及有关材料取样检测的，责令改正，处 10 万元以上 20 万元以下的罚款；情节严重的，责令停业整顿，降低资质等级或者吊销资质证书；造成损失的，依法承担赔偿责任。”

第七十条 “发生重大工程质量事故隐瞒不报、谎报或者拖延报告期限的，对直接负责的主管人员和其他责任人员依法给予行政处分。”

第七十二条 “违反本条例规定，注册建筑师、注册结构工程师、注册监理工程师等注册执业人员因过错造成质量事故的，责令停止执业 1 年；造成重大质量事故的，吊销执业资格证书，5 年以内不予注册；情节特别恶劣的，终身不予注册。”

该条文是目前各地建设行政主管部门对注册建造师进行处罚的主要依据。

第七十三条 “依照本条例规定，给予单位罚款处罚的，对单位直接负责的主管人员和其他直接责任人员处单位罚款数额 5%以上 10%以下的罚款。”

该条规定了对单位和个人的经济处罚规定，在对单位进行罚款的提前下对个人进行罚款。

第七十四条 “建设单位、设计单位、工程监理单位、施工单位违反国家规定，降低工程质量标准，造成重大安全事故，构成犯罪的，对直接责任人员依法追究刑事责任。”

第七十七条 “建设、勘察、设计、施工、工程监理单位的工作人员因调动工作、退休等原因离开该单位后，被发现在该单位工作期间违反国家有关建设工程质量管理规定，造成重大工程质量事故的，仍应当依法追究法律责任。”

以上条文对相应的违法违规行为及后果提出了处罚措施，主要包括经济处罚、吊销企业资质、个人罚款、吊销资格证书、事故追责等，相对来说也是偏重追究企业责任。对于注册人士的执业过失，也提出了明确的处理意见。

3.《建设工程安全生产管理条例》对注册建造师（相关的）执业法律责任的规定

2003年，国务院依据《建筑法》和《安全生产法》颁布了393号令《建设工程安全生产管理条例》，旨在加强建设工程安全生产监督管理，以保障人民群众的生命财产安全。在法规中，分别阐述了建设单位、勘察单位、设计单位、工程监理单位、施工单位以及其他与建设工程安全生产有关单位的安全生产责任。在文件的第四章中明确规定了施工单位的安全责任。相关条文摘录如下：

第二十一条 “施工单位的主要负责人依法对本单位的安全生产工作全面负责。施工单位应当建立健全安全生产责任制度和安全生产教育培训制度，制定安全生产规章制度和操作规程，保证本单位安全生产条件所需资金投入，对所承担的建设工程进行定期和专项安全检查，并做好安全检查记录。”

施工单位的项目负责人应当由取得相应执业资格的人员担任，对建设工程项目的安全施工负责，落实安全生产责任制度、安全生产规章制度和操作规程，确保安全生产费用的有效使用，并根据工程的特点组织制定安全施工措施，消除安全事故隐患，及时、如实报告生产安全事故。

第二十三条 “专职安全生产管理人员负责对安全生产进行现场监督检查。发现安全事故隐患，应当及时向项目负责人和安全生产管理机构报告；对违章指挥、违章操作的，应当立即制止。”

在第七章“法律责任”中规定了施工单位和项目负责人如果不遵守有关条款将承担的法律责任。

第五十八条 “注册执业人员未执行法律、法规和工程建设强制性标准的，责令停止执业3个月以上1年以下；情节严重的，吊销执业资格证书，5年内不予注册；造成重大安全事故的，终身不予注册；构成犯罪的，依照刑法有关规定追究刑事责任。”

第六十二条 “违反本条例的规定，施工单位有下列行为之一的，责令限期改正；逾期未改正的，责令停业整顿，依照《中华人民共和国安全生产法》的有关规定处以罚款；造成重大安全事故，构成犯罪的，对直接责任人员，依照刑法有关规定追究刑事责任：

（1）未设立安全生产管理机构、配备专职安全生产管理人员或者分部分项工程施工时无专职安全生产管理人员现场监督的；

（2）施工单位的主要负责人、项目负责人、专职安全生产管理人员、作业人员或者特种作业人员，未经安全教育培训或者经考核不合格即从事相关工作的；

（3）未在施工现场的危险部位设置明显的安全警示标志，或者未按照国家有关规定在施工现场设置消防通道、消防水源、配备消防设施和灭火器材的；

（4）未向作业人员提供安全防护用具和安全防护服装的；

（5）未按照规定在施工起重机械和整体提升脚手架、模板等自升式架设设施验收合格后登记的；

（6）使用国家明令淘汰、禁止使用的危及施工安全的工艺、设备、材料的。”

第六十五条 “违反本条例的规定，施工单位有下列行为之一的，责令限期改正；逾期未改正的，责令停业整顿，并处10万元以上30万元以下的罚款；情节严重的，降低资质等级，直至吊销资质证书；造成重大安全事故，构成犯罪的，对直接责任人员，依照刑法有关规定追究刑事责任；造成损失的，依法承担赔偿责任：

（1）安全防护用具、机械设备、施工机具及配件在进入施工现场前未经查验或者查验不合格即投入使用的；

（2）使用未经验收或者验收不合格的施工起重机械和整体提升脚手架、模板等自升式架设设施的；

（3）委托不具有相应资质的单位承担施工现场安装、拆卸施工起重机械和整体提升脚手架、模板等自升式架设设施的；

（4）在施工组织设计中未编制安全技术措施、施工现场临时用电方案或者专项施工方案的。”

第六十六条 “违反本条例的规定，施工单位的主要负责人、项目负责人未履行安全生产管理职责的，责令限期改正；逾期未改正的，责令施工单位停业整顿；造成重大安全事故、重大伤亡事故或者其他严重后果，构成犯罪的，依照刑法有关规定追究刑事责任。

施工单位的主要负责人、项目负责人有前款违法行为，尚不够刑事处罚的，处2万元以上20万元以下的罚款或者按照管理权限给予撤职处分；自刑罚执行完毕或者受处分之日起，5年内不得担任任何施工单位的主要负责人、项目负责人。”

安全生产责任制度通过明确责任使工作人员能够真正重视安全生产工作，对预防事故和减少损失、进行事故调查和处理、建立和谐社会均有重要作用。注册建造师作为工程项目的主要负责人，对整个工程项目有统筹管理的能力。因此，担任施工单位项目经理的注册建造师能够依据不同的职能部门、各类工程技术人员、不同的岗位来确定施工生产过程中对安全生产层层负责的制度。只有从上到下建立起严格的安全生产责任制，责任分明、各司其职、各负其责，将安全生产和安全施工落实到每个人，才能形成一个完整的管理体系，杜绝或减少事故发生。

对违反本条规定的法律责任做出了明确的阐述，规定如果未按照第二十一条履行其相应性的义务，则要求施工单位限期改正或停业整顿以及罚款，造成重大安全事故的，应当对直接责任人追究刑事责任。此外，该条偏重于对施工单位的处罚，如果施工单位项目负责人对此负有主要责任并导致责任事故发生，也会给予罚款和从业限制的处罚。

4.《建筑工程五方责任主体项目负责人质量终身责任追究暂行办法》对注册建造师（相关的）执业法律责任的规定

2014年，住房和城乡建设部发布《建筑工程五方责任主体项目负责人质量终身责任追究暂行办法》（简称《暂行办法》），正式提出五方责任主体这一概念。其中，施工单位的责任主体是施工单位项目负责人，又称为施工单位项目经理。五方责任主体的提出，有着特殊的历史背景，许多原来由施工企业承担的责任转移到项目经理身上。但是，五方责任主体的实施范围也做了相应限定，只针对建筑工程质量问题。相对于前面几份文件，《暂行办法》没有再对注册建造师需要履行哪些责任进行规定，主要明确了注册建造师的终身责任追究，明确了责任追究的情形和追究方式。下面分别就这两个方面进行分析。

（1）责任追究情形

第六条 “符合下列情形之一的，县级以上地方人民政府住房城乡建设主管部门应当依法追究项目负责人的质量终身责任：

1）发生工程质量事故；

2）发生投诉、举报、群体性事件、媒体报道并造成恶劣社会影响的严重工程质量问题；

3）由于勘察、设计或施工原因造成尚在设计使用年限内的建筑工程不能正常使用；

4）存在其他需追究责任的违法违规行为。”

责任追究情形打破了传统的事故追责方式，在此基础上进行了扩展，向执业过程渗透。当然，规定还比较模糊，需要在实践过程中不断充实、调整，出台相应细则。

（2）责任追究方式

第十三条 “发生本办法第六条所列情形之一的，对施工单位项目经理按以下方式进行责任追究：

1）项目经理为相关注册执业人员的，责令停止执业1年；造成重大质量事故的，吊销执业资格证书，5年以内不予注册；情节特别恶劣的，终身不予注册；

2）构成犯罪的，移送司法机关依法追究刑事责任；

3）处单位罚款数额5%以上10%以下的罚款；

4）向社会公布曝光。”

责任追究方式增加了向社会公布曝光。2016年，住房和城乡建设部启用了全国建筑市场监管服务平台，公开企业和个人的注册信息、资质信息、变更信息、工程项目信息，并定期公布企业和个人的不良行为信息，在一定程度上规范了建筑市场主体的行为。信息公开对注册建造师的过程监管发挥了不可替代的作用，尤其是我国注册建造师人数众多，更加需要发挥信息公开的警示作用。同时，信息公开要发挥作用，也离不开健全有效的诚信评价体系作为支撑，让执业信息成为评价专业人士的重要标签和进出行业、晋升发展的重要凭证。

5.《注册建造师管理规定》对注册建造师（相关的）执业法律责任的规定

在《注册建造师管理规定》第五章中，对注册建造师的法律责任做了详细的阐述，主要包括以下几条。

第二十六条 “注册建造师不得有下列行为：

（1）不履行注册建造师义务；

（2）在执业过程中，索贿、受贿或者谋取合同约定费用外的其他利益；

（3）在执业过程中实施商业贿赂；

（4）签署有虚假记载等不合格的文件；

（5）允许他人以自己的名义从事执业活动；

（6）同时在两个或者两个以上单位受聘或者执业；

（7）涂改、倒卖、出租、出借或以其他形式非法转让资格证书、注册证书和执业印章；

(8) 超出执业范围和聘用单位业务范围内从事执业活动；

(9) 法律、法规、规章禁止的其他行为。”

第三十七条 “违反本规定，注册建造师在执业活动中有第二十六条所列行为之一的，由县级以上地方人民政府建设主管部门或者其他有关部门给予警告，责令改正，没有违法所得的，处以1万元以下的罚款；有违法所得的，处以违法所得3倍以下且不超过3万元的罚款。”

上海市是国内较早启动对注册建造师的执业行为进行监管、实施处罚的地方。例如，针对某幼儿园施工单位的项目负责人未落实安全生产责任制度、安全生产规章制度和操作规程，未组织制定安全施工措施，消除安全事故隐患等行为，上海市建委给出的处罚的决定是：违反了《建设工程安全生产管理条例》第二十一条第二款的规定，依据《建设工程安全生产管理条例》第五十八条的规定，作出停止执业12个月的行政处罚决定。还有，针对某项目经理不履行注册建造师义务的行为，给出罚款5000元的行政处罚决定，等等。

第三十五条 “违反本规定，未取得注册证书和执业印章，担任大中型建设工程项目施工单位项目负责人，或者以注册建造师的名义从事相关活动的，其所签署的工程文件无效，由县级以上地方人民政府建设主管部门或者其他有关部门给予警告，责令停止违法活动，并可处以1万元以上3万元以下的罚款。”

6.《建筑施工企业负责人及项目负责人施工现场带班暂行办法》对注册建造师(相关的)执业法律责任的规定

为进一步加强建筑施工现场质量安全管理工作，依据国务院2011年发布的《关于进一步加强企业安全生产工作的通知》(国发办〔2010〕23号)的要求和相关规定，住建部于2011年发布了《建筑施工企业负责人及项目负责人施工现场带班暂行办法》(建质〔2011〕111号文)。文件中规定了施工现场实行施工项目负责人现场带班制度。

第五条 “建筑施工企业法定代表人是落实企业负责人及项目负责人施工现场带班制度的第一责任人，对落实带班制度全面负责。”

第九条 “项目负责人是工程项目质量安全管理的第一责任人，应对工程项目落实带班制度负责。项目负责人在同一时期只能承担一个工程项目的管理工作。”

第十条 “项目负责人带班生产时，要全面掌握工程项目质量安全生产状况，加强对重点部位、关键环节的控制，及时消除隐患。要认真做好带班生产记录并签字存档备查。”

第十一条 “项目负责人每月带班生产时间不得少于本月施工时间的80%。因其他事务需离开施工现场时，应向工程项目的建设单位请假，经批准后方可离开。离开期间应委托项目相关负责人负责其外出时的日常工作。”

由于其岗位的特殊性，项目负责人对整个项目的顺利运行至关重要，必须在岗履职。这也是大量质量安全事故原因分析得出的结论。2019年初，北京市住建委对2018年全市22起安全生产事故进行统计分析发现，事故发生时项目经理不在施工现场的10起，占事故总起数的45.45%，作业面无管理人员在场的20起，占事故总起数的90.91%。由此可见，主要管理人员不在岗，履职尽责从何谈起。

7.《危险性较大的分部分项工程安全管理规定》对注册建造师(相关的)执业法律责任的规定

为加强对房屋建筑和市政基础设施工程中危险性较大的分部分项工程安全管理，有效防范生产安全事故，2018年住房和城乡建设部制定了《危险性较大的分部分项工程安全管理规定》。其中与注册建造师有关的条文摘录如下：

第十七条 “施工单位应当对危险性较大的分部分项工程的施工人员进行登记，项目负责人应当在施工现场履职。”

第二十一条 “对于按照规定需要验收的危大工程，施工单位、监理单位应当组织相关人员进行验收。验收合格的，经施工单位项目技术负责人及总监理工程师签字确认后，方可进入下一道工序。”

第三十五条 “施工单位有下列行为之一的，责令限期改正，并处1万元以上3万元以下的罚款；对直接负责的主管人员和其他直接责任人员处1000元以上5000元以下的罚款：

（1）项目负责人未按照本规定现场履职或者组织限期整改的；

（2）施工单位未按照本规定进行施工监测和安全巡视的；

（3）未按照本规定组织危大工程验收的；

（4）发生险情或者事故时，未采取应急处置措施的；

（5）未按照本规定建立危大工程安全管理档案的。”

8.《建筑施工企业主要负责人、项目负责人和专职安全生产管理人员安全生产管理规定》中对注册建造师（相关的）执业法律责任的规定

为了加强房屋建筑和市政基础设施的工程施工安全监督管理，提高建筑施工企业主要负责人、项目负责人和专职安全生产管理人员的生产人员的安全生产能力，住房和城乡建设部于2014年发布了《建筑施工企业主要负责人、项目负责人和专职安全生产管理人员安全生产管理规定》（建设部令17号）。其中与注册建造师有关的条文摘录如下。

第十七条 “项目负责人对项目安全生产管理全面负责，应当建立项目安全生产管理体系，明确项目管理人员安全职责，落实安全生产管理制度，确保项目安全生产费用有效使用。”

第十八条 “项目负责人应当按照规定实施项目安全生产管理，监控危险性较大的分部分项工程，及时排查处理施工现场安全事故隐患，隐患排查处理情况应当记入项目安全管理档案；发生事故时，应当按规定及时报告并开展现场救援。”

第二十条 “项目专职安全生产管理人员应当每天在施工现场开展安全检查，现场监督危险性较大的分部分项工程安全专项施工方案实施。对检查中发现的安全事故隐患，应当立即处理；不能处理的，应当及时报告项目负责人和企业安全生产管理机构。项目负责人应当及时处理。检查及处理情况应当记入项目安全管理档案。”

第三十二条 “主要负责人、项目负责人未按规定履行安全生产管理职责的，由县级以上人民政府住房城乡建设主管部门责令限期改正；逾期未改正的，责令建筑施工企业停业整顿；造成生产安全事故或者其他严重后果的，按照《生产安全事故报告和调查处理条例》的有关规定，依法暂扣或者吊销安全生产考核合格证书；构成犯罪的，依法追究刑事责任。

主要负责人、项目负责人有前款违法行为，尚不够刑事处罚的，处2万元以上20万元以下的罚款或者按照管理权限给予撤职处分；自刑罚执行完毕或者受处分之日起，5年内不得担任建筑施工企业的主要负责人、项目负责人。”

9. 注册建造师在执业过程中的法律责任梳理

注册建造师的执业法律责任与其在执业过程中的基本义务相关联，一旦违反法律规定的基本义务，注册建造师应当被给予相应处罚。通过梳理不难发现，注册建造师的基本义务应当包括以下几个方面：

（1）到岗履职，恪守职业道德

此条主要来自于《注册建造师管理规定》第二十五条以及《建筑施工企业负责人及项目负责人施工现场带班暂行办法》《危险性较大的分部分项工程安全管理规定》第十七条等相关规定。此外，通过对住房和城乡建设部通告的工程事故调查报告进行分析可以发现，很多事故都是因为项目经理不到岗履职，未能对工程项目进行及时的管理造成的。作为保证工程项目安全和质量的重要管理者，项目经理必须严格到岗履职，恪守职业道德，做好分内之事。

（2）组织安全隐患排查，及时消除安全隐患

此条主要来自于《建筑法》第七十一条、《建设工程安全生产管理条例》第二十一条、《建筑施工企业主要负责人、项目负责人和专职安全生产管理人员安全生产管理规定》第十八条、第二十条等相关规定。

（3）按照工程设计图纸或者施工技术标准施工

此条主要来自于《建设工程质量管理条例》第六十四条等相关规定。按图施工是确保工程质量和安全的关键。项目经理是整个施工过程的总指挥，依据规章制度和标准规范按图施工能够避免出现安全和质量隐患。

（4）组织对所使用的建筑材料、构配件和设备进行检验，检验不合格，不得使用。

此条主要来自于《建设工程质量管理条例》第六十四条等相关规定。检验应该依据工程设计要求、施工技术标准和合同约定。检验结果要按规定的格式形成书面记录，并由相关专业人员签字。对于未经检验或检验不合格的，不得用于工程。项目经理对进场材料和设备的检查把关应作为设备进场的重要一环，对保证所使用的材料设备的合格性有重要的影响，这也能够在一定程度上排除安全隐患。

（5）按照规定上报工程质量事故，保护现场，开展现场救援

此条主要来自于《建设工程质量管理条例》第七十条、《建设工程安全生产管理条例》第二十一条、《建筑施工企业主要负责人、项目负责人和专职安全生产管理人员安全生产管理规定》第十八条、《建筑法》以及《项目经理十项规定》等相关规定。工程项目事故发生后，除了抢救伤员，项目经理应该立即启动应急预案，及时掌握事故发生现场的情况，有序开展救援，避免伤亡和事故的扩大，统筹管理整个施工现场。同时应当配合事故调查小组，及时准确地报告质量安全事故情况。

（6）组织建立健全安全生产责任制度和安全生产教育培训制度，制定安全生产规章制度和操作规程，落实安全生产管理制度

此条主要来自于《建设工程安全生产管理条例》第二十一条、《建筑施工企业主要负责人、项目负责人和专职安全生产管理人员安全生产管理规定》第十七条等相关规定。施工单位是安全生产的责任主体，施工企业必须建立健全安全生产责任制。施工企业要切实履行安全职责，把安全生产的责任落实到每个环节，从而增强各类人员的责任心，才能使安全工作做到既分工明确，又互相协调配合，把安全生产真正落到实处。

（7）组织建立质量管理体系，严格执行质量管理有关规章制度和操作规程，核查到岗人员上岗资格

此条主要来自于《建设工程安全生产管理条例》第二十一条、六十二条等相关规定。质量管理体系能够在制度层面上保障工程质量安全有据可依。作为施工单位的项目负责人，项目经理有责任组织建立质量管理体系，并严格贯彻落实质量管理体系中的章程和操作规程。很多工种需要岗前培训合格才能上岗作业，这是保证工人人身安全和工程安全的重要措施，项目经理应检查到岗人员的上岗资格，确保持证上岗。

（8）按照规定在相关文件上签字盖章，并对文件负责，不得签署虚假文件

此条主要来自于《注册建造师管理规定》第二十六条等相关规定。工程项目最终会形成一系列的文件，《注册建造师施工管理签章文件目录》（建市〔2008〕42号）中明确规定了注册建造师在施工过程中应当签署的文件。文件作为工程项目的信息管理成果，应当保证其真实和准确性，项目经理就有关工程管理的一系列文件签字盖章，签章意味着项目经理应当对该文件的真实性和准确性负责。

另外，根据2017年7月24日住建部办公厅发布的《注册建造师管理规定》（征求意见稿），注册建造师印章制度可能将被取消，签章目录也将另行制定，注册建造师只需要在工程项目相关技术、质量、安全、管理等文件上签字，并承担相应责任。

（9）组织编制危险性较大的分部分项工程专项方案，对施工情况进行及时检查，未按照专项施工方案施工的，应当及时组织限期整改。

此条主要来自于《危险性较大的分部分项工程安全管理办法》第五条、第十条、第十七条等相关规定。专项施工方案是在充分考虑工程情况、地理环境、施工情况等的前提下做出的方案，其意义是从管理上、措施上、技术上、物资上、应急救援上充分保障危险性较大的分部分项工程安全、圆满地完成，同时能够提高危险防范意识，避免发生质量安全事故。

通过对《建筑法》、《建设工程质量管理条例》、《建设工程安全生产管理条例》、《建筑工程五方责任主体项目负责人质量终身责任追究暂行办法》、《注册建造师管理规定》等相关法律法规文件的梳理，可以清晰地看到行业监管理念的变化轨迹，已经由传统管理模式向市场化和专业化方向发生巨大转变，为后续改革推进奠定了坚实的基础。一方面，注册专业人士的执业责任落实和监管机制已经初具雏形，重点在于如何细化和落实，从组织、管理、经济、技术等方面构建一套集系统性、动态性、高效能于一体的监管机制，加大注册专业人士执业责任落实力度，加快“放管服”改革进程。另一方面，结合国内外对专业人士的责任追究来看，处罚力度还应当适当加大。

2.1.2 注册建造师的其他法律责任

注册建造师的其他法律责任涉及建造师考试、注册和继续教育等方面。考试方面涉及的主要文件是2004年发布的《建造师执业资格考试实施办法》；在继续教育方面涉及的主要文件是2010年发布的《注册建造师继续教育管理暂行办法》。根据《国务院关于第一批清理规范89项国务院部门行政审批中介服务事项的决定》（国发〔2015〕58号），注册建造师执业资格申请人按照继续教育的标准和要求可参加用人企业组织的培训，也可参加有关机构组织的培训，审批部门不得以任何形式要求申请人必须参加特定中介机构组织的

培训。

1.《注册建造师继续教育管理暂行办法》中注册建造师（相关的）其他法律责任

第二十六条 “注册建造师应按规定参加继续教育，接受培训测试，不参加继续教育或继续教育不合格的不予注册。”

第二十七条 “对于采取弄虚作假等手段取得《注册建造师继续教育证书》的，一经发现，立即取消其继续教育记录，记入不良信用记录，对社会公布。”

继续教育能够促进注册建造师熟悉工程建设方面的新法规，了解施工方面的新技术、新工艺、新材料、新设备等前沿信息，提高其执业水平，促进其学习新的项目管理理念。因此，继续教育在注册建造师的职业生涯中发挥着重要的作用，注册建造师应当按时参加继续教育。

2.《注册建造师管理规定》中注册建造师的其他法律责任

“注册”是政府把面向社会的专业管理责任和权利通过注册的方式委托授权给注册专业人士。《注册建造师管理规定》中涉及了与建造师有关的各个方面的法律规定，与注册和继续教育有关的主要条文摘录如下：

第二十三条 “注册建造师在每一个注册有效期内应当达到国务院建设主管部门规定的继续教育要求。”

第二十五条 “注册建造师应当履行下列义务：

（1）遵守法律、法规和有关管理规定，恪守职业道德；

（2）执行技术标准、规范和规程；

（3）保证执业成果的质量，并承担相应责任；

（4）接受继续教育，努力提高执业水准；

（5）保守在执业中知悉的国家秘密和他人的商业、技术等秘密；

（6）与当事人有利害关系的，应当主动回避；

（7）协助注册管理机关完成相关工作。”

第三十一条 “申请人以欺骗、贿赂等不正当手段获准注册的，注册机关依据职权或者根据利害关系人的请求，可以撤销注册建造师的注册。”

第三十三条 “隐瞒有关情况或者提供虚假材料申请注册的，建设主管部门不予受理或者不予注册，并给予警告，申请人1年内不得再次申请注册。”

第三十四条 “以欺骗、贿赂等不正当手段取得注册证书的，由注册机关撤销其注册，3年内不得再次申请注册，并由县级以上地方人民政府建设主管部门处以罚款。其中没有违法所得的，处以1万元以下的罚款；有违法所得的，处以违法所得3倍以下且不超过3万元的罚款。”

第三十五条 “违反本规定，未取得注册证书和执业印章，担任大中型建设工程项目施工单位项目负责人，或者以注册建造师的名义从事相关活动的，其所签署的工程文件无效，由县级以上地方人民政府建设主管部门或者其他有关部门给予警告，责令停止违法活动，并可处以1万元以上3万元以下的罚款。”

第三十六条 “违反本规定，未办理变更注册而继续执业的，由县级以上地方人民政府建设主管部门或者其他有关部门责令限期改正；逾期不改正的，可处以5000元以下的罚款。”

第三十八条 “违反本规定，注册建造师或者其聘用单位未按照要求提供注册建造师信用档案信息的，由县级以上地方人民政府建设主管部门或者其他有关部门责令限期改正，逾期未改正的可处以1000元以上1万元以下的罚款。”

第三十九条 “聘用单位为申请人提供虚假注册材料的，由县级以上地方人民政府建设主管部门或者其他有关部门给予警告，责令限期改正；逾期未改正的，可处以1万元以上3万元以下的罚款。”

第四十条 “县级以上人民政府建设主管部门及其工作人员，在注册建造师管理工作中，有下列情形之一的，由其上级行政机关或者监察机关责令改正，对直接负责的主管人员和其他直接责任人员依法给予处分；构成犯罪的，依法追究刑事责任：

（1）对不符合法定条件的申请人准予注册的；

（2）对符合法定条件的申请人不予注册或者不在法定期限内做出准予注册决定的；

（3）对符合法定条件的申请不予受理或者未在法定期限内初审完毕的；

（4）利用职务上的便利，收受他人财物或者其他好处的；

（5）不依法履行监督管理职责或者监督不力，造成严重后果的。”

《建筑市场诚信行为信息管理办法》中规定，对于一般失信行为，要对相关单位和人员进行诚信法制教育，促使其知法、懂法、守法；对有严重失信行为的企业和人员，要会同有关部门，采取行政、经济、法律和社会舆论等综合惩治措施，对其依法公布、曝光或予以行政处罚、经济制裁；行为特别恶劣的，要坚决追究失信者的法律责任，提高失信成本，使失信者得不偿失。注册是建造师执业的基础，注册方面弄虚作假，不仅仅是建造师职业道德的丧失，也触犯了相关的法律法规，需要对其进行严肃的处理。尤其是近年来注册建造师挂靠现象严重，从注册开始严加管理，对减少挂靠现象尤为重要。

2018年11月22日，住房城乡建设部联合相关部委发布《关于开展工程建设领域专业技术人员职业资格“挂证”等违法违规行为专项整治的通知》，在全国范围内展开挂证专项治理行动，依法从严查处工程建设领域职业资格“挂证”等违法违规行为。对违规的专业技术人员撤销其注册许可，自撤销注册之日起3年内不得再次申请注册，记入不良行为记录并列入建筑市场主体“黑名单”，向社会公布；对违规使用“挂证”人员的单位予以通报，记入不良行为记录，并列入建筑市场主体“黑名单”，向社会公布；对违规的人力资源服务机构，要依法从严查处，限期责令整改，情节严重的，依法从严给予行政处罚，直至吊销人力资源服务许可证。对发现存在“挂证”等违规行为的国家机关和事业单位工作人员，通报其实际工作单位和有关国家监察机关。坚持源头治理，加强职业资格考试报名审核，杜绝不符合报考条件的人员参加工程建设领域各类职业资格考试；在考试、注册审批时严格核查，对未尽到职责的单位和人员进行问责。

2.2 注册建造师的职业道德

2.2.1 国内外相关注册专业人士的职业道德

1. 国外相关人员的职业道德标准

工业发达国家和地区对测量师和建造师等专业人士制定了严格的道德准则和行为规

范，一般通过协会或者学会开展行业自律工作，起到了很好的效果。以下对部分工业发达国家和地区的相关执业资格的职业道德和行为规范进行简要介绍。

（1）英国皇家特许测量师学会的专业道德信念和行为规范

英国皇家特许测量师学会（The Royal Institution of Chartered Surveyors，简称“RICS”）于1868年成立于英国伦敦，其历史可追溯至1792年成立的测量师俱乐部。RICS作为专业性学会得到业界广泛认可，其专业领域涵盖了土地、物业、建造及环境等17个不同的行业，其在房地产领域的专业法规，被主要金融机构和各国政府视为“黄金准则”。

英国皇家特许测量师学会是一个独立的组织，代表公共利益，致力于为会员和所管理的公司制定最严格的能力和诚信准则，并针对关键问题向企业、社会和政府提供公正权威的建议。该组织的主要职责主要是规范并提升评估行业，制定最严格的教育和行业准则，制定严格的道德规范，维护客户和消费者利益，提供公正的建议、分析和指导。

英国皇家特许测量师学会的会员分为四种：联系会员、正式会员、资深会员和学生会员。如今，英国皇家特许测量师学会在全球拥有超过14万的会员，并且得到了50多个地方性协会及联合团体的大力支持。为规范测量师的行为，RICS执业道德信念主要包括12个核心原则，其主要含义包括如下：

正直不阿。永远不要把自身利益置于客户利益之上，或者置于其履行职业职责的对象的利益之上；保守客户的秘密；考虑公众和社会更广泛的利益，为客户和社会创造价值。

诚恳可靠。做任何事情都应该让人信任，始终诚实；要比客户掌握更全面和准确的信息，不要误导客户，不要歪曲事实。

透明公开。行为坦率、透明；与客户分享完整、充分、准确、及时且可理解的信息和事实。

承担责任。对自身全部行为负责；永远不要承诺超出能力范围的事情；如果事情没有做好，不要归咎客观，应勇于承担错误和责任，不要歪曲事实来证明结论。

贵乎自知。知道自身专业能力的限度，不要企图超越此限度行事，不要试图从事超过自身能力范围的工作。

客观持平。始终保持客观，向客户提出客观、公正、中性的建议，不要让感觉、兴趣和偏好左右自身的判断，影响客户的决策。

尊重他人。决不对他人有偏见和歧视；无论客户大小、项目优劣，应该以相同的执业标准和规范来履行职责、权利和义务。在执业过程中，不可持有政治、宗教、国籍、种族、性别、年龄、肤色、残疾、婚姻、经验状况、信仰偏见；公平对待项目团队成员、同行和同事。

树立榜样。树立好的榜样，充分考虑到你的公众和私人行为都可能直接或者间接影响到你自己，学会和其他会员的信誉；在私生活中应该持有高的道德标准。

敢言正道。有勇气坚持自己的立场，只与那些遵守职业道德的人合作；如果怀疑其他会员有玩忽职守、假公济私等任何危害他人的不法行为，敢于采取应有的行动。

这些核心原则要求会员必须以一种道德的、负责任的方式执业。RICS对执业过程中可能遇到的情况制定了相应的行为规范，包括正确地处理好礼品/款待（贿赂/诱惑）；健康和安全；平等机会，歧视；骚扰；利益冲突；非法或不当行为；内线交易和洗钱；保密义务；反不正当竞争；酗酒和滥用毒品；劝诫与激发；版权和所有权；广告标准；环境保护；地方社会关系；政治和社会行为等十六个方面的问题，告诉会员哪些是禁止行为，哪些是必须行为以及如何做等问题。行为规范提供了一个会员与客户、雇主关系的行为准则，也包括了旨在维护公众利益的职业自身的社会义务。

（2）美国项目管理学会（PMI）的《道德规范和职业行为准则》

PMI（Project Management Institute，项目管理协会）成立于1969年，是世界上服务于项目管理职业的最大的职业协会。PMI制定了《道德规范和职业行为准则》，内容包括责任、尊重、公平和诚实方面的道德规范和行为准则。

责任方面的规范主要包括：

1）我们所作的决策和采取的行动要符合社会、公众安全和环境的最大利益。

2）我们只接受和我们的背景、经历、技能和资质相匹配的任务。

3）我们履行我们担负的承诺——做我们说过要做的。

4）当我们出现错误或疏忽时，我们会立即承担责任并迅速改正。当我们发现别人的错误或疏忽时，我们会立即和相关机构沟通情况。我们将对任何由我们所犯的错误和疏忽以及导致的后果承担责任。

5）我们保护委托给我们的专利或机密信息。

6）我们全力支持本准则并就遵守情况互相监督。

尊重方面的规范主要包括：

1）我们要认知他人的行事惯例与习俗以免做出他人认为不尊重的行为。

2）我们倾听他人的观点，力求理解他们。

3）我们和有冲突和异议的人士直接沟通。

4）我们要求自己以职业化的态度行事，即使得不到回报。

5）我们谈判时遵循诚信善意原则。

6）我们不使用自己的专业权力或和地位来影响他人的决策和行动，并以此为代价谋取个人利益。

7）我们不会用粗鲁的方式对待他人。

8）我们尊重他人的财产权力。

公平方面的规范主要包括：

1）我们的决策程序要体现公开透明。

2）我们要不断地检查我们的公平性和客观性，并在适当时采取纠正措施。

3）我们对有授权的信息运用者提供平等的信息获取渠道。

4）我们对符合资质的候选人提供相等的机会。

5）我们要主动和全面地向合适的利益相关者披露所有现实和潜在的利益冲突。

6）当我们意识到有现实和潜在的利益冲突时，我们要避免参与决策或试图影响结果的程序，除非或直到以下情况发生：我们已经将情况向受影响的利益相关者全面地披露；我们获得了批准的缓解计划；我们得到利益相关者的同意来继续推进。

7）我们不基于个人考虑，包括但不限于：偏好、裙带关系或贿赂，来雇佣或解雇，奖励或惩罚员工，授予或拒绝合同。

8）我们不因性别、种族、年龄、宗教信仰、残疾、民族或性取向等原因歧视他人。

9）我们不带偏好和偏见地实施组织的各项规章（例如雇主、PMI 或其他群体）。

诚实方面的规范主要包括：

1）我们认真地寻求了解真相。

2）我们在沟通和行动中保持诚实。

3）我们及时准确地提供信息。

4）我们以诚信善意的原则履行承诺，无论是暗示的还是明示的。

5）我们努力营造讲真话的氛围。

6）我们不能参与或纵容欺骗他人的行为，包括但不限于：制造误导或错误的声明，公开声明不完全可靠的事件，提供断章取义的信息或者隐藏信息致使我们的声明误导他人或者不完整。

7）我们绝不涉及不诚实的行为，以达到获取自身利益或者牺牲他人利益的目的。

（3）英国皇家特许建造师学会的职业道德标准

1993 年，CIOB 理事会在《皇家特许令和附则》的授权下制定了《会员专业能力与行为的准则和规范》（Rules and Regulations and Professional Competence and Conduct）。CIOB 将职业道德标准列入会员的知识体系，并在会员面试过程中进行考察。该文件主要是由准则和规范两部分构成，准则部分界定了建造师的一般行为标准以及职业和道德追求，规范部分则是对英文头衔缩写以及会员级别描述的使用、徽标、咨询服务、广告等四个方面内容进行了界定。准则部分主要内容如下：

1）会员应该在履行其承诺的职责和义务的同时，尊重公众利益。

2）会员应该证明自身的能力水平与其会员级别保持一致。

3）会员应该时刻保持其行为的诚实，依此来维护和提升学会的威望、地位和声誉。

4）在国外工作的会员，也应该遵守本准则和规范以及其他适用的准则和规范。

5）会员应该完全忠诚和正直地履行义务，特别是在保密，不损害雇主的利益，公平、公正、守法、收受贿赂等方面。

6）如果会员知道自身缺乏足够的专业或技术能力，或者缺乏足够的资源来完成某项工作，那么会员不得承担该项工作。

7）如果会员没有能力承担某项咨询服务的全部或者部分，应该拒绝提供建议，或者获取适当的符合要求的协助。

8）英文头衔缩写及其适当的描述应该符合《皇家特许令和附则》的规定。

9）只有资深会员和正式会员才被允许在提供咨询等相关服务时，使用理事会批准的徽标。

10）提供咨询服务的会员应该获取专业的补偿保险，负担支付提供咨询服务时所要承担的全责。

11）从事其他建筑相关业务的会员应当购买适当的保险，并以此保证业主能够抵御由于工作所引起的关于工人、第三方及临近物业的风险。

12）会员不能蓄意或者由于粗心（无论是直接还是间接）而损害或者试图损害其他人的专业名誉、前途或者业务。

13）会员应该不断补充与自己职责类型和级别相符的最新思想和发展信息。

14）会员应该严格按照《专业行为规范》的规定对提供的服务刊登广告。

15）会员应该随时全面了解并遵守国家关于健康、安全以及福利方面的法律法规，因为这将影响建设过程的每一个环节。会员也有责任确保同事以及建设过程的其他参与人员知道并理解这些法律法规所规定的各自的职责。

16）会员不应该有性别、种族、婚姻、宗教、国籍、残疾以及年龄方面的歧视，并且应该努力消除他人的上述歧视，以促成平等。

（4）国际咨询工程师联合会的执业道德准则

20世纪90年代以来，作为国际咨询业的领导组织，FIDIC于1999年在世界银行等机构的支持下，成立廉洁联合工作组，着手起草了《工程咨询业务廉洁管理指南》。该书对指导工程咨询领域的各项经营和业务有较强的实践指导意义。其次，FIDIC编制的道德准则要求咨询工程师具有正直、公平、诚信、服务等的工作态度和敬业精神，充分体现了FIDIC对咨询工程师要求的精髓，主要内容如下：

1）接受本行业对全社会的责任。

2）为可持续发展寻求解决办法。

3）始终坚持职业尊严、地位和名声。

4）保持与技术、立法、管理发展相应的学识与技能，为业主提供精心勤勉的服务。

5）只承担能够胜任的任务。

6）始终为业主的合法利益而正直、精心地工作。

7）公正的提供咨询建议、判断或决策。

8）为业主服务中可能产生的一切潜在的利益冲突，都要告知业主。

9）不接受任何有害独立判断的酬谢。

10）倡导“以质量为基础选择咨询服务”的原则。

11）防止无意、有意损害他人名誉和事业的行为。

12）防止直接、间接抢夺别的咨询工程师已受托的服务。

13）在业主没有书面通知你原先由别人承担的业务已经结束，你也没有预先通知原来承办的单位，不要接手这个服务。

14）如被邀请审查别的咨询工程师的工作，要按恰当的职业品德和礼貌进行。

15）不提供也不接受从感觉上和实际上是在：

① 设法影响咨询工程师和/或业主的选择和付费的过程；

② 设法影响咨询工程师的公正判断的任何报酬。

16）对于任何合法组成的调查团体来对任何服务合同或建设合同的管理进行调查，要充分予以合作。

2. 国内相关注册专业人士的职业道德标准

由于我国执业资格制度起步较晚，许多工程咨询管理类执业人员的职业道德准则和行为规范体系尚待完善，职业道德准则水平尚待提高，行业自律的作用需要进一步发挥和完善，以注册造价工程师以及律师为例，列举其职业道德准则，为梳理注册建造师的职业道德提供借鉴意义。

（1）注册造价工程师职业道德行为准则

为了规范造价工程师的职业道德行为，提高行业声誉，造价工程师在执业过程中应当信守以下职业道德准则：

1）遵守国家法律、法规和政策，执行行业自律性规定，珍惜职业声誉，自觉维护国家和社会公众利益。

2）遵守“诚信、公正、精业、进取”的原则，以高质量的服务和优秀的业绩，赢得社会和客户对造价工程师职业的尊重。

3）勤奋工作，独立、客观、公正、正确地出具工程造价成果文件，使客户满意。

4）诚实守信，尽职尽责，不得有欺诈、伪造、作假等行为。

5）尊重同行，公平竞争，搞好同行之间的关系，不得采取不正当的手段损害、侵犯同行的权益。

6）廉洁自律，不得索取、收受委托合同约定以外的礼金和其他财物，不得利用职务之便谋取其他不正当的利益。

7）造价工程师与委托方有利害关系的应当回避，委托方有权要求其回避。

8）知悉客户的技术和商务秘密，负有保密义务。

9）接受国家和行业自律性组织对其职业道德行为的监督检查。

（2）注册律师的职业道德

为促进律师行业的规范发展，1993 年司法部颁布了《律师职业道德和执业纪律规范》，旨在提高律师的职业素质和执业水平，促进律师事业的健康发展，其职业道德主要包括以下内容：

1）律师在执业中必须坚持为社会主义经济建设和改革开放服务，为社会主义民主和法制建设服务，为巩固人民民主专政和国家长治久安服务，为维护公民的合法权益服务。

2）律师必须遵守宪法，遵守法律、法规，在全部业务活动中坚持“以事实为根据，以法律为准绳”，严格依法执行职务。

3）律师必须忠于职守，坚持原则，不畏权势，敢于排除非法干预，维护国家法制与社会正义。

4）律师必须热情勤勉、诚实信用、尽职尽责地为当事人提供法律帮助，积极履行为经济困难的当事人提供法律援助的义务，努力满足当事人的正当要求，维护当事人的合法权益。

5）律师之间以及与其他法律服务工作者之间应当互相尊重，同业互助，公平竞争，共同提高执业水平。

6）律师在执业中必须廉洁自律，敬业勤业，严密审慎，讲求效率，注重仪表，礼貌待人，自觉遵守律师执业规章和律师协会章程。

7）律师应当忠于律师事业，努力钻研和掌握执业所应具备的法律知识和服务技能，注重陶冶品德和职业修养，自觉维护律师的名誉。

2.2.2 注册建造师的职业道德标准

1. 注册建造师的职业道德要求

我国注册建造师制度自 2003 年建立以来，经历十几年的发展，已经形成一定的规模，对建筑行业的影响力也逐渐增加。在我国现行的法律法规的框架下，有必要制订注册建造师的职业道德规范和标准，对注册建造师的执业行为进行约束，指导注册建造师规范执业，保障建筑市场的健康运行。

注册建造师的职业道德规范和标准作为行业性的自律准则，应当按照我国基本的法律制度和法规的有关规定，结合我国注册建造师的执业定位，提出指导我国注册建造师的职业道德规范和标准。我国注册建造师的职业道德应规范和标准，应当包括以下方面。

（1）遵纪守法，维护建造师的声誉。自觉遵守国家和行业的行为准则，自觉维护职业身份声誉。遵守相关的法律法规。自觉接受自律组织的监督和管理。积极接受行政主管部门的整改要求，落实整改任务。

（2）充分履行职责和义务。熟悉国家法律法规中对注册建造师责任和义务的规定，详细掌握相关合同中对责任的约定，在执业过程中，牢记自己的使命，落实自己的职责和义务。

（3）对社会和公众的责任。寻求可持续发展的方案，承担建造师职业行为中对社会公众的责任，向公众提供真实、准确的信息。坚持文明施工，做到施工不扰民，作业不污染，现场规范有序。加强劳动保护措施，对国家财产和施工人员的生命安全高度负责，定期检查核实，及时发现并坚决制止违章行为，检查和消除各类质量安全隐患。

（4）诚实信用。诚信可靠，要掌握并且提供全部以及全面的信息，不得刻意隐瞒。对于委托人的商业和技术秘密具有保密义务。树立用户至上的思想，事事处处为用户着想，积极采纳用户的合理要求和建议，热忱为用户服务，维护行业的信誉。

（5）提高自身职业能力。对于自身职业能力有清醒的认识，接受继续教育，不断更新已有知识，只承担自己能够胜任的工作，不要企图承担超越自己能力范围的工作。重视技术创新和技术进步，积极推广应用新技术、新材料、新工艺。

（6）廉洁自律。严格按照合同规定履行义务，不得索取、受贿或者谋取合同约定费用以外的其他礼金、财物等利益，不能利用自己的职务之便谋取私利，也不得为了谋求个人和企业私利而采取行贿或其他不法手段。

（7）尊重他人。尊重他人包括尊重他人本身以及尊重他人的劳动成果。不得对他人抱有偏见，不得故意或无意做出有损他人信誉的行为。尊重他人的劳动成果，在取得同意之前，不得擅自占有他人的劳动成果。注重团结与协作，努力做到互惠互利、互通有无、资源共享、共同发展；注册建造师不能因为性别、种族、年龄、宗教信仰、残疾、民族或性取向等原因歧视他人。

（8）公平公正。始终保持公平以及公正的立场，维护委托人的利益，提供客观以及公正的专业意见。当存在潜在的利益冲突时，应当及时告知委托人，不得利用自己的专业优势，诱导委托人做出不恰当的决定，公平公正地为委托人提供咨询、判断和决策建议。

（9）勇于承担责任。对自己的全部行为负责，勇于承担自己的责任。遇到问题时不能归咎于客观，推卸责任；不能歪曲事实证明自己的结论。

2. 注册建造师的职业道德教育

注册建造师的职业道德不仅仅是其执业过程的行为标准和要求，而且是注册建造师对社会承担的道德责任和义务。应当加强对注册建造师的职业道德教育，规范其执业，促使注册建造师在执业过程中严格遵守职业道德，保证项目的顺利实施和建筑市场的健康发展。

要加强对注册建造师的职业道德教育，通过道德与法律的双重约束作用来规范市场主体行为。注册建造师承担着工程项目实施管理的核心职责，其素质的高低直接影响到工程项目建设的顺利运作，其执业行为直接关系到工程项目的成败。加强对建造师的职业道德教育，使其充分意识到对国家、投资者和使用者的生命财产所肩负的责任，认识到不遵守职业道德所带来的严重后果，才能有效地规范注册建造师的执业行为。

规范注册建造师的执业行为是提高工程项目管理水平、保证工程质量和安全的前提条件。因此加强注册建造师职业道德的建设对促进注册建造师自身职业发展，促进建设项目管理水平，促进建筑业的健康发展，促进社会经济的可持续发展，都具有十分重要的意义。

工程项目投标报价及案例

3.1 投标报价程序

《建设工程工程量清单计价规范》GB 50500—2013 规定，投标价是投标人参与工程项目投标时报出的工程造价，即投标价是指在工程招标发包过程中，由投标人或受其委托具有相应资质的工程造价咨询人按照招标文件的要求以及有关计价规定，依据发包人提供的工程量清单、施工设计图纸，结合工程项目特点、施工现场情况及企业自身的施工技术、装备和管理水平等，自主确定的工程造价。

3.1.1 国内工程投标报价程序

任何一个施工项目的投标报价都是一项复杂的系统工程，需要周密思考，统筹安排。对于国内项目，投标人在取得招标信息后，首先要决定是否参加投标。其次，如果参加投标，即进行前期工作：准备资料，申请并参加资格预审；获取招标文件；组建投标报价班子。准备完成后进入询价与编制阶段，整个投标报价过程需遵循一定的程序（图 3-1）。

1. 投标报价前期工作

（1）研究招标文件

确定参加投标后，为保证工程量清单报价的合理性，应对投标人须知、合同条件、技术规范、图纸和工程量清单等重点内容进行分析，深刻而正确地理解招标文件和招标人的意图。

1）投标人须知，它反映了招标人对投标的要求，特别要注意项目的资金来源、投标书的编制和递交、投标保证金、更改或备选方案、评标方法等，重点在于防止废标。

2）合同分析

① 合同背景分析。投标人有必要了解与自己承包的工程内容有关的合同背景，了解监理方式，了解合同的法律依据，为报价和合同实施及索赔提供依据。

② 合同形式分析。主要分析承包方式（如分项承包、施工承包、设计与施工总承包和管理承包等）及计价方式（如单价方式、总价方式、成本加酬金方式等）。

③ 合同条款分析，主要包括：

a. 承包商的任务、工作范围和责任。

b. 工程变更及相应的合同价款调整。

c. 付款方式、时间。应注意合同条款中关于工程预付款、材料预付款的规定。根据这些规定和预计的施工进度计划，计算出占用资金的数额和时间，从而计算出需要支付的利息数额并计入投标报价。

d. 施工工期。合同条款中关于合同工期、竣工日期、部分工程分期交付工期等规定，这是投标人制订施工进度计划的依据，也是报价的重要依据。要注意合同条款中有无工期奖罚的规定，尽可能做到在工期符合要求的前提下报价有竞争力，或在报价合理的前提下工期有竞争力。

e. 发包人责任。投标人所制订的施工进度计划和做出的报价，都是以发包人履行责任为前提的，所以应注意合同条款中关于发包人责任措辞的严密性，以及关于索赔的有关规定。

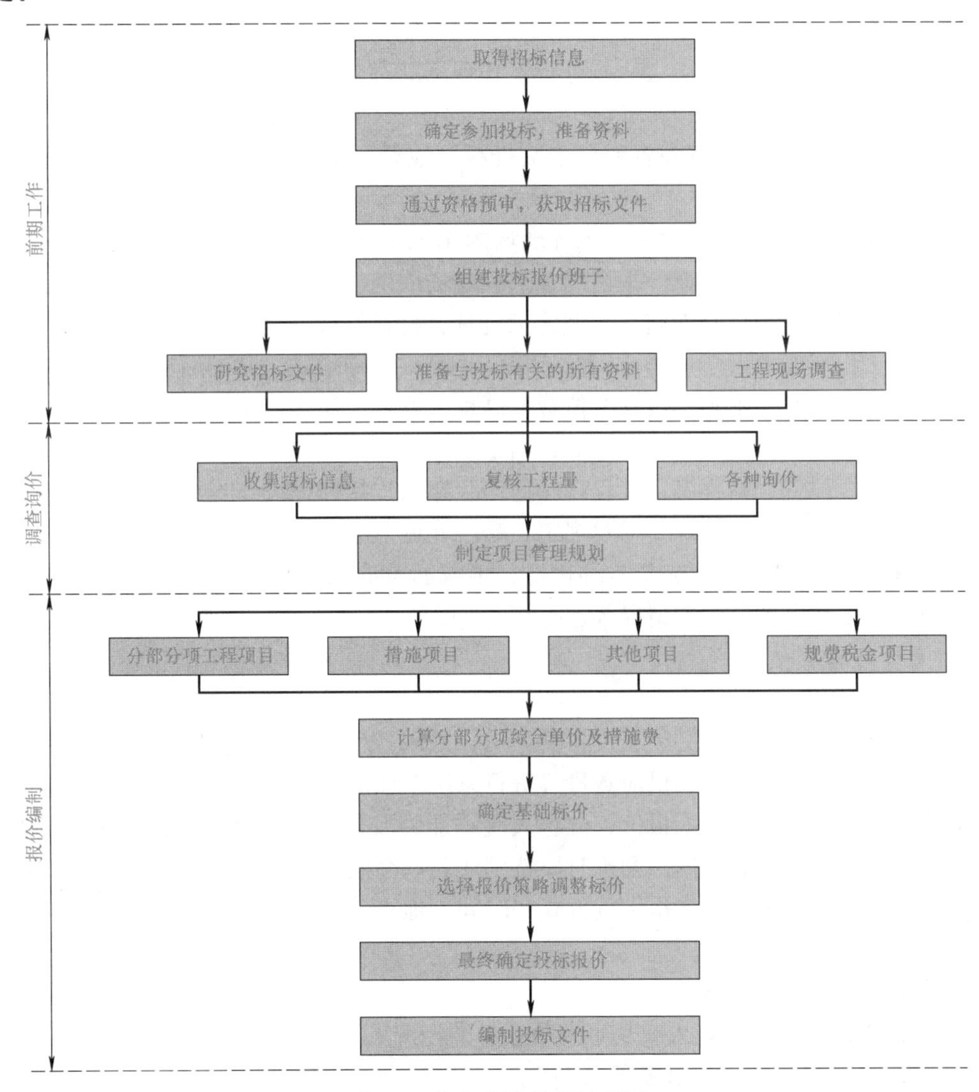

图 3-1 投标报价编制流程图

3）技术标准和要求分析

工程技术标准是按工程类型来描述工程技术和工艺内容特点，对设备、材料、施工和安装方法等所规定的技术要求，有的是对工程质量进行检验、试验和验收所规定的方法和要求。它们与工程量清单中各子项工作密不可分，报价人员应在准确理解招标人要求的基础上对有关工程内容进行报价。任何忽视技术标准的报价都是不完整、不可靠的，有时可能导致工程承包重大失误和亏损。

4）图纸分析

图纸是确定工程范围、内容和技术要求的重要文件，也是投标者确定施工方法等施工计划的主要依据。

图纸的详细程度取决于招标人提供的施工图设计所达到的深度和所采用的合同形式。详细的设计图纸可使投标人比较准确地估价，而不够详细的图纸则需要估价人员采用综合估价方法，其结果一般不很精确。

（2）调查工程现场

招标人在招标文件中一般会明确进行工程现场踏勘的时间和地点。投标人对一般区域调查重点注意以下几个方面：

1）自然条件调查。如气象资料，水文资料，地震、洪水及其他自然灾害情况、地质情况等。

2）施工条件调查。主要包括：工程现场的用地范围、地形、地貌、地物、高程，地上或地下障碍物，现场的三通一平情况；工程现场周围的道路、进出场条件、有无特殊交通限制；工程现场施工临时设施、大型施工机具、材料堆放场地安排的可能性，是否需要二次搬运；工程现场邻近建筑物与招标工程的间距、结构形式、基础埋深、新旧程度、高度；市政给水及污水、雨水排放管线位置、高程、管径、压力、废水、污水处理方式，市政、消防供水管道管径、压力、位置等；当地供电方式、方位、距离、电压等；当地煤气供应能力，管线位置、高程等；工程现场通信线路的连接和铺设；当地政府有关部门对施工现场管理的一般要求、特殊要求及规定，是否允许节假日和夜间施工等。

3）其他条件调查。主要包括各种构件、半成品及商品混凝土的供应能力和价格，以及现场附近的生活设施、治安情况等。

2. 询价与工程量复核

（1）询价

投标报价之前，投标人必须通过各种渠道，采用各种手段对工程所需各种材料、设备等的价格、质量、供应时间、供应数量等进行系统全面的调查，同时还要了解分包项目的分包形式、分包范围、分包人报价、分包人履约能力及信誉等。询价是投标报价的基础，它为投标报价提供可靠的依据。询价时要特别注意两个问题，一是产品质量必须可靠，并满足招标文件的有关规定；二是供货方式、时间、地点，有无附加条件和费用。

1）询价的渠道

① 直接与生产厂商联系。

② 咨询生产厂商的代理人或从事该项业务的经纪人。

③ 咨询经营该项产品的销售商。

④ 向咨询公司进行询价。通过咨询公司所得到的询价资料比较可靠，但需要支付一定的咨询费用，也可向同行了解。

⑤ 通过互联网查询。

⑥ 自行进行市场调查或信函询价。

2）生产要素询价

① 材料询价。材料询价的内容包括调查对比材料价格、供应数量、运输方式、保险和有效期、不同买卖条件下的支付方式等。询价人员在施工方案初步确定后，立即发出材料询价单，并催促材料供应商及时报价。收到询价单后，询价人员应将从各种渠道所询得的材料报价及其他有关资料汇总整理。对同种材料从不同经销部门所得到的所有资料进行比较分析，选择合适、可靠的材料供应商的报价，提供给工程报价人员使用。

② 施工机具询价。在外地施工需用的施工机具，有时在当地租赁或采购可能更为有利。因此，事前有必要进行施工机具的询价。必须采购的施工机具，可向供应厂商询价。对于租赁的施工机具，可向专门从事租赁业务的机构询价，并应详细了解其计价方法。

③ 劳务询价。劳务询价主要有两种情况：一是成建制的劳务公司，相当于劳务分包，一般费用较高，但素质较可靠，工效较高，承包商的管理工作较轻松；另一种是劳务市场招募零散劳动力，根据需要进行选择，这种方式虽然劳务价格低廉，但有时素质达不到要求或工效降低，且承包商的管理工作较繁重。投标人应在对劳务市场充分了解的基础上决定采用哪种方式，并以此为依据进行投标报价。

3）分包询价。总承包商在确定了分包工作内容后，就将分包专业的工程施工图纸和技术说明送交预先选定的分包单位，请他们在约定的时间内报价，以便进行比较选择，最终选择合适的分包人。对分包人询价应注意以下几点：分包标函是否完整；分包工程单价所包含的内容；分包人的工程质量、信誉及可信赖程度；质量保证措施；分包报价。

（2）复核工程量

工程量清单作为招标文件的组成部分，是由招标人提供的。工程量的大小是投标报价最直接的依据。复核工程量的准确程度，将影响承包商的经营行为：一是根据复核后的工程量与招标文件提供的工程量之间的差距，考虑相应的投标策略，决定报价尺度；二是根据工程量的大小采取合适的施工方法，选择适用、经济的施工机具设备、投入使用相应的劳动力数量等。

复核工程量，要与招标文件中所给的工程量进行对比，注意以下几方面。

1）投标人应认真根据招标说明、图纸、地质资料等招标文件资料，计算主要清单工程量，复核工程量清单，其中特别注意，按一定顺序进行，避免漏算或重算；正确划分分部分项工程项目，与“清单计价规范”保持一致。

2）复核工程量的目的不是修改工程量清单，即使有误，投标人也不能修改工程量清单中的工程量，因为修改了清单就等于擅自修改了合同。对工程量清单存在的错误，可以向招标人提出，由招标人统一修改并把修改情况通知所有投标人。

3）针对工程量清单中工程量的遗漏或错误，是否向招标人提出修改意见取决于投标策略。投标人可以运用一些报价的技巧提高报价的质量，争取在中标后能获得更大的收益。

4）通过工程量计算复核还能准确地确定订货及采购物资的数量，防止由于超量或少购等带来的浪费、积压或停工待料。

在核算完全部工程量清单中的细目后，投标人应按大项分类汇总主要工程总量，以便获得对整个工程施工规模的整体概念，并据此研究采用合适的施工方法，选择适用的施工设备等。

3. 编制投标报价

投标报价是在工程招标发包过程中，由投标人按照招标文件的要求，根据工程特点，并结合自身的施工技术、装备和管理水平，依据有关计价规定自主确定的工程造价，是投标人希望达成工程承包交易的期望价格，它不能高于招标人设定的招标控制价。作为投标计算的必要条件，应预先确定施工方案和施工进度，此外，投标计算还必须与采用的合同形式相协调。

（1）投标报价的编制原则

报价是投标的关键性工作，报价是否合理不仅直接关系到投标的成败，还关系到中标后企业的盈亏。投标报价编制原则如下：

1）投标报价由投标人自主确定，但必须执行《建设工程工程量清单计价规范》GB 50500—2013 的强制性规定。投标价应由投标人或受其委托，具有相应资质的工程造价咨询人员编制。

2）投标人的投标报价不得低于工程成本。《招标投标法》第四十一条规定："中标人的投标应当符合下列条件……（二）能够满足招标文件的实质性要求，并且经评审的投标价格最低；但是投标价格低于成本的除外。"《评标委员会和评标方法暂行规定》（七部委第 12 号令）第二十一条规定："在评标过程中，评标委员会发现投标人的报价明显低于其他投标报价或者在设有标底时明显低于标底的，使得其投标报价可能低于其个别成本的，应当要求该投标人作出书面说明并提供相关证明材料。投标人不能合理说明或者不能提供相关证明材料的，由评标委员会认定该投标人以低于成本报价竞标，其投标应作为废标处理"。根据上述法律、规章的规定，特别要求投标人的投标报价不得低于工程成本。

3）投标人必须按招标工程量清单填报价格。实行工程量清单招标，招标人在招标文件中提供工程量清单，其目的是使各投标人在投标报价中具有共同的竞争平台。因此，为避免出现差错，要求投标人必须按招标人提供的招标工程量清单填报投标价格，填写的项目编码、项目名称、项目特征、计量单位、工程量必须与招标工程量清单一致。

4）投标报价要以招标文件中设定的发承包双方责任划分，作为考虑投标报价费用项目和费用计算的基础，发承包双方的责任划分不同，会导致合同风险不同的分摊，从而导致投标人选择不同的报价；根据工程发承包模式考虑投标报价的费用内容和计算深度。

5）投标报价要以施工方案、技术措施等作为计算的基本条件；以反映企业技术和管理水平的企业定额作为计算人工、材料和机械台班消耗量的基本依据；充分利用现场考察、调研成果、市场价格信息和行情资料，编制基础标价。

6）报价计算方法要科学严谨，简明适用。

（2）投标报价的编制依据

《建设工程工程量清单计价规范》GB 50500—2013 规定，投标报价应根据下列依据编制：

1）《建设工程工程量清单计价规范》GB 50500—2013。

2）国家或省级、行业建设主管部门颁发的计价办法。

3）企业定额，国家或省级、行业建设主管部门颁发的计价定额和计价办法。

4）招标文件、招标工程量清单及其补充通知、答疑纪要。

5）建设工程设计文件及相关资料。

6）施工现场情况、工程特点及投标时拟定的施工组织设计或施工方案。

7）与建设项目相关的标准、规范等技术资料。

8）市场价格信息或工程造价管理机构发布的工程造价信息。

9）其他的相关资料。

3.1.2 国际工程投标报价程序

国际工程是指一个工程项目的策划、咨询、融资、采购、承包、管理以及培训等各个阶段或环节，其主要参与者（单位或个人、产品或服务）来自不止一个国家或地区，并且按照国际上通用的工程项目管理理念进行管理的工程。国际工程包括我国公司去海外参与投资或实施的各项工程，也包括国际组织或国外的公司到中国来投资和实施的工程。

投标报价作为国际工程投标过程中的关键环节，其工作内容繁多，工作量大，而时间往往十分紧迫，因而必须周密考虑，统筹安排，遵照一定的工作程序，使投标报价工作有条不紊、紧张而有序地进行。国际工程投标报价工作在投标者通过资格预审并获得招标文件后开始，其工作程序如图 3-2 所示。本节仅对组织投标报价班子、研究招标文件、进行各项调查研究、参加标前会议和现场勘察、工程量复核、生产要素与分包工程询价等环节进行阐述。

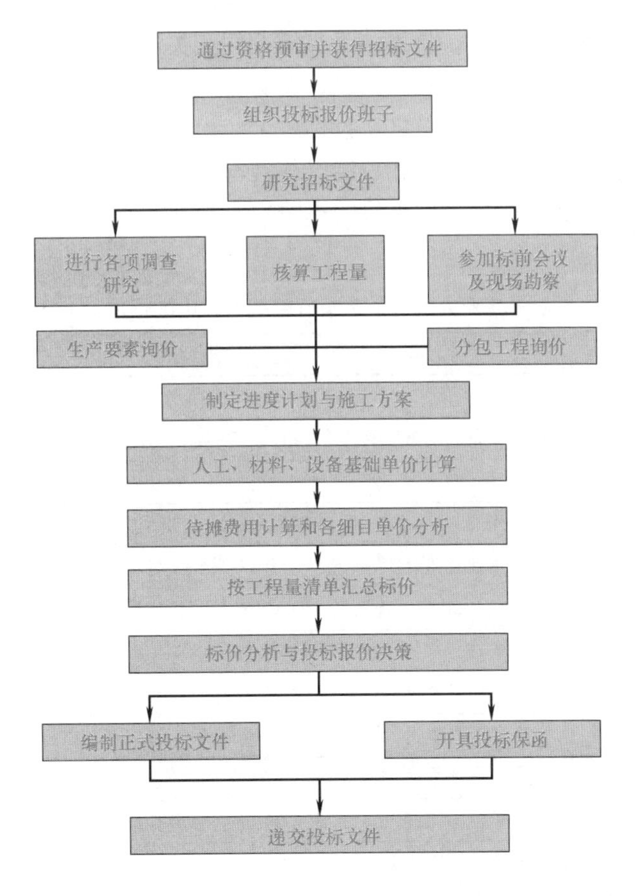

图 3-2 国际工程投标报价的程序

1. 组织投标报价班子

国际工程投标报价，不论承包方式和工程范围如何，都必然涉及承包市场竞争态势、生产要素市场行情、工程技术规范和标准、施工组织和技术、工料消耗标准或定额、合同形式和条款以及金融、税务、保险以及当地的政治、经济状况等方面的问题。因此，需要有专门的机构和人员对报价的全部活动加以组织和管理，组织一个业务水平高、经验丰富、精力充沛的投标报价班子是投标获得成功的基本保证。投标报价的人员不仅应具有广博的知识和丰富的经验，还必须熟悉国际工程施工和投标报价的规范和操作程序，只有这样，投标报价人员才能参与激烈的国际工程市场的竞争。

一个好的投标报价班子的成员应由经济管理类人才、专业技术类人才、商务金融类人才、合同管理类人才组成，最好是懂技术、懂经济、懂商务、懂法律和会外语的复合型、外向型、开拓型人才。经济管理类人才，是指直接从事费用计算的人员，他们不仅熟悉本公司在各类分部分项工程中的工料消耗标准和水平，而且对本公司的技术特长和不足之处有客观的分析和认识，他们通过掌握生产要素的市场行情，了解竞争对手的情况，能够运用科学的调查、分析、预测的方法，使投标报价工作建立在可靠的基础上。专业技术类人才，是指工程设计和施工中的各类专业技术人员，他们掌握本专业领域内的最新技术知识，具有较丰富的工程经验，能从本公司的实际技术水平出发，选择最经济合理的实施方案。商务金融类人才，是指具有从事金融、贷款、保函、采购、保险等方面工作经验和知识的专业人员。合同管理类人才，是指熟悉经济合同相关法律、法规，熟悉合同条件并能进行深入分析，能够提出应特别注意的问题，具有合同谈判和合同签订经验，善于发现和处理索赔等方面敏感问题的人员。总之，投标班子应由各专业领域的人才组成，同时还应注意保持班子人员的相对稳定，积累和总结以往经验，不断提高其素质和水平，以形成一个高效率的工作集体，从而提高投标报价的竞争力。表 3-1 为承包商人员及其在报价编制过程中的作用。

承包商人员及其在报价编制过程中的作用 **表 3-1**

人员	人员的作用
承包商高级管理人员	决定是否参加投标，商谈资金，标价调整
工程估价人员	负责人工、材料、设备基础单价的计算，分摊费用的计算，单价分析和标价汇总
公司内部设计人员	编制替代设计方案
临时工程设计人员	全部临时工程结构，模板工程，脚手架，围堰等
设备经理	对施工设备的适用性和新设备的购置提出建议，分析设备维修费用
现场人员	对施工方法、资源需求和各项施工作业的大概时间提出建议
计划人员	编制施工方法说明，按施工进度表配置资源
采购人员	获取材料报价和估算运输费用
法律合同人员	对合同条款和融资提出建议
工程测量员	估算实施项目的工程量
市场人员	寻找未来工程的机会，保证充分了解发包人要求，协助估价人员校核资料
财务顾问	同金融机构商谈按最佳条件获取资金，商谈保函事宜
人事部门人员	向估价部门提出有关可用的职员和关键人员的建议，编制人员雇用条件，协助计算现场管理费用

此外，报价编制过程也有一些外单位人员的参与，其作用见表3-2。

外单位人员及其在报价编制过程中的作用　　表3-2

人　员	人员的作用
发包人的顾问（设计师、工程师、工料测量员）	澄清承包商在详细检查招标条件后提出的疑问
材料供应商	向承包商提交工程所需材料的报价
分包商	向承包商提交指定项目的报价以及详细资料
海运、包装及运输公司	对物资从装运港运至现场提出建议及报价
联营公司	按商定的比例分享利润，进行联合施工以减少承包商的风险
当地代理及当地使馆人员	向估价人员提供工程所在国的有关商务、社会、法律以及地理条件等方面的信息
银行及金融机构	为工程的实施提供资金和保函

2. 研究招标文件

招标文件规定了承包商的职责和权利，承包商在标前会议、现场勘察之前和投标报价期间，均应组织投标报价人员认真细致地阅读招标文件。为进一步制定施工进度计划、施工方案和计算标价，投标人应从以下几个主要方面研究招标文件。

（1）关于合同条件方面

1）要核准下列准确日期：投标截止日期和时间；投标有效期；招标文件中规定的由合同签订到开工的允许时间；总工期和分阶段验收的工期；缺陷通知期。

2）关于保函与担保的有关规定：保函或担保的种类、保函额或担保额的要求、保函或担保的有效期等。

3）关于保险的要求：要搞清楚保险种类，例如工程一切险、第三方责任险、意外伤害保险以及社会保险等，同时要搞清楚这些险种的最低保险金额、保期和免赔额、索赔次数要求以及对保险公司要求的限制等。

4）关于误期赔偿费的金额和最高限额的规定；提前竣工奖励的有关规定。

5）关于付款条件：应搞清是否有预付款及其金额，扣还时间与方法；还要搞清对运抵施工现场的永久设备和成品及施工材料（如钢材、水泥、木材、沥青等）是否可以获得材料设备预付款；永久设备和材料是否按订货、到港和到工地进行阶段付款；工程进度款的付款方法和付款比例；签发支付证书到付款的时间；拖期付款是否支付利息；扣留保证金的比例、最高限额和退还条件。

6）关于物价调整条款：要搞清楚该项目是否对材料、设备价格和工资等有调整的规定，其限制条件和调整计算公式如何。

7）应搞清楚商务条款中有关报价货币和支付货币的规定。

8）关于税收：是否免税或部分免税等。

9）关于不可抗力造成损害的补偿办法和规定、中途停工的处理办法和补救措施。

10）关于争端解决的有关规定。

11）承包商可能获得补偿的权利方面：要搞清楚招标文件中关于补偿的规定，可以在编制报价的过程中合理地预测风险程度并做正确的估价，如索赔条件等。

（2）关于承包商责任范围和报价要求方面

1）应当注意合同属于单价合同、总价合同还是成本加酬金合同等，对于不同的合同类型，承包商的责任和风险是不一样的，应根据具体情况分别核算报价。

2）认真落实需要报价的详细范围，不应有任何含糊不清之处，例如，报价是否包含勘察工作，是否包含施工详图设计，是否包括进场道路和临时水电设施以及永久设备的供货及其范围等。总之，应将工程量清单与投标人须知、合同条件、技术规范、图纸等认真核对，以保证在投标报价中不错报、不漏报。

（3）技术规范和图纸方面

工程技术规范是按工程类型来描述工程技术和工艺的内容和特点，对设备、材料、施工和安装方法等所规定的技术要求，以及对工程质量进行检验、试验和验收所规定的方法和要求。研究工程技术规范，特别要注意研究该规范是否参照或采用英国规范、美国规范或是其他国际技术规范，本公司对此技术规范的熟悉程度，有无特殊施工技术要求和有无特殊材料设备技术要求，有关选择代用材料、设备的规定，以便采用相应的定额，计算有特殊要求的项目价格。

图纸分析要注意平、立、剖面图之间尺寸、位置的一致性，结构图与设备安装图之间的一致性，当发现矛盾之处应及时提请招标人澄清并修正。

3. 进行各项调查研究

开展各项调查研究是标价计算之前的一项重要准备工作，是成功投标报价的基础，主要内容包括以下方面。

（1）市场、政治、经济环境调查

1）工程所在国的政治形势：政局的稳定性、该国与周边国家的关系、该国与我国的关系、政策的开放性与连续性。

2）工程所在国的经济状况：经济发展情况、金融环境（包括外汇储备、外汇管理、汇率变化、银行服务等）、对外贸易情况、保险公司的情况。

3）当地的法律法规：需要了解的至少应包括与招标、投标、工程实施有关的法律法规。

4）项目所在国工程市场的情况：工程市场容量与发展趋势、市场竞争的概况、生产要素（材料、设备、劳务等）的市场供应一般情况。

（2）施工现场自然条件调查

主要包括气象资料、水文资料、地质情况、地震等自然灾害情况。

（3）现场施工条件调查

主要包括现场的公共基础设施、现场用地范围、地形、地貌、交通、通信、现场“三通一平”情况、附近各种服务设施、当地政府对施工现场管理的一般要求等情况。

（4）劳务规定、税费标准和进出口限额调查

工程所在国的劳务规定、税费标准和进出口限额等情况在很大程度上会影响工程的估价，甚至会制约工程的顺利实施，如有些国家禁止劳务输入，因此国外承包商只能派遣公司的管理人员进入该国，而施工所需的工人则必须在当地招募。

（5）工程项目发包人的调查

主要包括本工程的资金来源情况、各项手续是否齐全、发包人的工程建设经验、发包人的信用水平及工程师的情况等。

(6) 竞争对手的调查

主要包括调查获得本工程投标资格、购买投标文件的公司情况，以及有多少家公司参加了标前会议和现场勘察，从而分析可能参加投标的公司。了解参加投标竞争公司的有关情况，包括规模和实力、技术特长、管理水平、经营状况、在建工程情况以及联营体情况等。

4. 标前会议与现场勘察

(1) 标前会议

标前会议是招标人给所有投标人提供的一次答疑机会，有利于加深对招标文件的理解。标前会议是投标人了解发包人和竞争对手的最佳时机，应认真准备并积极参加标前会议。在标前会议之前应事先深入研究招标文件，并将研究过程中碰到的各类问题整理为书面文件，寄到招标单位要求给予书面答复，或在标前会议上提出并要求予以解释和澄清。参加标前会议应注意以下几点。

1) 对工程内容范围不清的问题应当提请说明，但不要表示或提出任何修改设计方案的要求。

2) 对招标文件中图纸与技术说明互相矛盾之处，可请求说明应以何者为准，但不要轻易提出修改技术要求。如果自己确实能提出对发包人有利的修改方案，可在投标报价时提出，并做出相应的报价供发包人选择而不必在会议中提出。

3) 对含糊不清、容易产生歧义理解的合同条件，可以请求给予澄清、解释，但不要提出任何改变合同条件的要求。

4) 投标人应注意提问的技巧，不要批评或否定发包人在招标文件中的有关规定，提问的问题应是招标文件中比较明显的错误或疏漏，不要将对己方有利的错误或疏漏提出来，也不要将己方机密的设计方案或施工方案透露给竞争对手，同时要仔细倾听发包人和竞争对手的谈话，从中探察他们的态度、经验和管理水平。

(2) 现场勘察

现场勘察一般是标前会议的一部分，招标人会组织所有投标人进行现场参观和说明。投标人应准备好现场勘察提纲并积极参加这一活动。事先参加现场勘察的所有人员应认真地研究招标文件中的图纸和技术文件，同时应派有丰富工程施工经验的工程技术人员参加。现场勘察中，除一般性调查外，还应结合工程专业特点有重点地进行勘察。由于能到现场参加勘察的人员毕竟有限，因此可对大型项目进行现场录像，以便回国后给参与投标的全体人员和专家研究。

5. 工程量复核

工程量复核不仅是为了便于准确计算投标价格，更是今后在实施工程中测量每项工程量的依据，同时也是安排施工进度计划、选定施工方案的重要依据。招标文件中通常情况下均附有工程量表，投标人应根据图纸，认真核对工程量清单中的各个分项，特别是工程量大的细目，力争做到这些分项中的工程量与实际工程中的施工部位能“对号入座”，数量平衡。如果招标的工程是一个大型项目，而且投标时间又比较短，不能在较短的时间内核算全部工程量，投标人至少也应重点核算那些工程量大和影响较大的子项。当发现遗漏或相差较大时，投标人不能随便改动工程量，仍应按招标文件的要求填报自己的报价，但可另在投标函中适当予以说明。

关于工程量表中细目的划分方法和工程量的计算方法，世界各国目前还没有设置统一的规定，通常由工程设计的咨询公司确定。比较常用的是参照英国制定的《建筑工程量计算原则（国际通用）》《建筑工程量标准计算方法》。两者的内容基本是一致的，后者较前者更为详尽和具体。

在核算完全部工程量表中的细目后，投标人可按大项分类汇总工程总量，使对这个工程项目的施工规模有一个全面和清楚的概念，并用以研究采用合适的施工方法和经济适用的施工机械设备。

6. 生产要素与分包工程询价

（1）生产要素询价

国际工程项目的价格构成比例中，材料部分约占30％～50％的比重，因此材料价格确定的准确与否直接影响标价中成本的准确性，是影响投标成败的重要因素。生产要素询价主要包括以下四方面：

1）主要建筑材料的采购渠道、质量、价格、供应方式；

2）施工机械的采购与租赁渠道、型号、性能、价格以及零配件的供应情况；

3）当地劳务的技术水平、工作态度与工作效率、雇用价格与手续；

4）当地的生活费用指数、食品及生活用品的价格、供应情况。

（2）分包工程询价

分包工程是指总承包商委托另一承包商为其实施部分合同标的工程。分包商不是总承包商的雇用人员，其赚取的不只是工资还有利润。分包工程报价的高低，必然对投标报价有一定的影响，因此，总承包商在投标报价前应进行分包询价。

确定完分包工作内容后，承包商发出分包询价单，分包询价单实际上与工程招标文件基本一致，一般包括以下内容：

1）分包工程施工图及技术说明；

2）详细说明分包工程在总包工程中的进度安排；

3）提出需要分包商提供服务的时间，以及分包商允诺的这段时间的变化范围，以便日后总包进度计划不可避免发生变动时，可使这种变动的影响尽可能地减小；

4）说明分包商对分包工程顺利进行应负的责任和应提供的技术措施；

5）总包商提供的服务设施及分包商到总包现场认可的日期；

6）分包商应提供的材料合格证明、施工方法及验收标准、验收方式；

7）分包商必须遵守的现场安全和劳资关系条例；

8）工程报价及报价日期、报价货币。

上述资料主要来源于招标文件和承包商的施工计划。当收到分包商的报价后，承包商应从分包保函是否完整、核实分项工程的单价、保证措施是否有力、确认工程质量及信誉、分包报价的合理性等方面进行分析。

3.2 工程量清单计价

3.2.1 工程量清单计价的费用构成

采用工程量清单计价，建筑安装工程造价由分部分项工程费、措施项目费、其他项目费、规费和税金组成。

1. 分部分项工程费计算

利用综合单价法计算分部分项工程费需要解决两个核心问题，即确定各分部分项工程的工程量及其综合单价。

(1) 分部分项工程量的确定

招标文件中的工程量清单标明的工程量是招标人编制招标控制价和投标人投标报价的共同基础，它是工程量清单编制人按施工图图示尺寸和工程量清单计算规则计算得到的工程净量。但是，该工程量不能作为承包人在履行合同义务中应予完成的实际和准确的工程量，发承包双方进行工程竣工结算时的工程量应按发承包双方在合同中约定应予计量且实际完成的工程量确定，当然该工程量的计算也应严格遵照工程量清单计算规则，以实体工程量为准。

(2) 综合单价的编制

《建设工程工程量清单计价规范》GB 50500—2013 中的工程量清单综合单价是指完成一个规定计量单位的分部分项工程量清单项目或措施清单项目所需的人工费、材料费、施工机具使用费和企业管理费与利润，以及一定范围内的风险费用。该定义并不是真正意义上的全费用综合单价，而是一种狭义的综合单价，规费和税金等不可竞争的费用并不包括在项目单价中。

综合单价的计算通常采用定额组价的方法，即以计价定额为基础进行组合计算。由于《建设工程工程量清单计价规范》GB 50500—2013 与定额中的工程量计算规则、计量单位、工程内容不尽相同，综合单价的计算不是简单地将其所含的各项费用进行汇总，而是要通过具体计算后综合而成。综合单价的计算可以概括为以下步骤：

1) 确定组合定额子目

清单项目一般以一个“综合实体”考虑，包括了较多的工程内容，计价时，可能出现一个清单项目对应多个定额子目的情况。因此计算综合单价的第一步就是将清单项目的工程内容与定额项目的工程内容进行比较，结合清单项目的特征描述，确定拟组价清单项目应该由哪几个定额子目来组合。如“预制预应力 C20 混凝土空心板”项目，计价规范规定此项目包括制作、运输、吊装及接头灌浆，若定额分别列有制作、安装、吊装及接头灌浆，则应用这 4 个定额子目来组合综合单价；又如“M5 水泥砂浆砌砖基础”项目，按计价规范不仅包括主项“砖基础”子目，还包括附项“混凝土基础垫层”子目。

2) 计算定额子目工程量

由于一个清单项目可能对应几个定额子目，而清单工程量计算的是主项工程量，与各定额子目的工程量可能并不一致；即便一个清单项目对应一个定额子目，也可能由于清单工程量计算规则与所采用的定额工程量计算规则之间的差异，而导致二者的计价单位和计算出来的工程量不一致。因此，清单工程量不能直接用于计价，在计价时必须考虑施工方案等各种影响因素，根据所采用的计价定额及相应的工程量计算规则重新计算各定额子目的施工工程量。定额子目工程量的具体计算方法，应严格按照与所采用的定额相对应的工程量计算规则计算。

3) 测算人、料、机消耗量

人、料、机的消耗量一般参照定额进行确定。在编制招标控制价时一般参照政府颁发的消耗量定额；编制投标报价时一般采用反映企业水平的企业定额，投标企业没有企业定额时可参照消耗量定额进行调整。

4）确定人、料、机单价

人工单价、材料价格和施工机械台班单价，应根据工程项目的具体情况及市场资源的供求状况进行确定，采用市场价格作为参考，并考虑一定的调价系数。

5）计算清单项目的人、料、机费

按确定的分项工程人工、材料和机械的消耗量及询价获得的人工单价、材料单价、施工机械台班单价，与相应的计价工程量相乘得到各定额子目的人、料、机费，将各定额子目的人、料、机费汇总后算出清单项目的人、料、机费。

$$\text{人、料、机费}=\sum\text{计价工程量}\times(\sum\text{人工消耗量}\times\text{人工单价}+\sum\text{材料消耗量}\times\text{材料单价}+\sum\text{台班消耗量}\times\text{台班单价}) \tag{3-1}$$

6）计算清单项目的管理费和利润

企业管理费及利润通常根据各地区规定的费率乘以规定的计价基础得出。

7）计算清单项目的综合单价

将清单项目的人、料、机费、管理费及利润汇总得到该清单项目的合价，将该清单项目合价除以清单项目的工程量即可得到该清单项目的综合单价。

$$\text{综合单价}=(\text{人、料、机费}+\text{管理费}+\text{利润})/\text{清单工程量} \tag{3-2}$$

如果采用全费用综合单价计价，则还需计算清单项目的规费和税金。

2. 措施项目费计算

措施项目费是指为完成工程项目施工，而用于发生在该工程施工准备和施工过程中的技术、生活、安全、环境保护等方面的非工程实体项目所支出的费用。措施项目清单计价应根据建设工程的施工组织设计，对可以计算工程量的措施项目，应按分部分项工程量清单的方式采用综合单价计价。其余的措施项目可以以“项”为单位的方式计价，应包括除规费、税金外的全部费用。

措施项目费的计算方法一般有以下几种：

（1）综合单价法

这种方法与分部分项工程综合单价的计算方法一样，就是根据需要消耗的实物工程量与实物单价计算措施费，适用于可以计算工程量的措施项目，主要是指一些与工程实体有紧密联系的项目，如混凝土模板、脚手架、垂直运输等。与分部分项工程不同，并不要求每个措施项目的综合单价必须包含人工费、材料费、机具费、管理费和利润中的每一项。

（2）参数法计价

参数法计价是指按一定的基数乘系数的方法或自定义公式进行计算。这种方法简单明了，但最大的难点是公式的科学性、准确性难以把握。这种方法主要适用于施工过程中必须发生，但在投标时很难具体分项预测，又无法单独列出项目内容的措施项目，如夜间施工费、二次搬运费、冬雨期施工的计价均可以采用该方法。

（3）分包法计价

在分包价格的基础上增加投标人的管理费及风险费进行计价，这种方法适合可以分包的独立项目，如室内空气污染测试等。

有时招标人要求对措施项目费进行明细分析，这时采用参数法组价和分包法组价都是先计算该措施项目的总费用，这就需人为用系数或比例的办法分摊人工费、材料费、机具费、管理费及利润。

3. 其他项目费计算

其他项目费由暂列金额、暂估价、计日工、总承包服务费等内容构成。

暂列金额和暂估价由招标人按估算金额确定。招标人在工程量清单中提供的暂估价的材料和专业工程，若属于依法必须招标的，由承包人和招标人共同通过招标确定材料单价与专业工程分包价；若材料不属于依法必须招标的，经发、承包双方协商确认单价后计价；若专业工程不属于依法必须招标的，由发包人、总承包人与分包人按有关计价依据进行计价。

计日工和总承包服务费由承包人根据招标人提出的要求，按估算的费用确定。

4. 规费与税金的计算

规费和税金应按国家或省级、行业建设主管部门的规定计算，不得作为竞争性费用。每一项规费和税金的规定文件中，对其计算方法都有明确的说明，故可以按各项法规和规定的计算方式记取。具体计算时，一般按国家及有关部门规定的计算公式和费率标准进行计算。

5. 风险费用的确定

风险具体指工程建设施工阶段发承包双方在招投标活动和合同履约及施工中所面临的涉及工程计价方面的风险。采用工程量清单计价的工程，应在招标文件或合同中明确风险内容及其范围（幅度），并在工程计价过程中予以考虑。

工程量清单编制程序如图 3-3 所示。

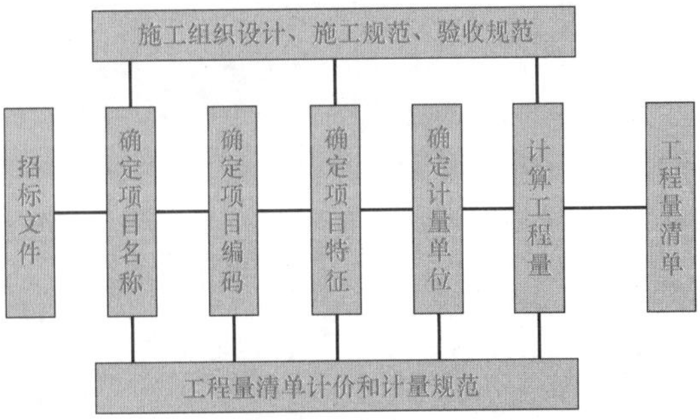

施工组织设计、施工规范、验收规范
招标文件
确定项目名称
确定项目编码
确定项目特征
确定计量单位
计算工程量
工程量清单
工程量清单计价和计量规范

图 3-3 工程量清单编制程序

3.2.2 工程量清单计价的基本过程

工程量清单应用过程如图 3-4 所示。

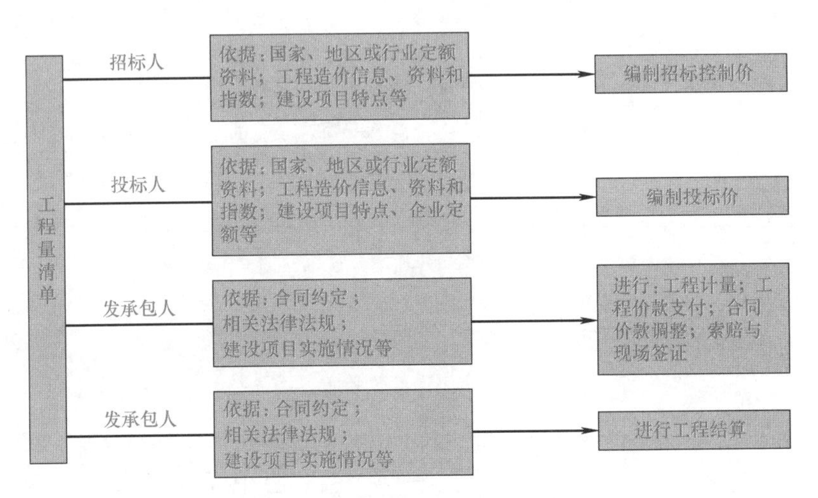

图 3-4 工程量清单计价应用过程

3.2.3 工程量清单示例

【例 3-1】 某多层砖混住宅土方工程，土壤类别为三类土；基础为砖大放脚带形基础；垫层宽度为 920mm，挖土深度为 1.8m，基础总长度为 1590.6m。根据施工方案，土方开挖的工作面宽度各边 0.25m，放坡系数为 0.2。除沟边堆土 1000m³ 外，现场堆土 2170.5m³，运距 60m，采用人工运输。其余土方需装载机装，自卸汽车运，运距 4km。已知人工挖土单价为 8.4 元/m³，人工运土单价 7.38 元/m³，装卸机装、自卸汽车运土需使用的机械有装载机（280 元/台班，0.00398 台班/m³）、自卸汽车（340 元/台班，0.04925 台班/m³）、推土机（500 元/台班，0.00296 台班/m³）和洒水车（300 元/台班，0.0006 台班/m³）。另外，装卸机装、自卸汽车运土需用工（25 元/工日，0.012 工日/m³）、用水（水 1.8 元/m³，每 m³ 土方需耗水 0.012m³）。试根据建筑工程量清单计算规则计算土方工程的综合单价（不含措施费、规费和税金），其中，管理费取人、料、机费的 14%，利润取人、料、机费与管理费之和的 8%。

【解】 （1）招标人根据清单规则计算的挖方量为：

$$0.92m \times 1.8m \times 1590.6m = 2634.034m^3$$

（2）投标人根据地质资料和施工方案计算挖土方量和运土方量：

1）需挖土方量

工作面宽度各边 0.25m，放坡系数为 0.2，则基础挖土方总量为：

$$(0.92m + 2 \times 0.25m + 0.2 \times 1.8m) \times 1.8m \times 1590.6m = 5096.282m^3$$

2）运土方量

沟边堆土 1000m³；现场堆土 2170.5m³，运距 60m，采用人工运输；装载机装，自卸汽车运，运距 4km，运土方量为：

$$5096.282m^3 - 1000m^3 - 2170.5m^3 = 1925.782m^3$$

（3）人工挖土人、料、机费：

人工费：5096.282m³×8.4 元/m³=42808.77 元

（4）人工运土（60m 内）人、料、机费：

人工费：2170.5m³×7.38 元/m³=16018.29 元

（5）装卸机装自卸汽车运土（4km）人、料、机费：

1）人工费

25 元/工日×0.012 工日/m³×1925.782m³=0.3 元/m³×1925.782m³=577.73 元

2）材料费（水）

1.8 元/m³×0.012m³/m³×1925.782m³=0.022 元/m³×1925.782m³=41.60 元

3）机具费

装载机：280 元/台班×0.00398 台班/m³×1925.782m³=2146.09 元

自卸汽车：340 元/台班×0.04925 台班/m³×1925.782m³=32247.22 元

推土机：500 元/台班×0.00296 台班/m³×1925.782m³=2850.16 元

洒水车：300 元/台班×0.0006 台班/m^3×1925.782m^3=346.64 元

机具费小计：37590.11 元

机具费单价=280 元/台班×0.00398 台班/m^3+340 元/台班×0.04925 台班/m^3+500 元/台班×0.00296 台班/m^3+300 元/台班×0.0006 台班/m^3=19.519 元/m^3

4）机械运土人、料、机费合计

38209.44 元

（6）综合单价计算

1）人、料、机费合计

42808.77+16018.29+38209.44=97036.50 元

2）管理费

人、料、机费×14%=97036.50×14%=13585.11 元

3）利润

（人、料、机费+管理费）×8%=（97036.50+13585.11）×8%=8849.73 元

4）总计：97036.50+13585.11+8849.73=119471.34 元。

5）综合单价

按招标人提供的土方挖方总量折算为工程量清单综合单价：

119471.34 元/2634.034m^3=45.36 元/m^3

（7）综合单价分析

1）人工挖土方

投标人计算的工程量=5096.282/2634.034=1.9348 清单工程量

管理费=8.40 元/m^3×14%=1.176 元/m^3

利润=（8.40 元/m^3+1.176 元/m^3）×8%=0.766 元/m^3

管理费及利润=1.176 元/m^3+0.766 元/m^3=1.942 元/m^3

2）人工运土方

投标人计算的工程量=2170.5/2634.034=0.8240 清单工程量

管理费=7.38 元/m^3×14%=1.033 元/m^3

利润=（7.38 元/m^3+1.033 元/m^3）×8%=0.673 元/m^3

管理费及利润=1.033 元/m^3+0.673 元/m^3=1.706 元/m^3

3）装卸机自卸汽车运土方

投标人计算的工程量=1925.782/2634.034=0.7311 清单工程量

人、料、机费=0.3 元/m^3+0.022 元/m^3+19.519 元/m^3=19.841 元/m^3

管理费=19.841 元/m^3×14%=3.778 元/m^3

利润=（19.841 元/m^3+3.778 元/m^3）×8%=1.8095 元/m^3

管理费及利润=3.778 元/m^3+1.8095 元/m^3=4.588 元/m^3

表 3-3 为该工程分部分项工程量清单与计价表，表 3-4 为工程量清单综合单价分析表。

分部分项工程量清单与计价表　　表 3-3

工程名称：某多层砖混住宅工程　　标段：　　第　页　共　页

序号	项目编码	项目名称	项目特征描述	计量单位	工程量	金额(元)		
						综合单价	合价	其中：暂估价
	010101003001	挖基础土方	土壤类别：三类土 基础类型：砖放大脚带形基础 垫层宽度：920mm 挖土深度：1.8m 弃土距离：4km	m^3	2634.034	45.36	119471.34	
本页小计								
合计								

工程量清单综合单价分析表　　表 3-4

工程名称：某多层砖混住宅工程　　标段：　　第　页　共　页

项目编码	010101003001	项目名称	挖基础土方	计量单位	m^3						
清单综合单价组成明细											
定额编号	定额名称	定额单位	数量	单价				合价			
				人工费	材料费	机械费	管理费和利润	人工费	材料费	机械费	管理费和利润
	人工挖土	m^3	1.9348	8.40			1.942	16.25			3.76
	人工运土	m^3	0.8240	7.38			1.706	6.08			1.41
	装卸机自卸汽车运土方	m^3	0.7311	0.30	0.022	19.519	4.588	0.22	0.02	14.27	3.35
人工单价		小计						23.55	0.02	14.27	8.52
元/工日		未计价材料费									
清单项目综合单价								45.36			
材料费明细	主要材料名称、规格、型号				单位	数量		单价(元)	合价(元)	暂估单价	暂估合价
	水				m^3	0.012		1.8	0.022		
	其他材料费										
	材料费小计								0.022		

3.3 投标报价的编制

3.3.1 投标报价各项组成费用计算方法

在编制投标报价之前，需要对清单工程量进行复核。因为工程量清单中的各分部分项工程量并不十分准确，若设计深度不够则可能有较大的误差，而工程量的多少是选择施工方法、安排人力和机械、准备材料必须考虑的因素，自然也影响分部分项工程的单价，因此一定要对工程量进行复核。

投标报价的编制过程，应首先根据招标人提供的工程量清单编制分部分项工程量清单计价表、措施项目清单计价表、其他项目清单计价表、规费和税金项目清单计价表，计算完毕后汇总而得到单位工程投标报价汇总表，再层层汇总，分别得出单项工程投标报价汇总表和工程项目投标总价汇总表。建设项目施工投标总价组成如图 3-5 所示。

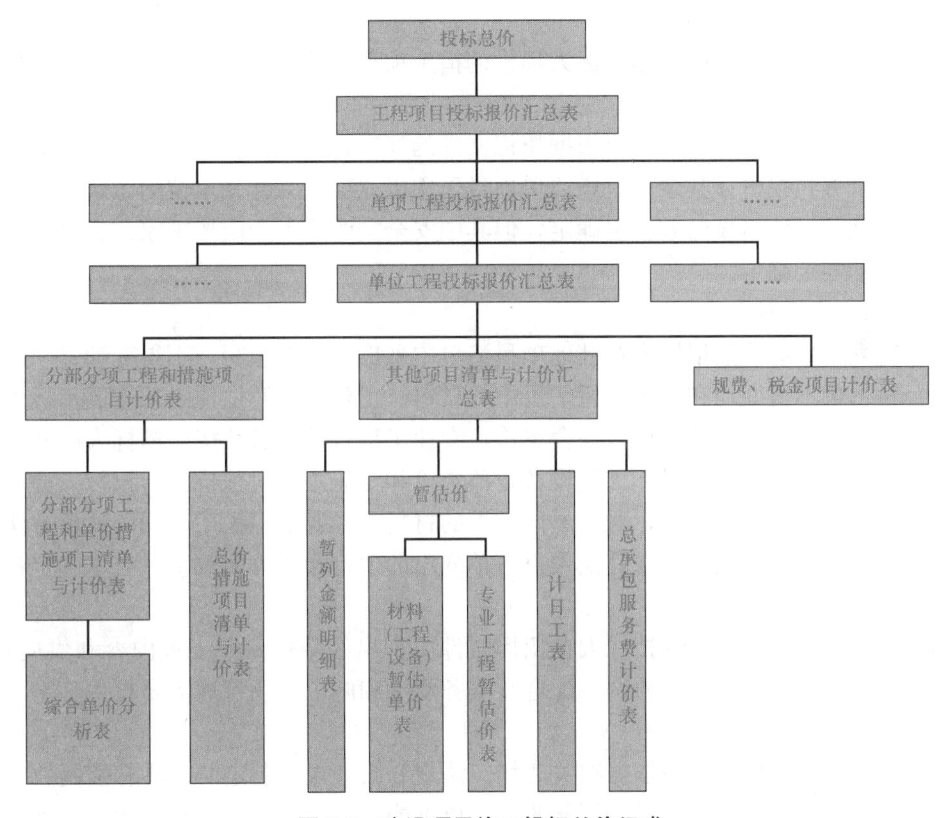

图 3-5　建设项目施工投标总价组成

1. 分部分项工程费的计价

分部分项工程费计价最主要的是确定综合单价，包括：

(1) 确定依据。确定分部分项工程量清单项目综合单价的最重要依据之一是该清单项目的特征描述，投标人投标报价时应依据招标文件中分部分项工程量清单项目的特征描述确定清单项目的综合单价。在招投标过程中，当出现招标文件中分部分项工程量清单特征描述与设计图纸不符时，投标人应以分部分项工程量清单的项目特征描述为准，确定投标报价的综合单价。当施工中施工图纸或设计变更与工程量清单项目特征描述不一致时，发承包双方应按实际施工的项目特征，依据合同约定重新确定综合单价。

(2) 材料暂估价。招标文件中提供了暂估单价的材料，按暂估单价计入综合单价。

(3) 风险费用。招标文件中要求投标人承担的风险费用，投标人应考虑进入综合单价。在施工过程中，当出现的风险内容及其范围（幅度）在招标文件规定的范围（幅度）

内时，综合单价不得变动，工程价款不作调整。

2. 措施项目费的计价

由于各投标人拥有的施工装备、技术水平和采用的施工方法有所差异，招标人提出的措施项目清单是根据一般情况确定的，没有考虑不同投标人的“个性”，投标人投标时应根据自身编制的投标施工组织设计（或施工方案）确定措施项目，并对招标人提供的措施项目进行调整。投标人根据投标施工组织设计（或施工方案）调整和确定的措施项目应通过评标委员会的评审。

措施项目费的计算包括：

（1）措施项目的内容应依据招标人提供的措施项目清单和投标人投标时拟定的施工组织设计或施工方案；

（2）措施项目费的计价方式应根据招标文件的规定，可以计算工程量的措施清单项目采用综合单价方式报价，其余的措施清单项目采用以“项”为计量单位的方式报价；

（3）措施项目费由投标人自主确定，但其中安全文明施工费应按国家或省级、行业建设主管部门的规定确定。

3. 其他项目费计价

（1）暂列金额应按照招标人在其他项目清单中列出的金额填写，不得变动；

（2）暂估价不得变动和更改。暂估价中的材料、工程设备暂估价必须按照招标人在其他项目清单中列出的暂估单价计入综合单价；专业工程暂估价必须按照招标人在其他项目清单中列出的金额填写；材料、工程设备暂估单价和专业工程暂估价均由招标人提供，为暂估价格，在工程实施过程中，对于不同类型的材料与专业工程采用不同的计价方法。

（3）计日工应按照招标人在其他项目清单列出的项目和估算的数量，自主确定各项综合单价并计算费用；

（4）总承包服务费应依据招标人在招标文件中列出的分包专业工程内容和供应材料、设备情况，按照招标人提出的协调、配合与服务要求和施工现场管理需要自主确定。

4. 规费和税金的计价

规费和税金的计取标准是依据有关法律、法规和政策规定制定的，具有强制性。投标人是法律、法规和政策的执行者，不能改变，更不能制定，而必须按照法律、法规、政策的有关规定执行。因此本条规定投标人在投标报价时必须按照国家或省级、行业建设主管部门的有关规定计算规费和税金。

5. 投标人投标总价计算

实行工程量清单招标，投标人的投标总价应当与组成工程量清单的分部分项工程费、措施项目费、其他项目费和规费、税金的合计金额相一致，即投标人在进行工程量清单招标的投标报价时，不能进行投标总价优惠（或降价、让利），投标人对投标报价的任何优惠（或降价、让利）均应反映在相应清单项目的综合单价中。

3.3.2 投标报价的分析

工程估价人员估算出初步计算标价之后，应当对这个标价进行多方面的分析和评估，其目的是探讨标价的经济合理性，从而作出最终报价决策。标价分析评估从以下几个方面进行。

1. 标价的宏观审核

标价的宏观审核是依据长期的工程实践中积累的大量经验数据，用类比的方法，从宏观上判断初步计算标价的合理性。可采用下列宏观指标和评审方法。

（1）首先应当分项统计计算书中的汇总数据，并计算其比例指标。以一般房屋建筑工程为例。

1）统计建筑总面积与各单项建筑物面积。

2）统计材料费总价及各主要材料数量和分类总价，计算单位面积的总材料费用指标及各主要材料消耗指标和费用指标；计算材料费占标价的比重。

3）统计总劳务费及主要生产工人、辅助工人和管理人员的数量。算出单位建筑面积的用工数和劳务费；算出按规定工期完成工程时，生产工人和全员的平均人月产值和人年产值；计算劳务费占总标价的比重。

4）统计临时工程费用、机械设备使用费及模板脚手架和工具等费用，计算它们占总标价的比重。

5）统计各类管理费用，计算它们占总标价的比重；特别是计划利润、贷款利息的总数和所占比例。

（2）通过对上述各类指标及其比例关系的分析，从宏观上分析标价结构的合理性。例如，分析总直接费和总管理费的比例关系，劳务费和材料费的比例关系，临时设施和机具设备费与总直接费的比例关系，利润、流动资金及其利息与总标价的比例关系等。承包过类似工程的有经验的承包人不难从这些比例关系判断标价的构成是否基本合理。如果发现有不合理的部分，应当初步探讨其原因。首先研究本工程与其他类似工程是否存在某些不可比因素，如果考虑了不可比因素的影响后，仍存在不合理的情况，应当深入探讨其原因，并考虑调整某些基价、定额或分摊系数。

（3）探讨上述平均人月产值和人年产值的合理性和实现的可能性。如果从本公司的实践经验角度判断这些指标过高或过低，就应当考虑所采用定额的合理性。

（4）参照同类工程的经验，扣除不可比因素后，分析单位工程价格及用工、用料量的合理性。

（5）从上述宏观分析得出初步印象后，对明显不合理的标价构成部分进行微观方面的分析检查。重点是在提高工效、改变施工方案、降低材料设备价格和节约管理费用等方面提出可行措施，并修正初步计算标价。

2. 标价的动态分析

标价的动态分析是假定某些因素发生变化，测算标价的变化幅度，特别是这些变化对计划利润的影响。

（1）工期延误的影响

由于承包人自身的原因，如材料设备交货拖延、管理不善造成工程延误、质量问题造成返工等，承包人可能会增大管理费、劳务费、机械使用费以及占用的资金及利息，这些费用的增加不可能通过索赔得到补偿，而且还会导致误期罚款。一般情况下，可以测算工期延长某一段时间，上述各种费用增大的数额及其占总标价的比率。这种增大的开支部分只能用风险费和计划利润来弥补。因此，可以通过多次测算，得知工期拖延多久，利润将全部丧失。

（2）物价和工资上涨的影响

通过调整标价计算中材料设备和工资上涨系数，测算其对工程计划利润的影响。同时切实调查工程物资和工资的升降趋势和幅度，以便作出恰当判断。通过这一分析，可以得知投标计划利润对物价和工资上涨因素的承受能力。

（3）其他可变因素的影响

影响标价的可变因素很多，而有些是投标人无法控制的，如贷款利率的变化、政策法规的变化等。通过分析这些可变因素的变化，可以了解投标项目计划利润的受影响程度。

3. 标价的盈亏分析

初步计算标价经过宏观审核与进一步分析检查，可能对某些分项的单价作必要的调整，然后形成基础标价，再经盈亏分析，提出可能的低标价和高标价，供投标报标决策时选择。盈亏分析包括盈余分析和亏损分析两个方面。

（1）盈余分析

盈余分析是从标价组成的各个方面挖掘潜力、节约开支，计算出基础标价可能降低的数额，即所谓"挖潜盈余"，进而算出低标价。盈余分析主要从下列几个方面进行：

1）定额和效率，即工料、机械台班消耗定额以及人工、机械效率分析；

2）价格分析，即对劳务、材料设备、施工机械台班（时）价格三方面进行分析；

3）费用分析，即对管理费、临时设施费等方面逐项分析；

4）其他方面，如对流动资金与贷款利息、保险费、维修费等方面逐项复核，找出有潜可挖之处。

考虑到挖潜不可能百分之百实现，尚需乘以一定的修正系数（一般取 0.5～0.7），据此求出可能的低标价，即：低标价＝基础标价－(挖潜盈余×修正系数)

（2）亏损分析

亏损分析是分析在算标时由于对未来施工过程中可能出现的不利因素考虑不周和估计不足，可能产生的费用增加和损失。主要从以下几个方面分析：

1）人工、材料、机械设备价格；

2）自然条件；

3）管理不善造成质量、工作效率等问题；

4）建设单位、监理工程师方面问题；

5）管理费失控。

以上分析估计出的亏损额，同样乘以修正系数（0.5～0.7），并据此求出可能的高标价，即：高标价＝基础标价＋(估计亏损×修正系数)。

3.4 工程项目投标报价策略与技巧

投标报价包括估价与报价两个过程。估价指估价师以招标文件中的合同条件、投标者须知、技术规程、设计图纸或工程数量表等为依据，以有关价格条件说明为基础，结合调研和现场考察获得的情况，根据本公司的工料消耗标准和水平、价格资料和费用指标，对本公司完成招标工程所需要支出的全部费用的估算。其原则是根据本公司的实际情况合理补偿成本，不考虑其他因素，不涉及投标决策问题。报价则是在估价的基础上，考虑本公司在该招标工程上的竞争地位、估价准确程度、风险偏好等因素，从本公司对于该工程的投标策略出发，确定在该工程上的预期利润水平。不难看出，报价实质上是投标决策问题，还要考虑运用适当的投标技巧，与估价的任务和性质是不同的。估价是一个预测工程建设费用的技术过程，而报价是随后基于净造价估算的一个单独商务与管理职能，二者密不可分，准确估价是报价的前提，合理报价是估价的目标。

3.4.1　工程项目投标报价决策

报价决策是投标人召集算标人员和本公司有关领导或高级咨询人员共同研究，就上述初步计算标价结果、标价宏观审核、动态分析及盈亏分析进行讨论，作出有关投标报价的最后决定。

为了在竞争中取胜，决策者应当对报价计算的准确度，期望利润是否合适，报价风险及本公司的承受能力，当地的报价水平，以及对竞争对手优势的分析评估等进行综合考虑，这样才能决定最后的报价金额。在报价决策中应注意以下问题。

（1）决策的主要依据应当是本公司算标人员的计算书和分析指标。报价决策不是干预算标人员的具体计算，而是由决策人员同算标人员一起，对各种影响报价的因素进行分析，并作出果断和正确的决策。

（2）各公司算标人员获得的基础价格资料是相近的，因此从理论上分析，各投标人报价同标底价格都应当相差不远。之所以出现差异，主要是由于以下原因：①各公司期望盈余（计划利润和风险费）不同；②各自拥有不同优势；③选择的施工方案不同；④管理费用有差别等。鉴于以上情况，在进行投标决策研讨时，应当正确分析本公司和竞争对手情况，并进行实事求是的对比评估。

3.4.2　工程项目投标报价的策略

投标策略是承包商在工程项目投标竞争中的指导思想、系统工作部署及其参与投标竞争的方式和手段。投标人投标时，应该根据自身的经营状况、经营目标，既要考虑自身的优势和劣势，也要考虑市场竞争的状况，还要分析工程项目的整体特点，按照工程项目的特点、类别、施工条件等确定报价策略。

1. 生存型报价策略

由于社会、政治、经济环境的变化和投标人自身经营管理方面的原因，都可能造成投标人的生存危机。如市场竞争激烈，工程项目减少；政府调整固定资产投资方向，使某些投标人擅长的工程项目减少；投标人信誉降低，接到的投标邀请越来越少等。这时投标人以克服生存危机为目标而争取中标时，可以不考虑其他因素，采取不盈利甚至赔本也要夺标的态度，只要能暂时维持生存，渡过难关，就会有东山再起的希望。

2. 竞争型报价策略

投标人在遇到以下几种情况，如经营状况不景气，近期接收到的投标邀请较少；竞争对手有威胁性；试图开拓新的地区、新的市场；承担新的工程项目类型或施工工艺；投标项目风险小，施工工艺简单、工程量大、社会效益好的项目；附近有本企业其他正在施工的项目。投标人应采取竞争型报价策略，以竞争为手段，以开拓市场、低盈利为目标，在精确计算成本的基础上，充分估计各竞争对手的报价，用具有竞争力的报价达到中标的目的。

3. 盈利型报价策略

若是投标人在工程项目所在地区已经打开局面，且施工能力饱和、信誉度高；竞争对手少、技术密集型项目；工程项目的施工条件差、专业要求高；规模小、总价低，不得不投标的工程项目；资金支付条件不理想的项目；工期要求紧、质量要求高的工程项目；特殊工程项目，如港口码头、地下开挖工程等等。投标人的策略是充分发挥自身优势，以实现最佳盈利为目标，对效益较小的项目热情不高，对盈利大的项目充满自信，其投标报价相对较高一些。

3.4.3 工程项目投标报价的技巧

投标报价的技巧指在投标报价中采用适当的方法，在保证中标的前提下，尽可能多的获得更多的利润。

1. 不平衡报价法

不平衡报价法也叫前重后轻法。不平衡报价是指一个工程项目的投标报价，在总价基本确定后，如何调整内部各个项目的报价，以期既不提高总价从而影响中标，又能在结算时得到更理想的经济效益的投标报价方法。通常在以下情况可采用不平衡报价法，见表3-5。

常见的不平衡报价法　　表3-5

序号	信息类型	变动趋势	不平衡结果
1	项目的资金结算时间	较早	单价适当提高
		较晚	单价适当降低
2	预计今后工程量	增加	单价适当提高
		减少	单价适当降低
3	设计图纸不明确	增加工程量	单价适当提高
		减少工程量	单价适当降低
4	暂定项目	自己承包的可能性大	单价适当提高
		自己承包的可能性小	单价适当降低
5	单价和包干混合制合同项目	固定包干价格项目	宜报高价
		其余单价项目	单价适当降低
6	综合单价分析表	人工费和机械费	适当提高
		材料费	适当降低
7	投标时招标人要求压低单价的项目	工程量大	单价小幅度降低
		工程量小	单价较大幅度降低
8	工程量不明确的项目	没有工程量	单价适当提高
		有假定的工程量	单价适中

对投标人来讲，采用不平衡报价法进行投标报价，可以降低一定的风险，但工程项目的投标报价必须要建立在对工程量清单表中的工程量风险仔细核算、校对的基础上，特别是对于降低单价的项目，一旦工程项目的工程量增多，将会造成投标人的重大损失。同时

一定要将价格调整控制在合理的幅度以内，一般控制在10%，以免引起招标人反对，甚至导致个别清单项目的报价不合理而失标。有时招标人也会针对一些报价过高的项目，要求投标人进行单价分析，并对单价分析中过高的内容进行压价，以致投标人得不偿失。

2. 多方案报价法

有时招标文件中规定，可以提一个建议方案。如果发现有些招标文件工程范围不很明确，条款不清楚或很不公正，或技术规范要求过于苛刻时，则要在充分估计投标风险的基础上，按多方案报价法处理。即是按原招标文件报一个价，然后再提出如某条款作某些变动，报价可降低多少，由此可报出一个较低的价格。这样可以降低总造价，吸引招标人。

投标人应组织一批有经验的设计和施工工程师，对原招标文件的设计方案仔细研究，提出更合理的方案以吸引招标人，促成自己的方案中标。这种新的建议可以降低总造价或提前竣工。但要注意，对原招标方案一定也要报价，以供招标人进行比较。

增加建议方案时，不要将方案写得太具体，保留方案的技术关键，防止招标人将此方案交给其他投标人，同时要强调的是，建议方案一定要比较成熟，或过去有这方面的实践经验，避免匆忙提出一些没有把握的建议方案，导致出现不良后果。

3. 突然降价法

投标报价是一件保密性很强的工作，但竞争对手往往会通过各种渠道、手段来刺探情报，因之用此法可以在报价时迷惑竞争对手。即先按一般情况报价或表现出自己对该工程兴趣不大，而在临近投标截止时间时，突然降价。采用这种方法时，一定要在准备投标报价的过程中考虑好降价的幅度，在临近投标截止日期前，根据情况信息与分析判断，再做最后决策。采用突然降价法往往降低的是总价，而要把降低的部分分摊到各清单项目内，可采用不平衡报价进行，以期取得更高的效益。

4. 先亏后盈法

对于大型分期建设的工程项目，在第一期工程投标时，可以将部分间接费分摊到第二期工程中去，并减少利润以争取中标。这样在第二期工程投标时，凭借第一期工程的经验，临时措施以及创立的信誉，就会比较容易地获得到第二期工程。如第二期工程遥遥无期时，则不可以这样考虑。

5. 许诺优惠条件

投标报价附带优惠条件是行之有效的一种手段。招标人评标时，除了主要考虑报价和技术方案外，还要分析其他条件，如工期、支付条件等。因此，在投标时主动提出提前竣工、低息贷款、赠予施工设备、免费转让新技术或某种技术专利、免费技术协作、代为培训人员等，均是吸引招标人、利于中标的辅助手段。

3.5 施工总承包投标报价案例

3.5.1 工程量清单模式下的投标报价案例

1. 招标项目工程简介

(1) 工程概况

某酒店工程，是集餐饮、办公、宾馆为一体的综合公共建筑，地下一层，地上八层。

钢框架结构，筏板基础。总建筑面积为 12393.32m²，其中地上总建筑面积为 10925.19m²，地下总建筑面积为 1467.13m²。

（2）招标文件概要

招标文件包含：招标公告、投标人须知、评标办法、合同条件、工程量清单、图纸和资料、工程规范、技术条件和要求、投标文件（格式）。

计划工期：730 天。

工程承包范围：酒店整体建筑安装施工、平整场地、土方施工。无分包，无甲供材。

合同规定付款方式：承包人于当月 25 日将本月进度款上报发包方，发包方则应保证次月 5 日前将进度款给予承包人，且承包人在竣工 15 日内将结算书递交到发包方，发包方需按照合同规定向承包人结付工程造价的 97%，剩余百分之三为质保金，需将在一年后按照合同规定退还承包人。

增加每项工程量，工程造价也同时增加。

如遇到变更事项，发包方需现场配合变更或签证。

（3）现场调查简况

现场考察，工程所在地为坝上地区，冬季寒冷（11 月 1 日至次年 3 月 31 日为采暖期），一般 12 月初至次年 2 月末均不宜施工。

当地多种材料价格相比省内其他城市较高，需从其他地区外购运输。

2. 计算前的数据准备

（1）核算工程量

原招标文件有工程量清单表，投标人可按图纸进行校核，发包人提供的工程量基本上是正确的，可以作为报价的依据。

（2）确定主要施工方案

根据招标文件提供的资料及现场调查情况，编制适合本工程的施工组织设计，包括施工方案和施工进度计划，作为报价的依据。

（3）价格、费率等数据准备

人工单价：定额单价为综合用工一类 70 元/工日，综合用工二类 60 元/工日，综合用工三类 47 元/工日。人工调价：执行某市综合用工指导价，综合用工一类 75.71 元/工日，综合用工二类 64.94 元/工日，综合用工三类 50.87 元/工日。

材料单价：某市当期造价信息及市场价，部分主要材料由供应商报价。

安全文明施工费费率：见表 3-6。

规费费率：见表 3-6。

税金计算：按一般计税方法计算税金，税率按 9%。

根据该地区费用定额及工程规模，可判断本工程为一类工程取费，进而选择一类工程取费的费率。

根据上述文件规定，各项费率见表 3-6。

3. 投标报价的编制

投标报价编制的依据：

（1）《建设工程工程量清单计价规范》GB 50500—2013；

费率表 表 3-6

取费专业	管理费(%)	利润(%)	规费(%)	安全文明施工费(%)	附加税费(%)
一般土建	25	14	21.8	5.03	13.36
钢结构	25	14	21.8	5.03	13.36
土石方	4	4	6.1	5.03	13.36
装饰	18	13	17.4	3.98	13.36
安装	22	12	23.5	4.37	13.36

（2）国家或省级、行业建设主管部门颁发的计价办法；

（3）企业定额，国家或省级、行业建设主管部门颁发的计价定额和计价办法；

（4）施工现场情况、工程特点及投标时拟定的施工组织设计或施工方案；

（5）与建设项目相关的标准、规范等技术资料；

（6）市场价格信息或工程造价管理机构发布的工程造价信息。

根据招标人提供的工程量清单，依据《建设工程工程量清单计价规范》GB 50500—2013，《房屋建筑与装饰工程工程量计算规范》GB 50854—2013，《通用安装工程工程量计算规范》GB 50856—2013，编制投标报价。

本案例仅作两个专业的投标报价编制的举例：

其一，建筑专业。

该项目地下工程的部分招标工程量清单见表 3-7，定额数据见表 3-8；定额主要材料消耗量及价格见表 3-9；查表 3-6 知，管理费按人工费、施工机具使用费之和的 25%计取，利润按人工费、施工机具使用费之和的 14%计取。综合用工二类。

分部分项工程和单价措施项目清单与计价表 表 3-7

工程名称：建筑专业

序号	项目编码	项目名称	项目特征描述	计量单位	工程量	金额(元)		
						综合单价	合价	其中 暂估价
1	010501004001	满堂基础	混凝土种类：预拌 混凝土强度等级：C30 P6	m^3	936.77			
2	010515001001	现浇构件钢筋	钢筋种类、规格：HRB400 $\phi16\sim\phi20$	t	110.513			
3	011702001001	满堂基础模板	基础类型：满堂基础	m^2	166.13			

定额数据表 表 3-8

定额编号	项目名称	计量单位	基价(元)	人工费(元)	材料费(元)	施工机械使用费(元)	人工消耗量(工日)
A4-167	预拌混凝土 满堂基础	$10m^3$	2822.1	314.4	2495.8	11.91	5.24
A4-314	混凝土输送泵 檐高(深度)40m 以内	$10m^3$	154.24	13.6	45.84	95.8	0.21
A4-331	钢筋直径 20mm 以内	t	5357.47	483.6	4728	145.87	8.06
A13-50	复合木模板 满堂基础	$100m^2$	4410.68	1709.4	2586.26	115.02	28.49

定额主要材料消耗量及价格表　　表 3-9

序号	主要材料名称	计量单位	定额消耗量	定额价(元)	市场价(元)
1	预拌混凝土 C30 P6	m^3	10.302	240	450
2	钢筋直径 20mm 以内	t	1.04	4500	4200
3	复合木模板	m^2	35.257	33	63.67

1）综合单价的计算

根据，综合单价＝定额组价合价/清单工程量，可得，满堂基础混凝土浇筑的综合单价计算如下：

管理费和利润单价按人工费和施工机具使用费的百分比计算：

预拌混凝土：管理费和利润单价＝(314.4＋11.91)×(25％＋14％)＝127.26 元

定额人工单价调增＝(64.94－60)×5.24＝25.89 元

定额人工单价＝314.4＋25.89＝340.29 元

定额材料单价调增(预拌混凝土)＝(450－240)×10.302＝2163.42 元

定额材料单价＝2495.8＋2163.42＝4659.22 元

定额综合单价＝340.29＋4659.22＋11.91＋127.26＝5138.68 元

定额合价＝5138.68×93.677＝481376.13 元

泵送混凝土：管理费和利润单价＝(12.6＋95.8)×(25％＋14％)＝42.28 元

定额人工单价调增＝(64.94－60)×0.21＝1.04 元

定额人工单价＝12.6＋1.04＝13.64 元

定额综合单价＝13.64＋45.84＋95.8＋42.28＝197.56 元

定额合价＝197.56×93.677＝18506.83 元

定额组价合价＝481376.13＋18506.83＝499882.96 元

满堂基础混凝土浇筑的综合单价为＝499882.96÷936.77＝533.62 元

地下工程其他项目的综合单价按相同的方法组价，结果见表 3-10 和表 3-11 中的综合单价。

分部分项工程和单价措施项目清单与计价表　　表 3-10

工程名称：建筑专业

序号	项目编码	项目名称	项目特征描述	计量单位	工程量	金额(元)		
						综合单价	合价	其中：暂估价
1	010501004001	满堂基础	混凝土种类：预拌 混凝土强度等级：C30 P6	m^3	936.77	533.62	499879.21	
2	010515001001	现浇构件钢筋	钢筋种类、规格：HRB400 $\phi16\sim\phi20$	t	110.513	5330.79	589121.60	
3	011702001001	满堂基础模板	基础类型：满堂基础	m^2	166.13	56.39	9368.07	
/	/	本页小计	/	/	/	/	1098368.88	/
/	/	合计	/	/	/	/	1098368.88	/

分部分项工程和单价措施项目综合单价分析表　　表 3-11

工程名称：建筑专业

序号	项目编号（定额编号）	项目名称	单位	数量	综合单价（元）	合价（元）	综合单价组成（元）			
							人工费	材料费	机械费	管理费和利润
1	010501004001	满堂基础	m^3	936.77	533.62	499879.21	35.39	470.51	10.77	16.96
1.1	A4-167	预拌混凝土满堂基础	$10m^3$	93.677	5138.68	481376.13	340.29	4659.22	11.91	127.26
1.2	A4-314	混凝土输送泵檐高（深度）40m 以内	$10m^3$	93.677	197.56	18506.83	13.64	45.84	95.8	43.28
2	010515001001	现浇构件钢筋 HRB400　22	t	110.513	5330.79	589121.60	523.42	4416.00	145.87	245.50
2.1	A4-332	现浇构件钢筋直径 20mm 以外	t	110.513	5330.79	589121.60	523.42	4416.00	145.87	245.50
3	011702001001	满堂基础模板	m^2	166.13	56.39	9368.07	18.50	29.62	1.15	7.11
3.1	A13-50	复合木模板满堂基础	$100m^2$	1.6613	5639.15	9368.32	1850.14	2963.46	115.02	711.53
		合计（定额价）					86916.29		26400.59	
		合计（调价后）				1098368.88				

本案例建筑专业其他项目的综合单价和合价按相同的方法组价，就工程量清单表中每一分项工程计算出综合单价，填入分部分项工程和单价措施项目清单与计价表，可得分部分项工程和单价措施项目费合计为 38311358.12 元。

2）总价措施项目费的计算

本案例以冬季施工增加费为例计算总价措施项目费。

本案例工程在冬季采暖期仍需施工，根据当地文件规定（施工期超过冬季规定天数 50%的按全部计取）需 100%计取冬季施工增加费，预算定额见表 3-12，取费基数为分部分项和单价措施项目中人工费和机械费之和。

预算定额费率表　　表 3-12

定额编号	项目名称	基价（%）	人工费（%）	材料费（%）	施工机械使用费（%）
A15-59	一般土建工程冬季施工增加费	0.64	0.13	0.38	0.13

当地综合用工调整文件规定，综合用工单价调增部分只计取安全文明施工费，并不参与其他取费。

由表 3-11 可知，分部分项工程和单价措施项目的人工费和机械费之和应为：

86916.29＋26400.59＝113316.88 元（定额价）

冬季施工增加费的人工费＝113316.88×0.13%＝147.31 元

冬季施工增加费的材料费＝113316.88×0.38%＝430.60 元

冬季施工增加费的机械费＝113316.88×0.13%＝147.31 元

冬季施工增加费的管理费和利润费＝（147.31＋147.31）×（25%＋14%）＝114.90 元

冬季施工增加费的综合合价＝147.31＋430.60＋147.31＋114.90＝840.12 元

把计算数据填入表3-13。

总价措施项目费分析表　　表3-13

工程名称：某工程-建筑专业

序号	项目编码（定额编号）	名称	计算基数（元）	费率（%）	金额（元）	其中：(元)			
						人工费	材料费	机械费	管理费和利润
1	011707B01001	冬季施工增加费			840.12	147.31	430.60	147.31	114.90
	A15-59	一般土建工程 冬季施工增加费			840.12	147.31	430.60	147.31	114.90

3）规费的计算

本案例规费费率见表3-6，建筑专业应为21.8%，根据当地文件规定，计取基数为分部分项、措施项目、其他项目的人工费和机械费之和（包含价款调整）。本案例无其他项目费。

规费=(分部分项工程和单价措施项目费+总价措施项目费+其他项目)的人工费和机械费×费率

=(113316.88+147.31×2+0)×21.8%

=113611.5×21.8%

=24767.31元

把计算数据填入表3-14。

规费明细表　　表3-14

序号	取费专业名称	取费基数	取费金额(元)	费率(%)	规费金额(元)
1	一般土建工程	人工费+机械费	113611.5	21.8	24767.31

4）安全文明施工费的计算

安全文明施工费费率见表3-6，建筑专业应为5.03%，根据当地文件规定，计取基数为分部分项工程费、措施项目费（不含安全文明施工费）、其他项目费、规费之和（包含价款调整）。本案例不考虑其他项目费。

安全文明施工费=(分部分项工程和单价措施项目费+总价措施项目费+其他项目费+规费)×费率

=(1098368.88+840.12+24767.31)×5.03%

=1123976.31×5.03%

=56536.01元

把计算数据填入表3-15。

总价措施项目费分析表　　表3-15

工程名称：某工程-建筑专业

序号	项目编码（定额编号）	名称	计算基数（元）	费率（%）	金额（元）	其中：(元)			
						人工费	材料费	机械费	管理费和利润
1	011707001001	安全文明施工费	1123297631	5.03	56536.01	—	—	—	—

5）税金的计算

增值税计算可见本教材其他章节详细介绍，这里根据上述案例数据做简单计算。

按一般计税方法计算税金，销项税额税率 9%，附加税费费率 13.36%，根据扣除系数计算，可知进项税额为 84616.53 元（进项税额计算方法见本教材其他章节）。

税前工程造价＝分部分项工程和单价措施项目费＋总价措施项目费＋规费＋安全文明施工费
＝1098368.88＋840.12＋24767.31＋56536.01
＝1180513.32 元

销项税额＝(税前工程造价－进项税额)×9%
＝(1180513.32－84616.53)×9%
＝1095895.79×9%
＝98630.62 元

增值税应纳税额＝销项税额－进项税额
＝98630.62－84616.53＝14014.09 元

附加税费＝增值税应纳税额×13.36%
＝14014.09×13.36%
＝1872.28 元

税金＝增值税应纳税额＋附加税费
＝14014.09＋1872.28
＝15886.37 元

6）投标总报价的计算

利用上述 1)～5）中数据，计算案例工程建筑专业部分项目的投标报价。

投标报价＝分部分项工程和单价措施项目清单计价合计＋总价措施项目清单计价合计＋其他项目清单计价合计＋规费＋安全文明施工费＋税金
＝1098368.88＋840.12＋24767.31＋56536.01＋15886.37
＝1196398.69 元

结果见表 3-16。

单位工程费用汇总表 表 3-16

序号	汇总内容	金额(元)
1	分部分项工程与单价措施项目工程量清单计价合计	1098368.88
2	总价措施项目清单计价合计	840.12
3	其他项目清单计价合计	—
4	规费	24767.31
5	安全文明施工费	56536.01
6	税金	15886.37
投标报价合计＝1＋2＋3＋4＋5＋6		1196398.69

因此，该案例工程建筑专业的部分项目投标报价为 1196398.69 元。

其二，安装专业。

该项目电气专业的部分招标工程量清单见表3-17；预算定额数据见表3-18；定额主材消耗量及价格见表3-19；管理费按人工费、施工机具使用费之和的22%计取，利润按人工费、施工机具使用费之和的12%计取。综合用工二类。

分部分项工程和单价措施项目清单与计价表　　表3-17

工程名称：电气专业

<table>
<tr><th rowspan="3">序号</th><th rowspan="3">项目编码</th><th rowspan="3">项目名称</th><th rowspan="3">项目特征描述</th><th rowspan="3">计量单位</th><th rowspan="3">工程量</th><th colspan="3">金额(元)</th></tr>
<tr><th rowspan="2">综合单价</th><th rowspan="2">合价</th><th>其中</th></tr>
<tr><th>暂估价</th></tr>
<tr><td>1</td><td>030404017001</td><td>配电箱</td><td>1. 名称:AA1
2. 型号:5回路
3. 规格:800×2200×400
4. 基础形式、规格:槽钢50×5
5. 安装方式:落地明装</td><td>台</td><td>1</td><td></td><td></td><td></td></tr>
<tr><td>2</td><td>030411001001</td><td>配管</td><td>1. 名称:JDG25
2. 配置形式:WC</td><td>m</td><td>455.17</td><td></td><td></td><td></td></tr>
<tr><td>3</td><td>030411004001</td><td>配线</td><td>1. 名称:ZR-BV-3.5
2. 配线形式:管内穿线</td><td>m</td><td>1174.72</td><td></td><td></td><td></td></tr>
</table>

预算定额　　表3-18

定额编号	项目名称	计量单位	基价(元)	人工费(元)	材料费(元)	施工机具使用费(元)	人工消耗量(工日)
3-261	成套配电箱安装 落地式	台	376.98	208.2	42.37	126.41	3.47
3-355	基础槽钢制作、安装	10m	193.66	106.8	40.9	44.96	1.78
3-1132	套接紧定(扣压)式JDG钢导管敷设 砌体、混凝土结构暗配 管径(25mm以内)	100m	635.78	450.6	185.18	—	7.51
3-1177	照明线路 导线截面(3.5mm^{2}以内)铜芯	100m单线	83.28	58.8	23.48	—	0.98

定额主材消耗量及价格表　　表3-19

序号	主材名称	计量单位	定额消耗量	市场价(元)
1	基础槽钢5号	m	10.5	22.84
2	配管JDG25	m	103	8.35
3	配线ZR-BV-3.5	m	116	2.65
4	配电箱AA1	台	1	5280

1）综合单价的计算

配电箱综合单价的计算

① 主材单价的计算

因安装定额中主材为未计价材料，故需计算主材单价。

主材单价＝定额消耗量×市场价

配电箱主材单价＝1×5280＝5280元

基础槽钢主材单价=10.5×22.84=239.82 元

② 综合单价的计算

根据，综合单价=定额组价合价/清单工程量

可得，配电箱安装的综合单价计算如下：

配电箱：管理费和利润单价按人工费和施工机具使用费的百分比计算：

管理费和利润单价=(208.2+126.41)×(22%+12%)=113.76 元

定额人工单价调增=(64.94−60)×3.47=17.14 元

定额人工单价=208.2+17.14=225.34 元

定额材料单价为定额材料价和主材价之和。

定额材料单价=42.37+5280=5322.37 元

定额综合单价=225.34+5322.37+126.41+113.76=5787.88 元

定额合价=5787.88×1=5787.88 元

基础槽钢：管理费和利润单价=(106.8+44.96)×(22%+12%)=51.60 元

定额人工单价调增=(64.94−60)×1.78=8.79 元

定额人工单价=106.8+8.79=115.59 元

定额材料单价=40.9+239.82=280.72 元

定额综合单价=115.59+280.72+44.96+51.60=492.87 元

基础槽钢计算工程量：(3.2+0.8)×2=6m（配电箱底部周长）

基础槽钢定额工程量：0.6（单位：10m）

定额合价=492.87×0.6=295.72 元

定额组价合价=5787.88+295.72=6083.60 元

配电箱安装的综合单价=6083.60÷1=6083.60 元

该电气专业其他项目的综合单价按相同的方法组价，结果见表 3-20 和表 3-21 中的综合单价。

分部分项工程和单价措施项目清单与计价表　　表 3-20

工程名称：电气专业

序号	项目编码	项目名称	项目特征描述	计量单位	工程量	金额(元)		
						综合单价	合价	其中
								暂估价
1	030404017001	配电箱	1. 名称:AA1 2. 型号:5 回路 3. 规格:800×2200×400 4. 基础形式、规格:槽钢 50×5 5. 安装方式:落地明装	台	1	6083.60	6083.60	
2	030411001001	配管	1. 名称:JDG25 2. 配置形式:WC	m	455.17	16.86	7674.17	
3	030411004001	配线	1. 名称:ZR-BV-3.5 2. 配线形式:管内穿线	m	1174.72	4.15	4875.09	
/	/	本页小计	/	/	/	/	18632.86	/
/	/	合计	/	/	/	/	18632.86	/

分部分项工程和单价措施项目综合单价分析表　　表 3-21

工程名称：电气专业

序号	项目编号（定额编号）	项目名称	单位	数量	综合单价（元）	合价（元）	综合单价组成(元)			
							人工费	材料费	机械费	管理费和利润
1	030404017001	配电箱	台	1	6083.60	6083.60	294.69	5490.80	153.39	144.72
1.1	3-264	成套配电箱安装 落地式	台	1	5787.88	5787.88	225.34	5322.37	126.41	113.76
1.2	3-355	基础槽钢制作、安装	10m	0.6	492.87	295.72	115.59	280.72	44.96	51.60
2	030411001001	配管	m	455.17	16.86	7674.17	4.88	10.45	—	1.53
2.1	3-1150	黏接式绝缘导管敷设 暗配 塑料管公称直径(20mm 以内)	100m	4.5517	1686.13	7674.76	487.70	1045.23	—	153.20
3	030411004001	配线	m	1174.72	4.15	4875.09	0.64	3.30	—	0.20
3.1	3-1177	照明线路 导线截面(3.5mm² 以内)铜芯	100m 单线	11.7472	414.52	4870.45	63.64	330.88	—	20.00
		合计(定额价)					3014.18		153.39	
		合计(调价后)				18632.86				

本案例电气专业其他项目的综合单价和合价按相同的方法组价，就工程量清单表中每一分项工程计算出综合单价，填入分部分项工程和单价措施项目清单与计价表，可得分部分项工程和单价措施项目费合计为 2565023.41 元。

2）总价措施项目费的计算

本案例以脚手架搭拆费为例计算总价措施项目费。

安装专业的脚手架搭拆费计算与建筑专业不同，属于不可计算工程量的总价措施项目。本案例工程电气专业费率见表 3-22，取费基数为实体消耗项目的人工费、机械费之和。

预算定额　　表 3-22

定额编号	项目名称	基价(%)	人工费(%)	材料费(%)	施工机具使用费(%)
3-1966	脚手架搭拆费(电气设备安装工程)	3.36	0.84	3.52	—

根据当地综合用工调整文件规定，综合用工单价调增部分只计取安全文明施工费及税金，并不参与其他取费。

由表 3-21 可知，分部分项工程和单价措施项目的人工费和机械费之和应为

3014.01＋153.39＝3167.40 元(定额价)

脚手架搭拆费的人工费＝3167.40×0.84％＝26.61 元

脚手架搭拆费的材料费＝3167.40×3.52％＝79.82 元

脚手架搭拆费的管理费和利润费＝26.61×(22％＋12％)＝9.05 元

脚手架搭拆费的综合合价＝26.61＋79.82＋9.05＝115.48 元

把计算数据填入表 3-23。

总价措施项目费分析表　　表 3-23

工程名称：某工程-建筑专业

序号	项目编码（定额编号）	名称	计算基数（元）	费率（%）	金额（元）	其中：（元）			
						人工费	材料费	机械费	管理费和利润
1	031301017001	脚手架搭拆			115.48	26.61	79.82	—	9.05
	3-1966	脚手架搭拆费(电气设备安装工程)			115.48	26.61	79.82	—	9.05

3）规费的计算

本例规费费率见表 3-6，安装专业应为 23.5%，根据当地文件规定，计取基数为分部分项、措施项目、其他项目的人工费和机械费之和（包含价款调整）。本案例不考虑其他项目费。

规费＝(分部分项工程和单价措施项目费＋总价措施项目费＋其他项目)的人工费和机械费×费率

＝(3167.40＋26.61)×23.5%

＝3194.01×23.5%

＝750.59 元

把计算数据填入表 3-24。

规费明细表　　表 3-24

序号	取费专业名称	取费基数	取费金额(元)	费率(%)	规费金额(元)
1	安装工程	人工费＋机械费	3194.01	23.5	750.59

4）安全文明施工费的计算

安全文明施工费费率见表 3-6，安装专业应为 4.37%，根据当地文件规定，计取基数为分部分项工程费、措施项目费（不含安全文明施工费）、其他项目费、规费之和（包含价款调整）。本案例不考虑其他项目费。

安全文明施工费＝(分部分项工程和单价措施项目费＋总价措施项目费＋其他项目费＋规费)×费率

＝(18632.86＋115.48＋750.59)×4.37%

＝19498.93×4.37%

＝852.10 元

把计算数据填入表 3-25。

总价措施项目费分析表　　表 3-25

工程名称：某工程-建筑专业

序号	项目编码（定额编号）	名称	计算基数（元）	费率（%）	金额（元）	其中：（元）			
						人工费	材料费	机械费	管理费和利润
1	031302001001	安全文明施工费	19498.93	4.37%	852.10	—	—	—	—

5）税金的计算

增值税计算可见本教材其他章节详细介绍，这里根据上述案例数据做简单计算。

根据一般计税方法计算税金，销项税额税率9%，附加税费费率13.36%，根据扣除系数计算，可知进项税额为1969.03元。

税前工程造价＝分部分项工程和单价措施项目费＋总价措施项目费＋规费＋安全文明施工费
＝18632.86＋115.48＋750.59＋852.10＝20351.03元

销项税额＝(税前工程造价－进项税额)×9%
＝(20351.03－1969.03)×9%
＝18382×9%
＝1654.38元

增值税应纳税额＝销项税额－进项税额
＝1654.38－1969.03
＝－314.65元

增值税应纳税额计算得负值，按0计取。

附加税费＝增值税应纳税额×13.36%＝0元

税金＝增值税应纳税额＋附加税费＝0元

6）投标总报价的计算

利用上述1)～5）中数据，计算案例工程安装专业部分项目的投标报价。

投标报价＝分部分项工程和单价措施项目清单计价合计＋总价措施项目清单计价合计＋其他项目清单计价合计＋规费＋安全文明施工费＋税金
＝18632.86＋115.48＋750.59＋852.10＋0＝20351.03元

结果见表3-26。

单位工程费用汇总表　　表3-26

序号	汇总内容	金额(元)
1	分部分项工程与单价措施项目工程量清单计价合计	18632.86
2	总价措施项目清单计价合计	115.48
3	其他项目清单计价合计	—
4	规费	750.59
5	安全文明施工费	852.10
6	税金	0
投标报价合计＝1＋2＋3＋4＋5＋6		20351.03

因此，该案例工程电气专业的部分项目投标报价为20351.03元。

因篇幅限制，上述案例工程内容为建筑和安装两个专业的部分分项工程的投标报价计算过程，主要采用了工程所在地的文件规定，本案例其他专业的项目报价计算可采用同样方法。

工程师在实际业务中，应依据工程所在地的相关文件规定和工程实际情况进行计算。

4. 投标报价的报表

根据本案例招标文件对投标报价格式的要求，也是常见投标报价需提供的报表有：

(1) 总投标报价封面

(2) 总投标报价扉页

(3) 工程量清单报价说明
(4) 工程项目投标总价汇总表
(5) 单项工程费汇总表
(6) 某专业工程投标报价封面
(7) 某专业工程投标报价扉页
(8) 单位工程费汇总表
(9) 分部分项工程量清单与计价表
(10) 单价措施项目清单与计价表
(11) 总价措施项目清单与计价表
(12) 其他项目清单与计价表
(13) 主要材料、设备明细表
(14) 分部分项工程量清单综合单价分析表
(15) 单价措施项目工程量清单综合单价分析表
(16) 总价措施项目费分析表
(17) 规费明细表
(18) 安全文明施工费明细表
(19) 材料、机械、设备增值税计算表
(20) 增值税进项税额计算汇总表

投标报价的报表列举如下：

每种报表只列本案例工程的第一页。

××工程

投 标 总 价

投 标 人：××公司

(单位公章)

编制时间：××年×月×日

投 标 总 价

招 标 人：××公司

工程名称：××工程

（小写）：48566325.24 元

投标总价

（大写）：肆仟捌佰伍拾陆万陆仟叁佰贰拾伍元贰角肆分

投 标 人：××公司（单位公章）

法定代表人或

委托代理人：×××（签字盖章）

造价工程师

或造 价 员：×××（签字盖专用章）

编制时间：××年×月×日

工程量清单报价说明

工程名称：某工程　　　　第 1 页　共 1 页

一、工程概况

1. 建设规模

本项目总建筑面积为 12393.32m²，其中地上总建筑面积为 10925.19m²，地下总建筑面积为 1467.13m²。

2. 工程特征

该建筑为集餐饮、办公、宾馆为一体的综合公共建筑，地下一层，地上八层。钢框架结构，筏板基础。

3. 现场情况

由于建设方交付施工方现场时，现场未能做到三通一平，此项工作由施工方完成，由此产生的费用亦不包含在本报价内，三通一平施工完毕后据实结算。现场室外自然地坪标高未测量，本预算暂按设计室外地坪计算土方工程量，土方外运运距暂按 10km 计算，结算时据实调整。

二、编制依据

1. 图纸依据施工单位提供的全套施工图纸，图纸包含建筑、结构、水电、暖通。

2. 清单定额依据 GB 2013 清单。

3. 人工调价：综合用工一类 75.71 元/工日，综合用工二类 64.94 元/工日，综合用工三类 50.87 元/工日。

4. 材料调价：2018 年 4 月某市造价信息及市场价。

5. 安全文明施工费费率：执行当地文件。

6. 规费费率：执行当地文件。

7. 税金计算：执行当地文件。

8. 竣工结算，需根据竣工图及现场相关资料，依据国家或地区发布最新文件进行调整。

三、编制说明

1. 本报价包含：土石方、建筑、装饰装修，室内给排水、太阳能、室内强弱电、暖通。

2. 本报价不包含：二次设计和室内二次装修部分；建筑说明门窗表中备注“用户自理”的门窗和地砖；室外场地、道路、绿化、外线。

3. 本报价按常规施工方案编制，结算时需根据审批的施工组织设计据实调整。

工程项目总价表

表 3-27

工程名称：某工程

第 1 页　共 1 页

序号	名　　称	金额(元)	其中:(元)	
			规费	安全文明施工费
1	某工程 合计	48566325.24	1925556.26	2160956.83
1.1	某工程 工程费	48225625.24	1925556.26	2160956.83
1.2	某工程 设备费及其税金	340700	/	/
/	合　　计	48566325.24	1925556.26	2160956.83

单项工程费汇总表

表 3-28

工程名称：某工程

第 1 页　共 1 页

序号	名　　称	合计	其中:(元)	
			规费	安全文明施工费
1	某工程 合计	48225625.24	1925556.26	2160956.83
1.1	建筑专业 合计	43042883.08	1733998.08	1943958.85
1.2	电气专业 合计	2928144.54	107271.8	122597.57
1.3	给排水、消防水专业 合计	2254598.62	84286.38	94400.41
/	合　计(不含设备费)	48225625.24	1925556.26	2160956.83

某工程-建筑专业 工程

投 标 总 价

投 标 人：××公司

（单位公章）

编制时间： ×年×月×日

投　标　总　价

招 标 人：××公司

工程名称：某工程-建筑专业

投标总价（小写）：43042883.08 元

（大写）：肆仟叁佰零肆万贰仟捌佰捌拾叁元零捌分

投 标 人：××公司（单位公章）

法定代表人或
委托代理人：×××（签字盖章）

造价工程师
或造价员：×××（签字盖专用章）

编制时间：××年×月×日

单位工程费汇总表　　　　表 3-29

工程名称：某工程-建筑专业　　　　第 1 页　共 1 页

序号	名称	计算基数	费率(%)	金额(元)	其中:(元)		
					人工费	材料费	机械费
1	分部分项工程量清单计价合计	/	/	34922275.22	5839891.9	24928521.18	1743180.8
2	措施项目清单计价合计	/	/	4218609.22	1063653.2	921630.75	1593490.1
2.1	单价措施项目工程量清单计价合计	/	/	3389083.9	790833.35	636437.82	1451823.35
2.2	其他总价措施项目清单计价合计	/	/	829526.32	272820.8	285193.93	141666.7
3	其他项目清单计价合计	/	/		/	/	/
4	规费	直接费中的人工费＋机械费		1733998.08	/	/	/
5	安全文明施工费	不含税金和安全文明施工的建安造价		1943958.85	/	/	/
6	税前工程造价	不含税金的建安造价	/	42818841.37			
6.1	其中:进项税额	见增值税进项税额计算汇总表	/	3712953.42	/	/	/
7	销项税额	税前工程造价一进项税额	10	3910588.9	/	/	/
8	增值税应纳税额	销项税额一进项税额	/	197636.48	/	/	/
9	附加税费	增值税应纳税额	13.36	26404.23	/	/	/
10	税金	增值税应纳税额＋附加税费	/	224040.71	/	/	/
/	合计	/	/	43042883.08	6903545.05	25850151.93	3336670.88

分部分项工程量清单与计价表　　　　表 3-30

工程名称：某工程-建筑专业　　　　第 1 页　共 14 页

序号	项目编码	项目名称	项目特征	计量单位	工程数量	金额(元)	
						综合单价	合价
一		土石方					860371.7
1	010101001001	平整场地	土壤类别:一、二类土	m^2	1358.5	0.74	1005.29
2	010101002001	挖一般土方	1. 土壤类别:一、二类土 2. 挖土深度:6.3m 3. 弃土运距:10km	m^3	11605	36.24	420565.2
3	010103001001	回填方(素土)	1. 密实度要求:夯填 2. 填方材料品种:素土 3. 填方来源、运距:10km	m^3	678	35.88	24326.64

续表

序号	项目编码	项目名称	项目特征	计量单位	工程数量	金额(元)	
						综合单价	合价
4	010103001002	回填方(肥槽回填2∶8灰土)	1. 密实度要求:夯填 2. 填方材料品种:2∶8灰土 3. 填方来源、运距:外购10km	m^3	2207	187.8	414474.6
二		钢筋混凝土和砌体结构					6859231
5	010501001001	基础垫层	1. 混凝土种类:预拌 2. 混凝土强度等级:C15	m^3	167.67	467.66	78413.55
6	010501004001	满堂基础	1. 混凝土种类:预拌 2. 混凝土强度等级:C30 P6	m^3	936.77	533.62	499879.21
7	010502001001	矩形柱	1. 混凝土种类:预拌 2. 混凝土强度等级:C30	m^3	6.63	579.26	3840.49
	……	……					
/	/	本页小计	/	/	/	/	2271897.13
	……	……					
/	/	合计	/	/	/	/	34922275.22

单价措施项目清单与计价表 表3-31

工程名称：某工程-建筑专业 第1页 共2页

序号	项目编码	项目名称	项目特征	计量单位	工程数量	金额(元)	
						综合单价	合价
一		脚手架					
1	011701002001	外脚手架	搭设高度:35m	m^2	5947.13	28.57	169909.5
2	011701003001	里脚手架	1. 楼层:设备层、4~7层 2. 搭设高度:3.5m	m^2	7247.8	3.56	25803.17
3	011701003002	里脚手架	1. 楼层:1~3、8层 2. 内墙高超过3.6m砌筑	m^2	3586.97	5.43	19477.25
4	011701003003	里脚手架	1. 楼层:－1层 2. 5.2m高内墙砌筑脚手架	m^2	1091.81	6.76	7380.64
5	011701003004	里脚手架	依附斜道	m^2	1	2383.24	2383.24
6	011701006001	满堂脚手架	基础满堂脚手架	m^2	1561.95	6.34	9903.76
7	011701008001	外装饰吊篮		m^2	6105.62	11.84	72290.54
8	011701006002	满堂脚手架	层高超过3.6m的装饰脚手架,－1、1~3、8	m^2	6864.36	13.68	87040.08
9	011701B03002	简易脚手架	层高3.6m以内墙面脚手架,4~7层和设备层	m^2	15314.4	0.45	6891.49
10	011701B03001	简易脚手架	层高3.6m以内天棚脚手架,4~7层和设备层	m^2	4664.05	1.44	6716.23
11	011701B01001	电梯井字架	电梯井子架	座	2	8900.84	17801.68

续表

序号	项目编码	项目名称	项目特征	计量单位	工程数量	金额(元)	
						综合单价	合价
二		模板					
12	011702001001	基础	垫层	m^2	246.25	44.86	11046.78
13	011702001002	基础	基础类型:满堂基础	m^2	166.13	56.39	9368.07
	……	……					
/	/	本页小计	/	/	/	/	1330566.38
	……	……					
/	/	合计	/	/	/	/	3389083.9

注：该地区规定，单价措施项目表格与分部分项表格分开列。

总价措施项目清单与计价表　　　　**表 3-32**

工程名称：某工程-建筑专业　　　　第 1 页　共 1 页

序号	项目编码	项目名称	金额(元)
		1 安全文明施工费	
1	011707001001	安全文明施工费	1943958.85
	/	小计	1943958.85
		2 其他总价措施项目	
1	011707B01001	冬季施工增加费	55834.44
2	011707B02001	雨季施工增加费	128901.57
3	011707002001	夜间施工增加费	81785.9
4	011707004001	二次搬运费	152535.88
5	011707B03001	生产工具用具使用费	136666.93
6	011707B04001	检验试验配合费	58203.83
7	011707B05001	工程定位复测场地清理费	87003.17
8	011707B06001	停水停电增加费	50576.68
9	011707007001	已完工程及设备保护费	78018.92
	/	小计	829526.32

其他项目清单与计价表　　　　**表 3-33**

工程名称：某工程-建筑专业　　　　第 1 页　共 1 页

序号	项目名称	金额(元)
1	暂列金额	0.00
2	暂估价	0.00
2.1	材料暂估价	/
2.2	设备暂估价	/
2.3	专业工程暂估价	0.00
3	总承包服务费	0.00
4	计日工	0.00
/	合　计	0

主要材料、设备明细表

表 3-34

工程名称：某工程 建筑专业

第 1 页 共 3 页

序号	编码	名称	规格型号	单位	数量	单价（元）	合价（元）	备注
1		材料	/	/	/	/	/	
1.1	AA1C0001	钢筋 ϕ10 以内		t	248.1635	4230	1049731.6	
1.2	AA1C0002@1	钢筋 ϕ12～ϕ14		t	71.0798	4250	302089.15	
1.3	AA1C0002@3	钢筋 ϕ16～ϕ20		t	114.9335	4200	482720.7	
1.4	AA1C0003@1	钢筋 ϕ22～ϕ28		t	64.7951	4100	265659.91	
1.5	AC4C0092@1	镀锌钢丝网		m^2	6115.578	11	67271.36	
1.6	BA2C1016	木模板		m^3	53.1906	2300	122338.38	
1.7	BA2C1023	支撑方木		m^3	55.7324	2300	128184.52	
1.8	BB1-0101	水泥 32.5		t	1020.3284	360	367318.22	
1.9	BC1-0002	生石灰		t	407.8435	560	228393.36	
1.10	BC4-0013	中砂		t	2960.2844	71	210180.19	
1.11	BD8-0420	加气混凝土砌块		m^3	1616.6272	255	412239.94	
1.12	BD8-0420@1	蒸压加气混凝土自保温砌块		m^3	980.8428	644	631663.76	
1.13	BG3-0007@1	厨房、卫生间釉面砖 200×300		m^2	4549.3186	34	154676.83	
1.14	CZB13-001	复合木模板		m^2	2296.7749	43.67	100300.16	
1.15	CZB-4001	直螺纹连接套 $\phi\leqslant$20		套	39439.49	3.5	98598.73	
1.16	DE1C0030	醇酸磁漆		kg	4828.076	16	77249.22	
1.17	DI1-0038	环氧富锌底漆		kg	2464.4788	27.9	68758.96	
1.18	DQ1C0008@1	红丹防锈漆		kg	9697.8633	13.7	132860.73	
1.19	DZ1-0044@1	外墙多彩真石漆		kg	8557.2837	25	213933.09	
1.20	ED1-0150	YJ-302 粘结剂		kg	3303.1381	20	66063.76	
1.21	ED1-0163	粘结剂 EC-1		kg	15493.347	5	77461.74	
1.22	FB3-0001	SBS 改性沥青防水卷材 3mm		m^2	3457.1873	41.2	142436.12	
1.23	GJG-0022@1	热轧薄钢板	δ4.0	m^2	1569.1589	134.37	210847.88	
1.24	GJG-0044	高强螺栓 M20		套	12038.04	10	120380.4	
	……	……						

分部分项工程量清单综合单价分析表

表 3-35

工程名称：某工程-建筑专业

第 1 页 共 36 页

序号	项目编号（定额编号）	项目名称	单位	数量	综合单价（元）	合价（元）	综合单价组成（元）				人工单价（元/工日）
							人工费	材料费	机械费	管理费和利润	
1	010101001001	平整场地 土壤类别：一、二类土	m^2	1359	0.74	1005.29	0.05		0.64	0.06	

续表

序号	项目编号（定额编号）	项目名称	单位	数量	综合单价（元）	合价（元）	综合单价组成（元）				人工单价（元/工日）
							人工费	材料费	机械费	管理费和利润	
1.1	A1-228	机械 平整场地 推土机	1000m²	1.359	743.32	1008.44	48.84		638.8	54.72	50.87
2	010101002001	挖一般土方 1. 土壤类别：一、二类土 2. 挖土深度：6.3m 3. 弃土运距：10km	m³	11605	36.24	420565	1.39	0.03	33.14	3.68	
2.1	A1-1×1.5	人工挖土方 一、二类土 深度（2m 以内）机械挖土中的人工辅助开挖单价×1.5	100m³	6.875	1671.68	11493.8	1556.6			115.1	50.87
2.2	A1-125	反铲挖掘机挖土（斗容量 1.0m³）装车 一、二类土	1000m³	10.92	3736.95	40798.2	293.52		3168	275.2	50.87
2.3	A1-165 换	自卸汽车运土（载重 10t）运距 1km 以内 实际运距（km）：10 使用反铲挖掘机装车 机械×1.1	1000m³	11.61	31369.8	364047			29046	2324	
2.4	A1-241	机械钎探	100m²	10.45	400.24	4183.51	213.65	38.76	123.3	25.58	50.87
3	010103001001	回填方（素土） 1. 密实度要求：夯填 2. 填方材料品种：素土 3. 填方来源、运距：10km	m³	678	35.88	1691.36	293.52		2017.97	183.14	50.87
3.1	A1-150	装载机装松散土（斗容量 1m³）	1000m³	0.678	2494.63	1691.36	293.52		2018	183.1	50.87
3.2	A1-165 换	自卸汽车运土（载重 10t）运距 1km 以内 实际运距（km）：10	1000m³	0.678	28518	19335.2			26406	2112	
3.3	A1-233	机械 填土碾压 光轮压路机 8t	1000m³	0.678	4868.95	3301.15	294.54	75	4146	353.4	50.87
	……	……									

单价措施项目工程量清单综合单价分析表　　表 3-36

工程名称：某工程-建筑专业　　第 1 页　共 6 页

序号	项目编号（定额编号）	项目名称	单位	数量	综合单价（元）	合价（元）	综合单价组成（元）				人工单价（元/工日）
							人工费	材料费	机械费	管理费和利润	
1	011701002001	外脚手架 搭设高度:35m	m^2	5947.1	28.57	169910	7.9	16.7	0.81	3.17	
1.1	A11-8	外墙脚手架 外墙高度在 50m 以内 双排	$100m^2$	59.471	2857	169918	790	1670	80.9	316.3	64.9
2	011701003001	里脚手架 1. 楼层:设备层、4～7 层 2. 搭设高度:3.5m	m^2	7247.8	3.56	25802	3.16	0.48	0.1	0.81	
2.1	A11-20	内墙砌筑脚手架 3.6m 以内里脚手架	$100m^2$	73.478	355.9	25792	216	48.5	9.52	81.63	64.9
3	011701003002	里脚手架 1. 楼层:1～3、8 层 2. 内墙高超过 3.6m 砌筑	m^2	3587	5.43	19477	1.2	3.24	0.4	0.59	
3.1	A11-1	外墙脚手架 外墙高度在 5m 以内 单排用于高度超过 3.6m 的砌筑内墙 单价×0.6	$100m^2$	35.87	543.7	19465	120	324	40	58.84	64.9
4	011701003003	里脚手架 1. 楼层:一1 层 2. 5.2m 高内墙砌筑脚手架	m^2	1091.8	6.76	7380.6	3.13	3.35	0.37	0.91	
4.1	A11-3	外墙脚手架 外墙高度在 9m 以内 单排用于高度超过 3.6m 的地下室砌筑内外墙 单价×0.6	$100m^2$	10.918	676.4	7384.9	213	335	37.1	91.14	64.9
5	011701003004	里脚手架 依附斜道	m^2	1	2382	2383.2	324	1802	100	155.8	
5.1	A11-32	依附斜道 搭设高度在(9m 以内)	座	1	2382	2383.2	324	1802	100	155.8	64.9
	……	……									

总价措施项目费分析表

表 3-37

工程名称：某工程-建筑专业　　　　第 1 页　共 3 页

序号	项目编码（定额编号）	名称	计算基数（元）	费率（%）	金额（元）	其中：（元）				人工单价（元/工日）
						人工费	材料费	机械费	管理费和利润	
1	011707001001	安全文明施工费			1943958.85					
2	011707B01001	冬季施工增加费			55834.44	12714	28177	8343.78	6599.65	
	B9-1	装饰装修工程 冬季施工增加费			9513.52	4370.22	3787.53	0	1354.77	
	A15-59	一般土建工程 冬季施工增加费			11376.89	1994.87	5831.15	1994.87	1556	
	A15-59	土石方工程 冬季施工增加费			10356.9	2037.53	5955.84	2037.53	326	
	A15-59	钢结构工程 冬季施工增加费			24588.13	4311.38	12603.5	4311.38	3363.88	
3	011707B02001	雨季施工增加费			128901.57	29452	64930	19254.9	15264.7	
	B9-2	装饰装修工程 雨季施工增加费			21807.41	10197.2	8449.1	0	3161.12	
	A15-60	一般土建工程 雨季施工增加费			26301.55	4603.54	13503.7	4603.54	3590.76	
	A15-60	土石方工程 雨季施工增加费			23948.76	4701.98	13793.5	4701.98	753.32	
	A15-60	钢结构工程 雨季施工增加费			56843.85	9949.33	29184.7	9949.33	7760.48	
4	011707002001	夜间施工增加费			81785.9	41993	13997.7	9627.43	16167.9	
	B9-3	装饰装修工程 夜间施工增加费			21545.2	13110.7	4370.22	0	4064.31	
	A15-61	一般土建工程 夜间施工增加费			15099.61	6905.31	2301.77	2301.77	3590.76	
	A15-61	土石方工程 夜间施工增加费			12507.27	7053.97	2350.99	2350.99	753.32	
	A15-61	钢结构工程 夜间施工增加费			32633.82	14924	4974.67	4974.67	7760.48	
	……	……								

规费明细表

表 3-38

工程名称：某工程-建筑专业　　　　第 1 页　共 1 页

序号	取费专业名称	取费基数	取费金额	费率（%）	规费金额
1	一般土建工程	人工预算价＋机械预算价	1609854	21.8	350948.17
2	钢结构工程	人工预算价＋机械预算价	3479430.22	21.8	758515.79
3	土石方工程	人工预算价＋机械预算价	1644283.15	6.1	100301.27
4	装饰工程	人工预算价＋机械预算价	3012833.48	17.4	524233.85
	规费合计				1733998.08

安全文明施工费明细表

表 3-39

工程名称：某工程-建筑专业　　　　第 1 页　共 1 页

序号	取费专业名称	取费基数	取费金额	基本费率（%）	增加费率（%）	安全文明施工费金额
1	一般土建工程	分部分项工程费＋措施费＋其他项目合计＋规费	9010268.1	5.03	—	453216.49
2	钢结构工程	分部分项工程费＋措施费＋其他项目合计＋规费	19000176.7	5.03	—	955708.89

续表

序号	取费专业名称	取费基数	取费金额	基本费率（%）	增加费率（%）	安全文明施工费金额
3	土石方工程	分部分项工程费+措施费+其他项目合计+规费	2193353.23	5.03	—	110325.62
4	装饰工程	分部分项工程费+措施费+其他项目合计+规费	10671051.58	3.98	—	424707.85
	合计					1943958.85

材料、机械、设备增值税计算表

表 3-40

工程名称：某工程-建筑专业

第 1 页　共 16 页

编　码	名称及型号规格	单位	数量	除税系数（%）	含税价格（元）	含税价格合计（元）	除税价格（元）	除税价格合计（元）	进项税额合计（元）	销项税额合计（元）
材料										
HSB-0002@1	0.7+0.7mm SBC 聚乙烯丙纶双面复合卷材 400g/m^2	m^2	2887.3	13.52	43.26	124905.83	37.41	108018.56	16887.27	10801.86
HSB-0002@2	0.9+0.9mm SBC 聚乙烯丙纶双面复合卷材 400g/m^2	m^2	4586.7	13.52	48.41	222041.19	41.86	192021.22	30019.97	19203.12
BCCLF1	1：8 水泥膨胀珍珠岩找坡材料费	$10m^3$	15.34	13.52	2085	31983.69	1803.11	27659.49	4324.2	2765.95
ZS1-0230@1	20mm 花岗岩板 800×800	m^2	378.69	13.52	310	117393.41	268.09	101520.96	15871.45	10153.1
ZS1-0230@2	20mm 坡道花岗岩板	m^2	10.2	13.52	160	1632	138.37	1411.35	220.65	141.14
ZS3-0017@1	20mm 台阶花岗岩板	m^2	173.92	13.52	160	27827.79	138.37	24065.47	3763.32	2406.55
BB9-0007@1	C40 微膨胀细石混凝土	m^3	0.8413	3.86	600	504.78	583.84	490.34	14.44	49.03
FD1-0002	CSPE 嵌缝油膏 330mL	支	3010.8	13.52	3.85	11591.42	3.33	10024.26	1567.16	1003.43
HSB-0017	JS-复合防水涂料	kg	1163.2	13.52	12	13957.9	10.38	12070.79	1887.11	1207.08
DA1-0091	SBS 弹性沥青防水胶	kg	418.4	13.52	8.7	3640.12	7.52	3147.98	493.14	314.8
FB3-0001	SBS 改性沥青防水卷材 3mm	m^2	3457.2	13.52	41.2	142436.12	35.63	123178.76	19257.36	12317.88
	……	……								
合　计	/	/	/	/	/	10083593.99	/	8724856.87	1358737.12	872485.69

增值税进项税额计算汇总表 表 3-41

工程名称：某工程-建筑专业 第 1 页 共 1 页

序号	项目名称	金额(元)
1	材料费进项税额	3235443.82
2	机械费进项税额	349413.99
3	设备费进项税额	0
4	安全文明施工费进项税额	58318.77
5	其他以费率计算的措施费进项税额	22778.24
6	企业管理费进项税额	46999.60
7	暂列金额进项税额	0
8	专业工程暂估价进项税额	0
9	计日工进项税额	0
合计		3712953.42

本案例单位工程报表选取建筑专业为例，电气专业，给水排水、消防水专业报表省略。

该案例工程的投标价为 48566325.24 元。

3.5.2 国际工程投标报价案例

1. 招标项目工程简介

(1) 工程内容

南亚某国首都新建一条连接主城和新区的城市快速路，道路设计长度 12km，总宽 30m，其中中间隔离带 3m，单侧双车道加非机动车道，行车道宽 3.5m，非机动车道宽 3m，路缘石及雨水坡 0.5m，人行道宽 2m，排水沟宽 1m，即 [3+(3.5×2+3)×2+(0.5×2)+(2×2)+(1×2)]=30m。

公路结构：路面为铺设钢筋网的水泥混凝土路面，基层为 20cm 厚级配碎石，底基层为 20cm 厚砂砾土。人行道为压实土上铺级配碎石垫层，再做沥青混凝土面层。

路侧有雨水进水井，经钢筋混凝土管流向铺在中间隔离带下面的钢筋混凝土干管及人行道外的排水明沟。市政给排水管线及照明电路和设施，由发包人指定专业承包，不在道路工程报价范围。

结构物情况：里程 7+500 处有中桥一座，单跨 15m，采用钢筋混凝土预制小 T 梁，上浇筑混凝土板。全线有 13 处小型涵洞。

公路沿线为平原地区，稻田较多，需要较多的开挖换填，部分地段有可利用土开挖，但不能满足填方需求，需要大量借土施工。

(2) 招标文件概要

招标文件中有投标程序（投标须知、投标数据表格、评标标准、投标标准格式、准许投标国别）、发包人的要求（标准施工规范、特殊施工规范、施工图纸、交通管控和安全要求、环保管理和监测）、施工合同条件及标准合同模板（通用合同条款、特殊合同条款、合同文件模板）。

合同规定：应在投标的同时递交投标保函，其价值为投标者报价的2%，有效期为90天。要求签订合同后60天以内开工，开工后22个月竣工，维修期12个月。履约保函值为合同价的5%，预付款为合同价的15%，按同样的比例在项目整个周期内，从每月工程进度付款中扣除。每次付款尚需扣除保留金的10%，但保留金总款不超过合同总价的3%。保留金在竣工验收合格后退还，但须递交一份为期一年的相当于合同总价3%的维修期保函。工程材料到达现场并经化验合格可支付该项材料款的60%，每月按工程进度付款，凭现场工程师审定的索款单在28天以内支付。工程罚款为合同总价的0.05%每天，限额不超过总价的5%。为加速进度，经批准后允许两班制工作。

按实测工程量付款，单价不予调整。无材料涨价或货币贬值的调价条款或补偿条款。

施工机具设备可以允许临时进口，应提交银行开出的税收保函（保函值为进口设备值的20%），以保证竣工后机具设备运出境外。各种工程材料均不免税。公司应按政府规定缴纳各种税收，包括合同税、个人所得税和公司所得税等。

（3）现场调查简况

1）国情调查。工程所在国系发展中国家，政局基本稳定，无战争或内乱迹象，与我国建交已久，且经济发展稳定，货币价值较为稳定，贬值率较低，并且货币可以自由兑换，金融体系较为健全。交通运输方便，工程所在地附近有大型港口存在。国家生产水平较为落后，但本工程所需材料，均无需跨国采购，可在该国进行购买。

2）自然条件。气候属热带气候，全年温度较高。除雨季（11月至第二年3月）外均可施工，雨季连续降雨较少，可间断施工。当地未曾发生严重的地质灾害，雨季时要注意低地防涝，因此填方和挖沟要尽可能避开雨季。

3）地区条件。公路在城市近郊，附近交通环境较为良好，且有一定数量的人口。对于当地工人可以不建生活营地。材料运输方便，附近可供应砂石。公路基层的土壤在填方区需借土，运距约5km。现场中段可租赁地皮设置混凝土搅拌站及预制场。临时水电供应附近可以取得。一座小桥处于全程的中段，为修造该桥需先修便道，以便运输预制梁及各种建筑材料。

4）其他条件。当地税收较多，因无免税条件，须缴纳增值税，为每笔收款的15%；建设税，为每笔收款的2%；经济服务税，为每笔收款的0.5%；利润税，为利润的14%，每季度缴；企业所得税，抵扣利润汇回税后利润的28%，每季度缴。工程保险和人身意外险及第三方责任险必须在当地保险公司投保。当地原则上不允许使用外籍劳务。除非特殊工种在当地招聘不到，可向劳工部门和移民局事先申请获得批准后外籍技术劳务才能入境。外籍高级技术人员较易获得签证入境。

5）商情调查。经过多种渠道询价或调查，用于公路建设的主要材料决定在当地采购，但应根据工期考虑一定的涨价系数。其中，钢材、油料、沥青等可能受国际价格影响，而砂石、水泥及水泥制品受当地通货膨胀影响。因此，两种不同来源材料可考虑不同的涨价系数。

当地施工机具比较短缺，尽管偶尔可以租赁到机具，考虑到租赁费高，宜考虑自境外调入或购置。

当地劳务价格不高，引进外籍劳务不仅工资偏高，且须解决工人生活营地问题和入境限制。因此，可决定确定采用当地劳务，甚至包括机械操作手也在当地招募。当地工程技术人员工资不高，平均工资 200～400 美元/月。

2. 评标计算前的数据准备

（1）核算工程量

原招标文件有主要工程量表，经按图纸说明书校核，发包人提供的工程量基本上是正确的，可以作为报价的依据。

其中，有三项属于可供选择的报价，应单独列出：即提供土壤及材料试验设备，也可以利用承包人的自备设备，不另报价；提供监理工程师办公设施和两套住宅（两年租赁）；监理工程师用的卧车一辆、四轮驱动越野车一辆以及两年的维修和司机服务。为保证报价的完整性，决定对可供选择项目也予以报价。

（2）确定主要施工方案

1）按主要工程量考虑粗略的工程进度计划要点如下：

① 下达开工命令后立即进入现场，合同签订后两个月内开工。应当争取时间在两个月内准备好施工机具，进入现场后用一个月进行临时工程建设，并同时利用已到机具开始推土方和清除填方区表土层。

② 为便于集中使用不同类型设备，先集中处理土方工程，时间约 12 个月。而后集中进行垫层和混凝土面层施工，时间约 8 个月（其中与土石方工程交错 2 个月）。桥梁工程从第 7 个月开始，包括预制构件等用一年时间完成。其他工程如人行道铺砌、护坡等可在主路工程后期根据劳动力安排交错完成。

③ 最后保留一个月作为竣工移交的时间，并进行可能发生的局部维修工作。

2）施工方法和施工设备的选择。主要工程量采用机械施工，大致选择方案如下：

① 土方挖方。采用 88～103kW 的推土机推土，能就地回填者直接用推土机回填，余土用 1.5～1.9m^3 装载机装入自卸汽车运至填土区用于填方。公路部分的挖方为 13.7489＋9.1746＝23.9235 万 m^3。

可用于就地填方约 1/3，其余需运至远处填方区。考虑其中有 2/3 不能使用，即可用于填方者为 1/3×23.9235＝7.6412 万 m^3。

全部填方需土 26.7982 万 m^3，因此，尚需从别处借土方 26.7982－7.6412＝19.1570 万 m^3，这部分拟采用 220 型挖掘机，切土与装运效率较高。

因此，推土机总的推土方量应为 23.9235＋19.1570＝43.0805 万 m^3。

按定额取每台班推土 420m^3，采用每日两个台班，每月工作 25 天计。

需用推土机台数（理论值）为：

$$\frac{43.0805\times10^4(\text{m}^3)}{2(\text{台班/天})\times12(\text{月})\times25(\text{天/月})\times420(\text{m}^3/\text{台班})}=1.70\ \text{台}$$

拟采用 2 台，利用系数 1.71/2＝86%。

为挖沟方便，另采用小型挖掘机 1 台。

② 土方运输。用 8～10t 自卸汽车运输。总填方量 26.7982 万 m^3。

其中用推土机就地填方量 1/3×23.9235＝7.6412 万 m^3

须运土方 26.7982－7.6412＝19.1570 万 m^3

运距平均 5km 时，运输定额按每台班 60m^3 计，故需用自卸汽车台数（理论值）为

$$\frac{191570}{2\times12\times25\times60}=5.32\ \text{台}$$

拟采用 6 台，使用系数 89%。

③ 装载设备。按以上类似方法计算采用 1.5～1.9m^3 装载机 3 台。在土方工程基本上完成后，尚可抽调用于混凝土搅拌站。

④ 碾压设备。采用 15t 振动压路机 1 台，10t 钢轮压路机 2 台。

⑤ 平整设备。采用平地机 1 台。

⑥ 混凝土搅拌站。在浇灌混凝土路面前，可利用混凝土搅拌站浇制预制构件，如桥用 T 形梁、路侧石、人行道混凝土预制块（0.5m×0.5m×0.12m）、钢筋混凝土方形桩等。混凝土搅拌站的选择，主要按路面工程量在 8 个月内进行控制。原则上采用两班工作制。

路面混凝土工程量为 7.4115 万 m^3，理论计算搅拌站能力为：

$$\frac{74115(m^3)}{8(月)\times25(天/月)\times16(h/天)}=21.36(m^3/h)$$

实际采用能力为 30m^3/h 的搅拌站 1 套，包括水泥立式储仓 1 个。1 台 400L 的自带移动式搅拌机，以备灵活地在工地需要时作小型流动搅拌站使用。

⑦ 混凝土运输设备。采用混凝土搅拌汽车（搅拌灌 4～6m^3）10 台，暂定混凝土路面需要 7 台，现场结构物和预制场需要 3 台，总共 10 台。为配合 400L 搅拌机，另增加小型翻斗车 3 台。

⑧ 其他设备。为吊装混凝土管道和桥用 T 形梁等，选用 25t 汽车吊一台，小型机具如各种振捣器、砂浆搅拌机等适当配备。工程量表中钢筋加工量约 570t，可选用钢筋拉直机和钢筋切断机各一台。测量仪器用经纬仪和水平仪各 2 台。

考虑到打桩数量很少（仅桥梁墩基使用），拟租用设备或委托当地专业公司分包全部打桩工程。沥青混凝土面层（人行道部分）也向外分包。

3）临时工程

① 建立混凝土搅拌站。根据材料运输和当地交通条件，选择在公路中段，并靠近桥梁工地附近。该地段不仅交通方便，供水和供电也较方便。经化验，小河的水可用于搅拌混凝土，经发包人协调，已获得灌溉部门的审批，可以使用。可设小型泵站和简易高位水箱，保证生产用水。

② 工地指挥部也设在搅拌站附近，设工地办公室及试验室（临时板房）共 200m^2，仓库及钢筋加工棚 500m^2，驻场技术人员临时住房 100m^2，其他临时房屋（食堂、厕所、浴室等）150m^2。

③ 工地设相应的临时生产设施，如预制构件场地、机具停放场和维修棚。临时配电房、水泵站及高位水箱、进场道路、通信设施、临时水电线路、简易围墙及照明和警卫设施等。

（3）基础价格计算

1）工日基价

采用当地工人。按当地一般熟练工月工资 190 美元，机械操作手月工资 320 美元。两年内考虑工资上升系数 10%（每年上升 10%，再考虑用工的平均系数为，10×2(年)÷2=10%）。另考虑招募费、保险费、各类附加费和津贴（不提供住房，适当贴补公共交通费）、劳动保护等加 20%。故工日基价为：

一般熟练工 190×1.3÷25＝9.88 美元/工日；

机械操作手 320×1.3÷25＝16.64 美元/工日。

2）材料基价

基本上均从当地市场采购，根据其报价和交货条件（出厂价或施工现场交货价等）统一转换计算为施工现场价。举例说明水泥价计算如下：

材料品名：水泥（普通水泥相当于我国标号 450 号）

包装：散装或袋装

出厂价：60 美元/t

运输费：水泥厂运输部用散装水泥车运送 40km×0.2 美元/(t·km)＝8 美元/t

装卸费：3 美元/t

运输、装卸损耗：3%×(60＋8＋3)＝3.13 美元/t

采购、管理及杂费：2%×(60＋8＋3＋3.13)＝1.46 美元/t

水泥到现场价为 75.6 美元/t

按此例计算得出材料基价见表 3-42。

主要材料基价表　　表 3-42

序号	材料名称	单位	运到现场基价(美元)
1	水泥(散装)	t	75.60
2	碎石 6cm 以上，用于基础垫层	m^3	4.50
3	碎石 2～4cm，用于次表层	m^3	5.50
4	砾石(用于混凝土)	m^3	6.00
5	中砂，粗砂	m^3	4.50
6	钢筋 ϕ6～ϕ10	t	420.00
7	变截面钢筋 ϕ12～ϕ22	t	440.00
8	预制钢筋混凝土管 ϕ450mm	m	8.50
	ϕ600mm	m	13.00
	ϕ900mm	m	20.00
9	钢材(模板用)	m^3	380.00
10	沥青	t	210.00
11	柴油	L	0.34
12	水	t	0.05
13	电	kW·h	0.12
14	铁钉	kg	1.20

3）设备基价

① 设备原价和折旧

列出本工程所需机具设备及规格清单，按不同设备的要求确定其来源，如果是新购设备，则须进行询价；如果有合适的二手设备，其价格合理而且使用状态基本良好，也可以选购，以使本工程报价降低；如果是公司现有设备调入到本工程使用，其价格可以用该设备的残余净值适当加一定增值比例（调运前更换备件和大修理费用等）。

以上所有设备均用到达工程所在国港口价计算，即应包括运费、包装费等，旧有设备尚应包括该设备原所在地发生的运输、出口手续等费用。

再根据本工程占用时间、设备新旧和价格等，并考虑投标竞争的需要，确定在本工程使用的折旧率，算出在本工程中摊销的折旧费。列表即可算出本工程应付的设备总价款，以及在本工程实际摊销的设备折旧总费用。

机具设备及折旧费表（单位：万美元） 表 3-43

序号	名称	规格	数量	设备情况	到港价	折旧率	本工程摊销设备值
1	推土机	88.3kW	1	新购	8.537	50%	4.2685
2	推土机	88.3kW	1	调入旧设备	3.5	100%	3.5
3	装载机	1.5m³	2	新购	10.6	50%	5.3
4	装载机	1.9m³	1	旧有设备	2	100%	2
5	小型挖土机	0.5m³	1	旧有设备	3.5	100%	3.5
6	平地机		1	新购	3.9	50%	1.45
7	振动压路机	16t	1	新购	5.6	50%	3.8
8	钢轮压路机	10t	2	旧有设备	5.2	100%	5.2
9	手扶夯压机		2	新购	0.6	50%	0.3
10	自卸汽车	10t	5	新购	15	50%	7.5
11	自卸汽车	10t	5	旧有设备	7.5	80%	6
12	汽车吊	25t	1	旧有设备	3.7	80%	3.35
13	混凝土搅拌站	30m/h	1	旧有设备	15	80%	12
14	混凝土搅拌机	400L	1	新购	0.7	50%	0.35
15	混凝土搅拌车	6m³	10	旧有设备	16.75	100%	16.75
16	钢筋拉直机		1	旧有设备	0.4	80%	0.32
17	钢筋切断机		1	旧有设备	0.5	80%	0.4
18	发电机	50kVA	1	新购	0.7	50%	0.35
19	空压机	9m³	1	新购	0.8	50%	0.4
20	水泵	4m³	1	新购	0.2	50%	0.1
21	水车	5m³	1	旧车改装	1.2	100%	1.2
22	测量仪器		2	旧有设备	0.6	50%	0.3
23	小翻斗车		3	新购	0.9	50%	0.45
	合计		48		103.387		67.8385

应当指出，这还不是实际应摊销的全部设备费用，在计算设备的台班费时，还应考虑将在本工程中全部摊销的零配件费、维修费、清关和内陆运费、安装和拆卸退场费等。

另外，关于小型工器具费用，可在计算标价时增加一定的系数，不另算设备折旧费。关于试验设备，按招标文件规定，单列工地试验室设备项目，不计入本折旧和机械台班费内。承包商自己设立的试验室及日常费用，可计入间接费中。关于设备的用款利息，既可列入设备采购费中，也可列入管理费中去分摊。本标计算拟列入管理费中。

② 设备台班基价及台时价

机具设备的台班基价除应包括上述折旧费外，尚应将下述费用全部摊入本工程的机具设备使用费中。它们包括：设备的清关、内陆运输、维修、备件、安装、退场等，另外再加每一台班的燃料费。现以推土机的机械台班使用费为例，计算如下。

新购推土机进口手续费、清关、内陆运输、安装拆卸退场等，按设备原值的 5%计，为 85370×5%=4268.5 美元。

备件及维修二年按 20%计，为 85370×20%=17074 美元。

本工程可能使用台班为 12 月×25 天/月×2 班/天×0.8(使用系数)=480 台班，故每台班应摊销

$$\frac{42685+4268.5+17074}{480}=133.4\text{ 美元}$$

另加每台班燃料费 85.88L×0.34 美元/L×1.2(系数)=35.04 美元

故本推土机台班使用费为每台班摊销费+每台班燃料费=133.4+35.04=168.44 美元，或每小时为 21.055 美元。

同样方法算出另一台旧有推土机的台班费为

$$\frac{25000\times1.25}{480}+35.0=100\text{ 美元}$$

两台推土机平均使用台班费为（168.44+100）÷2=134.22 美元，可取 134 美元/台班或 16.8 美元/工时（均未计人工工资）。

由于各种小型机具设备难以在每个单项工程中计算其使用时间，根据前述机具设备折旧费用表中所列可知，小型机具设备应摊销的费用约 28000 美元（表 3-43 第 18～23 项），占大型机具设备摊销的折旧费的比重为：

$$\frac{28000}{611485-28000}=0.048\approx0.05=5\%$$

故不必细算小型机具设备的台班费可在作工程内容的单价分析时，在计算大型机具台班使用费后再增加 5%即可。

根据上述方法，并考虑各种设备在本工程中可能使用的台班数的不同及其燃料消耗的不同，算出不同设备的台班基价列表供计算标价用。

如果发包人要求列出按工日计价的机械台时费，可在上述台班基价上，另加人工费及管理费和利润即可。现一并算出列入表 3-44。

机具设备使用台班基价表（单位：美元） 表 3-44

序号	名称	规格	单位	设备台班基价(台班)（用于算标）	机具设备使用台时价（用于报价单的日工价）
1	推土机	88.3kW	每台	134	25.5
2	装载机	1.5～1.9m³	每台	98	19.5
3	挖土机		每台	95	18.5
4	平地机		每台	85	17.0

续表

序号	名称	规格	单位	设备台班基价(台班)(用于算标)	机具设备使用台时价(用于报价单的日工价)
5	振动压路机	15t	每台	85	17.0
6	钢轮压路机	10t	每台	73	14.0
7	手扶式夯压机	1t	每台	20	0.4
8	自卸汽车	10t	每台	90	18.0
9	汽车吊	10t	每台	110	21.5
10	混凝土搅拌站	$30m^3/h$	每台	190	36
11	混凝土搅拌机	400L	每台	20	4.0
12	混凝土搅拌车	$6m^3$	每台	100	20.0
13	水车	$5m^3$	每台	90	18.0
14	小翻斗车		每台	20	4.0

4）分摊费用及各种计算系数

① 管理人员费用

公司派出的管理人员 12 人，其中，项目经理 1 人，副经理兼总工程师 2 人，工程技术人员 4 人（道路工程师、测量、材料、试验各 1 人），劳资财务 2 人，翻译 3 人。另附厨师 1 人。除住房外的生活补贴费用成本按 210 美元/(人・月) 计算。

工资部分，项目经理 5000 美元每月，副经理 4000 美元，技术人员 2200 美元，劳资财务 2000 美元，翻译 2200 美元，厨师 1400 美元。另考虑进度奖金，按照 500 美元/(人・月) 计算。

13×210 美元/(人・月)×24 月＝65520 美元

(5000×1＋4000×2＋2200×4＋2000×2＋2200×3＋1400×1＋500×13)×24 月＝967200 美元

公司派出人员费用合计为 1032720 美元

当地雇员：聘用当地技职人员 6 人（道路工程师、测量、试验、劳资、秘书、材料各 1 人），勤杂服务人员 4 人（司机 2 人，服务 2 人）。技职人员平均工资按 360 美元/人月，勤杂服务人员按 200 美元/人月计算。

(6×360×24)＋(4×200×24)＝71040 美元

管理人员住房：公司派出人员租用住宅（4 居室独立式住宅 2 套），每套每月 900 美元，另加水、电、维修等按 20％计。

2×900×24(月)×1.2＝51480 美元

以上合计为 115.524 万美元。

② 业务活动费用

投标费：按实际估算约 2500 美元。

业务资料费：按实际估计约 4500 美元。

广告宣传费：暂计 5000 美元。

保函手续费：按合同总价约 1000 万美元估算，各类保函银行手续费按 0.75％每年计，投标保函金额为投标报价的 2％（一次性），预付款保函金额和履约保函各为报价的

10%（2 年），维修保函为 3%（1 年），设备临时进口税收保函金额为设备价的 20%。因此保函手续费总值为：

{[1000 万×(2%+10%×2+10%×2+3%)]+(86.7 万×20%×2)}×0.75=(450 万+34.68 万)×0.75%=33750 美元。

合同税：按 4%计为 400000 美元。

保险费：各类保险费包括工程一切险、第三方责任险及人身事故伤害险等，按当地保险公司提供的费率计算为 12 万美元。

当地法律顾问和会计师顾问费：按当地公司的一般经验，两年内聘用费共 25000 美元。

其他税收：根据当地的所得税规定，暂按利润率为 6%，税收为 35%计算，暂列入 1000 万×6%×35%=220500 美元。

以上各项合计为 76.575 万美元。

③ 行政办公费及交通车辆费

可以按粗略估算方法计算如下：

一般办公费用、邮电费用按管理人员计算 20 人×20 美元/(人・月)×24 月=9600 美元。

办公设备购置费（一次性摊销）20000 美元。

交通车（两辆越野车、一辆小卧车）按当地市价购置，摊销 50%，购置费共 42000 美元，摊销于本项目 21000 美元。

油料、交通车辆维修及其他活动费开支。油料按每台车两年内行车 30000km，维修备件按原值 25%计，其他活动费按每月 200 美元计，共 20700 美元。

行政办公开支合计 7.13 万美元。

④ 临时设施费

工地生活及生产办公用房。按当地简易标准平均 35 美元/m 计，

950m×35 美元/m=33250 美元。

生产性临时设施。包括临时水电、进场道路、混凝土搅拌站及预制场地、为修小桥须筑一条便道约 850m（宽 5m，土路），按当地简易标准的实际价格计算共 14800 美元。

临时工地试验室仪器（按 50%折旧）及经常性的试块、土质等试验（每月 100 美元）共 42400 美元。

以上各项临时设施费合计 23.365 万美元。

⑤ 其他待摊费用

利息。流动资金虽有预付款，由于购置机具设备及有偿占有旧有设备的资金和初期发生的银行保函、保险、合同税、暂设工程等，肯定不敷支出。再加上材料费和工资等，估计总的自筹流动资金至少须 120 万美元，按年利率 10%，用粗略的资金流量预测，利息支出约 132000 美元。

代理人佣金：按当地协议应付 150000 美元

上层机构管理费用按 2%计，200000 美元

利润按 6%暂计 600000 美元

另计不可预见费 1.5%，约 150000 美元

其他待摊费用共 1232000 美元

以上总计待摊费用共为 2517380 美元。

其中，有的费用（如保函手续费、合同税、保险费等）是假定合同价为 1000 万美元条件下估算的，有待算出投标报价总价后修正。

以上待摊费用约为总价的 25.17%。

为直接费用的

$$\frac{2517380}{10000000-2517380}=33.64\%$$

在下面计算各单项工程内容的单价时，可以先按此系数计算摊销费用。待第一轮计算得出投标总价后，再根据情况适当调整。

⑥ 其他系数的确定

a. 材料上涨系数：前面提出的材料基价是按投标时调查的价格列出的，并未考虑两年工期内价格的上涨因素。从施工方案中的计划进度来分析，可以预计到大量值钱的材料如水泥、钢材等，都是在工期的后半段才使用的，其实际采购价格肯定会受到汇率和通货膨胀使价格上涨的影响。按当地的实际调查，材料价格可能为每年上涨 10%左右，因材料一般是陆续采购进场的，并集中于中后期，故材料涨价系数可确定为：

$$\frac{10\%\times 2\text{年}}{2}\times 1.2(\text{调整系数})=12\%$$

（式中的分母“2”，指两年内均衡进料的平均系数。“1.2”指材料进场偏于中后期而使用的调整系数）。

b. 风险和降价系数。由于该标竞争激烈，暂不考虑这一系数，待标价算出后分析和权衡中标的可能性再研究确定。

3. 单价分析和总标价的计算

（1）单价分析

对工程量表中每一个单项均须作单价分析。影响此单价最主要的因素是采用正确的定额资料。在缺乏国外工程经验数据的条件下，可利用国内的定额资料稍加修正。

这里仅作两个单价分析的举例：

其一，水泥混凝土路面（工程量表编号 316）。这是一项占本工程标价接近一半的主要项目。参照采用国内公路定额，并采用前面计算的工日、材料和设备摊销基价算出直接费用每米为 53.85 美元，按前述应分摊管理费用占直接费的 33.64%计算，最后每米路面混凝土为 70.63 美元。根据搜集到的当地一般结构混凝土价格，与此相近，因此可以判断这一计算是基本正确的。

其二，路侧石预制与安装（工程量表编号 500）。由于预制构件较小，可采用小型混凝土搅拌机搅拌混凝土预制。采用上例同样方法，可算出每 L 米路侧石单价 8.385 美元。约折合每米混凝土 60 美元。由于混凝土强度等级比路面低，机械费用也低，因此每米的价格比路面混凝土低一些，也是合理的。

采用同样方法，就工程量表中每一单项工程内容列一张与表 3-45、表 3-46 类似的单价分析计算表，即可算出所有单项工程的价格（鉴于篇幅，除上述两表外，其他均删略）。

单价分析计算表示例之一　　表 3-45

工程量表中分项编号		316	工程内容：水泥混凝土路面		单位：m³	数量：74115
序号	工料内容	单位	基价(美元)	定额消耗量	单位工程量计价(美元)	本分项计价(万美元)
1	2	3	4	5	6	7
Ⅰ	材料费					
1-1	水泥	t	75.60	0.338	25.55	
1-2	碎石	m³	6.00	0.890	5.34	
1-3	砂	m³	4.50	0.540	3.43	
1-4	沥青	kg	0.21	1.0	0.21	
1-5	木材	m³	400	0.00212	0.85	
1-6	水	t	0.05	1.18	0.06	
1-7	零星材料	—	—	—	1.70	
	小计				36.14	
	乘上涨系数 1.12 后材料				40.48	300.0175
Ⅱ	务费					
2-1	机械操作手	工日	16.64	0.27	4.48	
2-2	一般熟练工	工日	9.88	0.59	5.80	
	劳务费小计				10.28	76.1902
Ⅲ	机械使用费					
3-1	混凝土搅拌站	台班	190	0.0052	0.99	
3-2	混凝土搅拌车	台班	100	0.01	1.00	
	小计				1.99	
	小型机具费 机械费合计				0.10 3.09	15.49
Ⅳ	直接费用(Ⅰ+Ⅱ+Ⅲ)				53.85	
Ⅴ	分摊管理费		33.64%		17.78	131.7765
Ⅵ	计算单价				70.63	
Ⅶ	考虑降价系数(暂不计)					
	拟填入工程量计价单中的单价 70.63 美元/m					
	本分项总价 70.63×7.4115=523.4742 万美元					

单价分析计算表示例之二　　表 3-46

工程量表中分项编号		500	工程内容:路侧石制作安装		单位:lm	数量:73050
序号	工料内容	单位	基价(美元)	定额消耗量	单位工程量计价(美元)	本分项计价(万美元)
1	2	3	4	5	6	7
Ⅰ	材料费					
1-1	水泥	t	75.6	0.017	1.29	
1-2	碎石	m^3	6.0	0.052	0.31	
1-3	砂	m^3	4.5	0.0324	0.146	
1-4	木材	m^3	400	0.0029	1.16	
1-5	铁钉	kg	1.2	0.081	0.094	
1-6	其他零星材料				0.15	
	小计				3.15	
	考虑涨价系数后(1.12)				3.53	25.7867
Ⅱ	劳务费					
2-1	机械操作工	工日	16.64	0.036	0.60	
2-2	一般工人	工日	9.88	0.21	3.06	
	劳务费合计				3.66	19.4313
Ⅲ	机械使用费					
	小型搅拌机(400L)	台班	20	0.004	0.08	
	其他机具费				0.004	
	机械费合计				0.084	0.6136
Ⅳ	直接费用(Ⅰ+Ⅱ+Ⅲ)				6.274	
Ⅴ	分摊管理费Ⅳ×33.64%				3.111	15.4209
Ⅵ	计算单价				8.385	
Ⅶ	降价系数				(暂不计)	
	拟填入工程量计价单中的单价　8.385 美元/Lm					
	本分项总价　8.385×7.3050=61.2524 万美元					

(2) 汇总标价

1) 工程价格。将上述所有单价分析表中价格汇总，即可得出第一轮算出的标价（不包括供选择的项目报价及暂定备用金）。用这个标价的总价再回头复算各项管理费用中的待摊费用，特别是那些与总价有关的待摊费用，例如保函手续费、合同税、保险费。税收以及贷款利息、佣金、上级管理费、利润和不可预见费等，并对管理待摊费用比例作适当调整，用来作第二轮计算。

按最后调整计算的结果，可得出汇总的标价及报价单（见表 3-47）。此表中各项管理费用的比例已调整为 24.8%，管理费用占直接费的比例为：

$$\frac{24.80}{100-24.80}=32.98\%$$

（在表 3-45 及表 3-46 中的第Ⅴ项相应修改为 33.98%）。工程报价汇总见表 3-48。

工程量表及报价单　　表 3-47

（附：以下系按大项目汇总列出，仅作为示例，详表已删略）

项目编号	工程内容	单位	数量	价格	
				单价(美元)	总价(万美元)
	(一)道路部分				
100	场地清理	m^2	53.9615 万	0.12	6.4754
105	道路及管道土方开挖	m^3	14.9997 万	3.10	31.4994
106	结构土方开挖	m^3	10.1667 万	3.30	23.3834
107-1	填方(利用本工程挖方)	m^3	18.8748 万	3.40	45.2995
107-2	借土填方	m^3	15.82 万	4.50	71.19
108	路基垫层(上基层)	m^3	15.9945 万	8.70	139.1522
200	路基垫层(基础层)	m^3	13.5175 万	7.49	93.7561
316	水泥混凝土面层	m^3	7.4115 万	70.28	520.8797
406	钢筋(用于路面)	t	494.25	606	29.9516
413-1	ϕ450mm 钢筋混凝土管道	Lm	1.4077 万	13.20	18.5816
413-2	ϕ600mm 钢筋混凝土管道	m^3	1.1230 万	18.20	20.4386
413-3	ϕ900mm 钢筋混凝土管道	Lm	1.7987 万	29.40	53.8818
500	路侧石、雨水坡	Lm	7.3050 万	8.34	60.6968
502	浆砌石护坡	m^3	0.2207 万	18.30	4.0388
506-1	雨水干管人孔	个	360.00	160	5.76
506-2	雨水次干管人孔	个	719.00	98.2	7.0606
511	安全护栏	Lm	930.00	17.24	1.6033
601-1	双孔涵洞	个	1	4500	0.45
601-2	单孔涵洞	个	12	2500	3
700	人行道面层(沥青混凝土)	m^2	214.61 万	1.6	23.76
	道路部分小计				1159.702
	(二)桥梁部分				
106-1	结构部分土方(挖方)	m^3	883.00	3.10	0.1852
106-2	结构挖方(硬土)	m^3	421.00	3.30	0.0968
106-3	结构挖方(石头)	m^3	130.00	7.60	0.0988
110	基础回填	m^3	26.00	4.90	0.0127
403-1	试验桩	Lm	58.00	40.00	0.2320
403-2	左岸混凝土桩	Lm	120.00	40.00	0.48
403-3	右岸混凝土桩	Lm	120.00	40.00	0.48
405-1	桥梁混凝土	m^3	703.00	68.20	4.7945
405-2	钢筋(用于桥梁)	t	73.82	635.8	4.6935
406	栏杆	Lm	120.00	30.00	0.3612
500	浆砌石护坡	m^3	3453.00	18.30	0.8290
	桥梁部分小计				13.2637
	工程量价格总计				1171.966

工程报价汇总表

表 3-48

项目号	名称	价格(万美元)
报价单Ⅰ	工程部分	1171.966
	其中,道路部分	1159.702
	桥梁部分	13.2637
报价单Ⅱ	可供选择项目	9.89
	其中,试验仪器设备	免费使用工地试验室
	工程师办公、居住设施	5.33
	工程师用车辆及服务	4.56
备用金	暂定备用金	25
总价	1206.856	

2）可供选择的项目报价

对于可供选择的项目，因为它们属于一种服务性质，可以在询价基础上，仅增加极少量的必不可少的管理费后报价。这样可使全部报价总数显得相应低些，有利于竞争。

试验设备和仪器：按招标书中的要求，其设备和仪器与承包商自备的工地试验室相近，因此，此项报价可以免去，仅注明：“免费利用承包商自设工地试验室的设备和仪器”，并列出工地试验室的设备仪器清单，表明完全符合标书要求。

工程师办公和居住设施：按标书要求，工程师办公室可采用带空调设备的活动房屋两套，并附办公家具等共 24500 美元，租赁独立式住宅两套，带家具，并使用两年 28800 美元，两项合计 53300 美元。

工程师所用车辆及服务：按标书要求的车辆在当地询价，增加维修和司机服务共 45600 美元。

以上报价均已考虑了必需的管理费用，例如合同税、佣金、利息、保函手续费和保险费等的增加，但未计利润和不可预见费及其他各项管理费（计入的管理费约 10%）。

3）暂定备用金。完全按标书规定列入。这笔费用是由业主和工程师掌握，用于今后工程变更的备用金。本标为 25 万美元。

4）最后汇总标价

按标书规定的格式填写总价表。

此外，如果招标文件还规定必须填报日工价（即国内的“点工”价）和机械设备台时价，则可将表 3-44 中最后一栏摘出填表，日工价可按前述的工日基价加上一定管理费后填报。

4. 标价分析资料

为使领导人员决策，应整理出供内部讨论使用的资料，可列表 3-49。

工程标价构成表

表 3-49

序号	工程标价构成内容	金额(万美元)	比重
1	工程部分总价	1171.966	100%
2	直接费	781.9822	66.72%

续表

序号	工程标价构成内容	金额(万美元)	比重
2-1	其中:人工费	131.4114	11.20%
2-2	材料费	534.3614	45.60%
2-3	机械使用费	116.2094	9.92%
3	间接费	389.9838	33.28%
3-1	管理人员费用	115.524	9.86%
3-1-1	公司派出人员费	103.272	
3-1-2	当地雇员工资	7.104	
3-1-3	住房租赁等	5.148	
3-2	业务活动费	94.71	8.08%
3-2-1	投标费	0.25	
3-2-2	业务资料费	0.45	
3-2-3	广告宣传费	0.5	
3-2-4	保函手续费	4.39	
3-2-5	合同税	48.93	
3-2-6	保险费	12	
3-2-7	律师会计师费	3.5	
3-2-8	当地所得税	25.69	
3-3	行政办公及交通费	7.13	0.61%
3-4	临时设施费	23.365	1.91%
3-5	其他摊销费用	76.8548	6.56%
3-5-1	利息	15.4	
3-5-2	代理人佣金	17.25	
3-5-3	不可预见费	18.35	
3-5-4	上级管理费	25.94	
3-6	计划利润	73.40	6.26%

另外，说明可供选择项目未计利润。仅计入必要的管理费；暂定备用金是按标书要求填报的。

(1) 关于机具设备

施工机具设备共46台，共值1033870美元。其中新购设备19台，共465370美元；选用公司的现有设备27台，其净值为568500美元。其中新设备折旧率约取50%，旧有设备的折旧为100%。因此总的机具设备摊销于本工程的折旧费为745485美元（见表3-43）。故在施工任务完成后，尚有残值288385美元，加上试验仪器设备残值20000美元和交通车辆残值21000美元，均未进入成本，均须占用资金，共约329385美元，即约占本工程利润的45%，将是物化利润资金。

(2) 关于材料

说明主要材料的询价和来源的可靠性，说明本标价计算考虑了两年内平均涨价系数

12%基本是合理的。

(3) 简要分析

利用调查当地类似工程或本公司过去在当地承包的其他工程情况，分析本标价计算可行性和竞争力。例如，由于本工程利用了公司调入现有设备较多，使机械使用费占总标价的比重降到10%以下，作为当地的外国公司，对于公路工程来说，这是颇有竞争力的。

如能调查了解到竞争对手们的优势和弱点，综合上述情况，即可分析本标价中标的或然率，并作出正确的投标决策。

建设工程项目成本管理及案例

4.1 施工成本计划编制

4.1.1 核心知识点

1. 施工成本计划编制依据

成本计划编制依据应包括下列内容：

（1）合同文件；

（2）项目管理实施规划；

（3）相关设计文件；

（4）价格信息；

（5）相关定额；

（6）类似项目的成本资料。

2. 施工成本计划编制程序

项目管理机构应通过系统的成本策划，按成本组成、项目结构和工程实施阶段（进度）分别编制施工成本计划。

（1）成本计划编制应符合下列规定：

1）由项目管理机构负责组织编制；

2）项目成本计划对项目成本控制具有指导性；

3）各成本项目指标和降低成本指标明确。

（2）成本计划编制应符合下列程序：

1）预测项目成本；

2）确定项目总体成本目标；

3）编制项目总体成本计划；

4）项目管理机构与组织的职能部门根据其责任成本范围，分别确定自己的成本目标，并编制相应的成本计划；

5）针对成本计划制定相应的控制措施；

6）由项目管理机构与组织的职能部门负责人分别审批相应的成本计划。

3. 施工成本计划的编制方法

（1）按成本组成编制成本计划的方法

施工成本可以按成本构成分解为人工费、材料费、施工机具使用费和企业管理费等，如图 4-1 所示。在此基础上，编制按成本构成分解的成本计划。

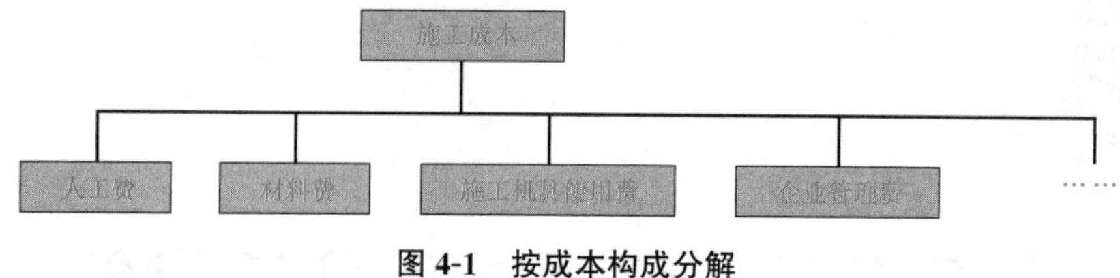

图 4-1　按成本构成分解

（2）按项目结构编制成本计划的方法

大中型工程项目通常是由若干单项工程构成的，而每个单项工程包括了多个单位工程，每个单位工程又是由若干个分部分项工程所构成。因此，首先要把项目总成本分解到单项工程和单位工程中，再进一步分解到分部工程和分项工程中，如图 4-2 所示。

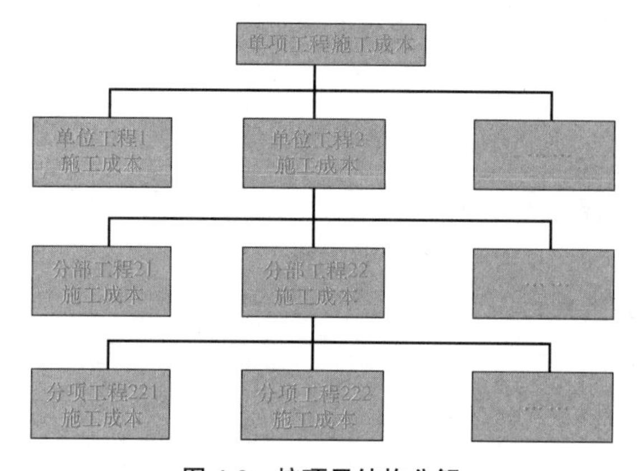

图 4-2　按项目结构分解

在完成项目成本目标分解之后，接下来就要具体地分配成本，编制分项工程的成本支出计划，从而形成详细的成本计划表，见表 4-1。

分项工程成本计划表　　　　**表 4-1**

分项工程编码	工程内容	计量单位	工程数量	计划成本	本分项总计
(1)	(2)	(3)	(4)	(5)	(6)

在编制成本支出计划时，要在项目总体层面上考虑总的预备费，也要在主要的分项工程中安排适当的不可预见费，避免在具体编制成本计划时，可能发现个别单位工程或工程量表中某项内容的工程量计算有较大出入，偏离原来的成本预算。因此，应在项目实施过程中对其尽可能地采取一些措施。

（3）按工程实施阶段编制成本计划的方法

按工程实施阶段编制成本计划，可以按实施阶段如基础、主体、安装、装修等或按月、季、年等实施进度进行编制。按实施进度编制成本计划，通常可在控制项目进度的网络图的基础上进一步扩充得到。即在建立网络图时，一方面确定完成各项工作所需花费的时间，另一方面确定完成这一工作合适的成本支出计划。在实践中，将工程项目分解为既能方便地表示时间，又能方便地表示成本支出计划的工作是不容易的，通常如果项目分解程度对时间控制合适的话，则对成本支出计划可能分解过细，以至于不可确定每项工作的成本支出计划；反之亦然。因此在编制网络计划时，在充分考虑进度控制对项目划分要求的同时，还要考虑确定成本支出计划对项目划分的要求，做到二者兼顾。

通过对成本目标按时间进行分解，在网络计划基础上，可获得项目进度计划的横道图。并在此基础上编制成本计划。其表示方式有两种：一种是在时标网络图上按月编制的成本计划直方图；另一种是用时间—成本累积曲线（S形曲线）表示。

以上三种编制成本计划的方式并不是相互独立的。在实践中，往往是将这几种方式结合起来使用，从而可以取得扬长避短的效果。例如：将按项目分解总成本与按成本构成分解总成本两种方式相结合，横向按成本构成分解，纵向按子项目分解，或相反。这种分解方式有助于检查各分部分项工程成本构成是否完整，有无重复计算或漏算；同时还有助于检查各项具体的成本支出的对象是否明确或落实，并且可以从数字上校核分解的结果有无错误。或者还可将按子项目分解项目总成本计划与按时间分解项目总成本计划结合起来，一般纵向按子项目分解，横向按时间分解。

4.1.2　施工成本计划编制案例

1. 工程概况

某工程处于施工准备阶段，施工方案已编制完成。现在工程开工前编制施工成本计划，以便将计划成本目标分解落实，为各项成本控制工作的执行提供明确的目标。工程概况见表 4-2。

工程概况一览表　　表 4-2

<table>
<tr><th colspan="2">项目名称</th><th colspan="6">某工程</th></tr>
<tr><td colspan="2">项目地点</td><td colspan="6">××地块</td></tr>
<tr><td colspan="2">建设单位</td><td colspan="6">××公司</td></tr>
<tr><td colspan="2">设计单位</td><td colspan="6">××公司</td></tr>
<tr><td colspan="2">监理单位</td><td colspan="6">××公司</td></tr>
<tr><td colspan="2">承包模式</td><td colspan="6">□EPC　□工程总承包　√施工总承包　□外部分包　□内部分包　□其他</td></tr>
<tr><td colspan="2">投资来源</td><td colspan="6">√政府拨款　□自筹+拨款　□全部自筹　□其他</td></tr>
<tr><td colspan="2">工程类别</td><td colspan="6">√公共建筑　□工业厂房　□民用住宅　□基础设施　□其他</td></tr>
<tr><td>结构类型</td><td>框剪</td><td rowspan="2">建筑面积（地上/地下）</td><td rowspan="2">101660m^2/50160m^2</td><td rowspan="2">建筑物高度（地上/地下）</td><td rowspan="2">63.8m/18m</td><td rowspan="2">层数（地上/地下）</td><td rowspan="2">15/3</td></tr>
<tr><td>基础类型</td><td>筏基</td></tr>
<tr><td colspan="2">总包合同范围</td><td colspan="6">土方工程、基坑支护及降水工程、主体结构、建筑装饰装修、建筑屋面、给水、排水及采暖、通风与空调、动力工程(含医用气体)、建筑电气、智能建筑、电梯工程、室外工程及拆除工程等设计图纸、工程量清单显示的全部工程</td></tr>
<tr><td colspan="2">指定分包工程范围</td><td colspan="6">外装饰、室内精装、弱电、消防、室外、净化、外电、电梯、标识等专业分包工程</td></tr>
<tr><td colspan="2">合同工期</td><td colspan="6">960 天，计划开工：2016 年 01 月 25 日，计划竣工：2018 年 09 月 10 日</td></tr>
<tr><td colspan="2">工程中标价
86808.640</td><td colspan="6">其中土建：56247.514238 万元；安装：16603.42337 万元；装饰 13843.547179 万元；其他：114.155913 万元</td></tr>
<tr><td colspan="2">合同价
86808.6407 万元</td><td colspan="6">其中自行完成部分合同价 59118.1107 万元
属于√固定单价　□固定总价　□其他</td></tr>
<tr><td colspan="2">计价方式</td><td colspan="6">工程量清单计价</td></tr>
</table>

2. 施工成本计划设计方案

施工准备阶段，承包人应编制施工成本计划，本例运用施工成本组成的方法编制指导性施工成本计划，方案如下：

(1) 编制依据；

(2) 项目管理目标；

(3) 项目成本管理机构及责任；

(4) 成本预测；

(5) 确定项目成本目标；

(6) 编制项目成本计划；

(7) 针对成本计划制定相应的控制措施。

3. 编制施工成本计划

(1) 编制依据

编制成本计划，首先要广泛收集相关资料，然后进行整理，作为成本计划编制的依据。成本计划编制依据包括下列内容：

1) 合同文件；

2) 项目管理实施规划；

3) 相关设计文件；

4) 价格信息；

5) 相关定额；

6) 施工组织设计方案及各专业施工方案；

7) 公司印发的“项目成本设计管理办法”；

8) 类似项目的成本资料。

(2) 项目管理目标

1) 工程款回收目标：按合同约定执行。

2) 质量管理目标：达到国家及某市现行建筑工程施工质量验收合格标准，争创鲁班奖。

3) 现场管理目标：工期960天。

4) 安全和环境目标：

a. 杜绝死亡事故，轻伤事故频率不超过1.5‰，无死亡或重伤事故；

b. 环境管理符合环境管理体系标准与施工现场环境控制规程要求。

5) CI管理目标：CI达到创优目标，达到“某市安全文明施工、全国AAA绿色工地”工地。

6) 责任经济指标：按自行完成部分竣工结算××%向公司上缴利润。

7) 预留风险金额：××万元。

(3) 项目成本管理机构及责任

1) 项目部成立项目成本管理小组，项目经理任组长，项目商务经理和项目总工任副组长，由项目生产经理、安全总监、质量总监、专业工程师、会计等人员组成。如图4-3所示。

2）成本管理小组责任

a. 负责编制项目成本设计与控制方案。

b. 对该项目合同条件及成本进行各方面的分析，找出主要亏损项目，并针对各项目制定对策和措施。

c. 依据成本降低计划制定各管理岗位责任，对公司下达的成本进行分解，具体落实到岗位、到人员。

d. 编制考核办法对各岗位进行责任成本考核，制定岗位责任奖罚兑现标准；确保项目成本管理体系在该项目上的有效运行，对岗位成本进行考核，并实行奖罚，编制“某工程项目部经理部内部承包经济责任书”并与每个部门签订责任书。

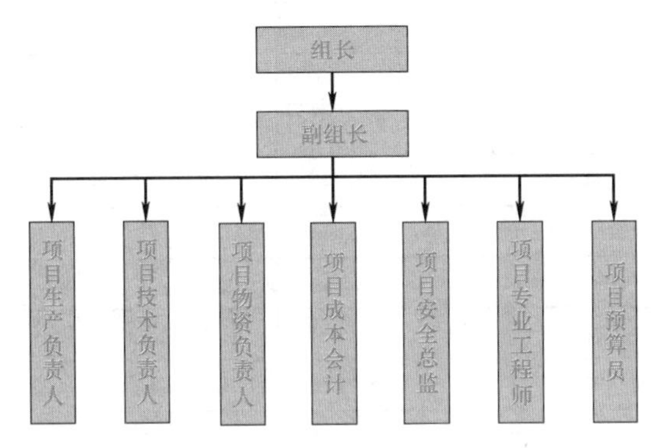

图 4-3 项目成本管理组织架构图

3）成本管理机构运行考核

项目成本管理机构运行考核包括两部分：一部分为上级公司每年两次的盘点考核和分部位成本考核；另一部分是项目部依据项目成本设计与控制方案，通过月成本分析，每月对管理机构运行进行内部考核，通过对内外部考核的结果进行总结分析，以达到逐渐提高的目的。

（4）成本预测

根据投标报价、合同、成本信息和施工项目的具体情况进行施工项目成本预测，比照近期已完和将完施工项目的成本进行估算，预测出本工程的总成本。项目成本测算汇总表，见表 4-3。

项目责任成本测算汇总表 **表 4-3**

序号	项目名称	单位	数量	单价(元)	合价(元)
一	直接费				455877147
(一)	劳务分包费用				104748926
1	一次结构劳务分包				41838171
2	二次结构劳务分包				6882869
3	装饰装修				55527886
4	临建劳务分包				500000
(二)	专业分包				213080471
1	土方开挖专业分包				47693655
2	支护及降水专业分包				6810585

续表

序号	项目名称	单位	数量	单价(元)	合价(元)
3	钢结构专业分包				11874731
4	防水专业分包				8349147
5	门窗专业分包				13826678
6	安装工程	元	166034234	0.75	124525675
(三)	混凝土材料				39060650
1	细石混凝土 C15	m^3	42.50	300.00	12748.65
2	细石混凝土 C20	m^3	1420.90	310.00	440478.10
3	C30 预拌抗渗混凝土	m^3	6851.59	335.00	2295283.96
4	C35 预拌抗渗混凝土	m^3	20149.70	350.00	7052394.62
5	C10 预拌混凝土	m^3	34.98	280.00	9793.53
6	C15 预拌混凝土	m^3	3013.57	290.00	873935.53
7	C20 预拌混凝土	m^3	1578.75	300.00	473625.99
8	C25 预拌混凝土	m^3	6775.46	310.00	2100392.63
9	C30 预拌混凝土	m^3	39646.35	320.00	12686831.36
10	C35 预拌混凝土	m^3	2167.12	335.00	725985.13
11	C35 预拌膨胀混凝土	m^3	590.41	350.00	206641.86
12	C40 预拌混凝土	m^3	2095.28	350.00	733346.50
13	C20 预拌豆石混凝土	m^3	986.03	310.00	305669.02
14	干拌复合轻集料混凝土	m^3	7858.89	400.00	3143557.56
15	A 型复合轻集料	m^3	113.74	400.00	45494.44
16	A 型复合轻集料	m^3	562.21	400.00	224882.56
17	C45 预拌混凝土	m^3	2089.37	365.00	762620.23
18	C50 预拌混凝土	m^3	2107.67	380.00	800914.56
19	C60 预拌混凝土	m^3	5831.49	410.00	2390911.39
20	C55 预拌混凝土	m^3	2906.77	380.00	1104573.28
21	混凝土泵送费	m^3	106822.76	25.00	2670569.11
(四)	钢筋				47255253
1	钢筋 ϕ10 以内	kg	193056.94	2.50	482642.36
2	钢筋 Ⅰ级 ϕ6	kg	200333.18	2.50	500832.94
3	钢筋 Ⅰ级 ϕ8	kg	50095.36	2.50	125238.40
4	钢筋 Ⅰ级 ϕ10	kg	37553.80	2.50	93884.49
5	钢筋 Ⅲ级 ϕ8	kg	520780.98	2.50	1301952.44
6	钢筋 Ⅲ级 ϕ10	kg	1578287.83	2.50	3945719.56
7	植筋 Ⅰ级 ϕ6	kg	629.80	2.50	1574.50
8	植筋 Ⅰ级 ϕ8	kg	326.59	2.50	816.48
9	植筋 Ⅰ级 ϕ10	kg	1775.29	2.50	4438.22

续表

序号	项目名称	单位	数量	单价(元)	合价(元)
10	钢筋 ϕ10 以外	kg	625431.78	2.50	1563579.45
11	钢筋 Ⅲ级 ϕ12	kg	2421151.48	2.50	6052878.69
12	钢筋 Ⅰ级 ϕ12	kg	2408.95	2.50	6022.38
13	植筋 Ⅲ级 ϕ12	kg	49328.20	2.50	123320.50
14	植筋 Ⅲ级 ϕ14	kg	150008.87	2.50	375022.16
15	植筋 Ⅲ级 ϕ16	kg	774.26	2.50	1935.66
16	钢筋 Ⅲ级 ϕ12	kg	48639.33	2.50	121598.31
17	钢筋 Ⅲ级 ϕ14	kg	3691649.42	2.50	9229123.54
18	钢筋 Ⅲ级 ϕ14	kg	48531.70	2.50	121329.25
19	钢筋 Ⅲ级 ϕ16	kg	867131.55	2.50	2167828.88
20	钢筋 Ⅲ级 ϕ16	kg	52562.00	2.50	131405.00
21	钢筋 Ⅲ级 ϕ18	kg	641990.30	2.50	1604975.75
22	钢筋 Ⅲ级 ϕ18	kg	3032.98	2.50	7582.44
23	钢筋 Ⅲ级 ϕ20	kg	933746.30	2.50	2334365.75
24	钢筋 Ⅲ级 ϕ20	kg	6539.50	2.50	16348.75
25	钢筋 Ⅲ级 ϕ22	kg	1004608.65	2.50	2511521.63
26	钢筋 Ⅲ级 ϕ22	kg	9599.13	2.50	23997.81
27	钢筋 Ⅲ级 ϕ25	kg	2864014.00	2.50	7160035.00
28	钢筋 Ⅲ级 ϕ25	kg	92177.23	2.50	230443.06
29	钢筋 Ⅲ级 ϕ28	kg	413951.38	2.50	1034878.44
30	钢筋 Ⅲ级 ϕ32	kg	1692245.28	2.50	4230613.19
31	植筋 Ⅲ级 ϕ14	kg	11.82	2.50	29.55
32	支撑钢筋(铁马)Ⅰ钢筋 Φ10～12	kg	109121.41	2.50	272803.53
33	支撑钢筋(铁马)Ⅲ钢筋 Φ14～22	kg	327361.20	2.50	818403.00
34	支撑钢筋(铁马梁垫铁)Ⅲ钢筋 Φ25～28	kg	24081.43	2.50	60203.58
35	直螺纹套筒 ϕ20	个	41405	1.90	78669.41
36	直螺纹套筒 ϕ22	个	46835	2.30	107719.83
37	直螺纹套筒 ϕ25	个	80130	3.00	240391.11
38	直螺纹套筒 ϕ28	个	11705	3.60	42137.60
39	直螺纹套筒 ϕ32	个	26873	4.80	128990.74
(五)	周转料具				16700200
	木方模板及脚手架费用	m^2	151820.00	110.00	16700200.00
(六)	其他材料				35031646
	1：0.2：2 混合砂浆	m^3	0.44	317.55	139
	1：0.5：3 混合砂浆	m^3	0.45	272.93	122
	1：1：6 混合砂浆	m^3	0.26	224.79	59

续表

序号	项目名称	单位	数量	单价(元)	合价(元)
	1∶2.5水泥砂浆	m^3	21.34	289.42	6176
	1∶2水泥砂浆	m^3	6.96	319.65	2225
	1∶3水泥砂浆	m^3	8.30	271.14	2251
	1∶4水泥砂浆	m^3	1.64	246.39	404
	100厚透水路面砖	m^2	55.01	295.00	16228
	200×200成品金属排水槽+钢板篦子(雨篷处)	m	25.76	315.00	8113
	300宽不锈钢篦子	m	655.01	278.00	182093
	A型复合轻集料	m^3	675.94	400.00	270377
	CY-401胶粘剂	kg	23338.10	6.00	140029
	DS砂浆	m^3	3675.17	459.00	1686904
	白灰	kg	102.01	0.28	29
	白水泥	kg	3094.15	0.85	2630
	玻化砖	m^2	2211.46	85.00	187974
	彩色釉面防滑地砖	m^2	739.95	70.00	51796
	大规格通体玻化墙砖	m^2	296.36	185.00	54827
	地砖	m^2	984.45	65.00	63989
	地砖(玻化砖)	m^2	548.49	70.00	38395
	地砖踢脚	m	8747.15	11.00	96219
	防滑地砖	m^2	1000.76	65.00	65050
	防滑地砖(玻化砖)	m^2	797.47	90.00	71772
	防滑地砖(玻化砖)、楼梯踏步设成品	m^2	4980.95	105.00	523000
	防滑梯级缸砖	m^2	32.21	90.00	2899
	广场砖	m^2	38.79	110.00	4267
	厚型无机内墙涂料	kg	57393.08	45.00	2582688
	灰色外墙涂料	kg	37.40	36.00	1346
	挤塑聚苯板	m^3	1485.68	780.00	1158834
	加气混凝土块	m^4	11163.69	350.00	3907290
	胶粘剂	kg	0.02	52.80	1
	胶粘剂	m^3	254.67	2200.00	560283
	胶粘砂浆	m^3	33.47	5264.60	176227
	聚氯乙烯塑料薄膜隔离层	m^2	4510.39	3.80	17139

续表

序号	项目名称	单位	数量	单价(元)	合价(元)
	马赛克	m^2	72.10	180.00	12978
	免抹灰轻集料SN保温砌块	m^3	1441.92	350.00	504673
	磨光花岗石窗台	m^2	129.08	550.00	70992
	抹灰砂浆	m^3	1220.57	493.00	601742
	抹面砂浆	m^3	25.77	3910.00	100776
	砌筑砂浆	m^3	63.02	598.20	37701
	浅灰色防滑地砖	m^2	267.73	70.00	18741
	轻集料保温砌块	m^3	213.76	350.00	74815
	砂子	kg	66003.19	0.07	4422
	烧结标准砖	块	129325.72	0.58	75009
	生石灰	kg	51383.52	0.28	14387
	石材	m^2	369.35	800.00	295482
	石子	kg	10494.54	0.06	661
	室内乳胶漆	kg	20896.23	22.00	459717
	水泥	kg	31031.83	0.41	12723
	台阶砖	m^2	80.98	90.00	7288
	陶土面砖	m^2	188.43	90.00	16959
	天然砂石	kg	30466.94	0.05	1554
	釉面砖	m^2	1121.60	70.00	78512
	预埋铁件	kg	2454.30	4.10	10063
	蒸压灰砂砖	块	104463.60	0.58	60589
	种植土	m^3	6352.78	80.00	508222
	……				……
二	措施费	元			17487878
(一)	大型机械进出场、租赁费	元			6950000
1	塔吊租赁费STT153(臂长65m)	元	4×50000×16月		4000000
2	塔吊进出场费及安拆费	元	4×50000		200000
3	塔吊基础	元	4×10000		40000
4	施工电梯租赁费	元	5×16000×16月		1600000
5	施工电梯进出场费及安拆费	元	5×16000		80000
6	施工电梯基础	元	5×6000		30000

续表

序号	项目名称	单位	数量	单价(元)	合价(元)
7	其他机械费	元			1000000
(二)	安全文明施工措施费				3000000
1	现场CI及标语	元			300000
2	文明施工材料费	元			2000000
3	现场安全费用(包括安全帽、临时维护)	元			100000
4	现场临时消防	元			600000
(三)	临时设施费	m²			7537878
1	临时道路及场地硬化混凝土	m³	600.00	65.00	39000
2	钢板路面	t	251.28	1032.00	259324
3	工人宿舍及监理办公板房	m²	3809.71	160.00	609554
4	彩钢板房吊顶	m²	3619.22	18.00	65146
5	彩钢板房二层木地面	m²	1904.86	40.00	76194
6	箱式房	间	49.00	14965.51	733310
7	配电箱	台	77.00	2051.14	157938
8	大门	个	3.00	8666.67	26000
9	空气能设备	套	1.00	700000.00	700000
10	围挡	m²	1728	79	136512
11	彩钢围挡	块	500	65	32500
12	保安	元	8人×30×2400		576000
13	钢筋加工棚	元			60000
14	网络使用费	元			30000
15	水电费	元	151820	20	3036400
16	临建其他材料及办公用品	元			1000000
三	现场管理费(一级项目)	元			8215910
1	现场管理人员工资奖金	元	人力资源部核准		6153710
2	管理人员办公费	元	100×24×30		72000
3	管理人员差旅、交通费	元	150×24×30+3000×30		198000
4	交通费回塘沽	元	350×24×30		252000
5	经营招待费	元	12000×30		360000
6	通信费	元	(300+200×2+80×21)×30		71400
7	外餐费	元	18×24×30×30		388800

续表

序号	项目名称	单位	数量	单价(元)	合价(元)
8	远征补助	元	1000×24×30		720000
四	其他费用	元			5762762
1	施工交易服务费	元	868086407	0.0011×0.4	381958
2	合同备案费	元	868086407	0.0003	260426
3	印花税	元	868086407	0.0006	520852
4	职工意外伤害保险	元	868086407	0.00175	1519151
5	保险	元	868086407	0.0004	347235
6	质量监督费	元	868086407	0.0007	607660
7	竣工清理费	元	151820	3	455460
8	垃圾外运	元	151820	2	303640
9	成品保护费	元	151820	2	303640
10	检验试验费	元	151820	7	1062740
五	总包服务费	元	0	0	0
六	税金	元	273351710	0.0348	9512639
七	成本合计	元			496856337
八	管理效益	元	−496856337	0.035	−17389972
九	结算效益	元	−496856337	0.025	−12421408
十	责任成本合计	元			467044957

(5) 确定项目成本目标

根据上述成本预测得到的项目责任成本，可确定成本目标，即计划成本，算出成本计划效益指标（责任目标成本计划降低额）。

责任目标成本计划降低额＝责任成本－计划成本

见表 4-4。

项目责任成本降低总计划表　　**表 4-4**

序号	名称	金额(元)	备注
一	自行完成部分合同造价	591181107	合同金额－专业暂估价费用
二	责任成本(含税)	467044957	可测算；也可根据企业经济指标计算：自行完成部分合同造价×(1－责任经济指标－税率)
三	项目计划成本(含税)	460606936	责任成本×(1－成本降低率)
四	计划降低额(责任成本－计划成本)	6438021	(责任成本－计划成本)

(6) 编制项目成本计划

本部分是把项目成本目标进行分解，具体分配成本，编制分项工程的成本计划，使成本管理有可操作性。

由于篇幅限制，本案例仅列举防水工程，该分部工程成本计划额为 8349147 元，分解后，其分项工程的成本计划，见表 4-5。

防水工程成本计划表 表 4-5

序号	子目编码	子目名称	计量单位	工程量	合同金额(元)		计划成本(元)	
					综合单价	合价	单价	合价
1	010903001001	墙面卷材防水	m^2	15087.52	246.66	3721487.68	105	1584190
2	010904001001	地下室底板防水	m^2	23761.55	195.21	4638492.18	105	2494963
3	补-1	1.5厚聚合物水泥基防水涂料	m^2	59638.156	0	0	45	2683717
4	010902001001	W1 种植屋面	m^2	9334.96	423.31	3951581.92	105	980171
5	010901002002	W2 防腐木铺地屋面	m^2	27.6	763.28	21066.53	105	2898
6	010901002001	W3 地砖屋面	m^2	3060.69	453.3	1387411	105	321372
7	011001001001	W4 砂浆面屋面	m^2	758.63	275.59	209070.84	105	79656
8	010501006001	设备基础	m^2	775.38	115.39	89471.1	105	81415
9	010901002004	防倒塌棚架屋面	m^2	209.82	169.78	35623.24	105	22031
10	010901002003	型材屋面	m^2	642.66	685.27	440395.62	105	67479
11	011407002010	混凝土雨棚	m^2	16.83	176.46	2969.82	45	757
12	010904002001	渗透结晶型防水涂料	m^2	609.95	50.79	30979.36	50	30498
合计			元					8349147

（7）针对成本计划制定相应的控制措施

在项目成本管理工作中要抓住重点，也就是项目应该抓住哪些“点”来进行成本管理。分析清单内容、分析合同条款，分析招标文件，找出其中的盈利点、亏损点和风险点，制定出有针对性的措施，使项目盈利最大化、亏损最小化、风险最小化（把亏损的子项变更、消除，进而实现扭亏为盈，盈利的子项盈利更多）。分析思路如下：

1）合同清单盈利项——利润最大化

思路 1：增加工程量。

思路 2：优化方案降低成本。

思路 3：既增加工程量又优化方案降低成本。

2）合同清单亏损项——亏损最小化、甚至扭亏为盈

思路 1：通过变更减少工程量，减少亏损。

思路 2：重新认价，扭亏为盈。

思路 3：优化方案降低成本。

3）新增清单项——创造新的利润点，使利润最大化

思路 1：控制市场资源，主导定价。

思路 2：变更为合同清单中的盈利项（或类似项）参考合同中盈利项（或类似项）的单价。

4）合同条款/清单风险项——有利风险实现创效，不利风险化解消除

思路：分析风险项对项目盈亏的影响程度，根据其影响程度制定相应的应对方案，通过变更减少工程量，减少亏损。

对比成本计划表中合同价和市场价，进行项目盈亏点分析，找到重点成本控制对象，制定应对措施。见表 4-6。

对重点成本控制对象进行分析，设定该项目具体成本降低额及拟采取措施。见表 4-7。

项目盈、亏点分析及应对措施表

表 4-6

序号	清单子目	合同报价			市场价			盈亏额（+、-）	策划目标	应对措施项目	责任部门（责任人）	备注
		清单量	清单单价	合价	预算量	市场单价	合价					
一	土方工程											
1	挖土方及外运	370503	51	18895653	370503	42	15561126	3334527	增大利润空间	协助办理堆土场，办理二次倒运洽商，增加收入，降低成本		盈点
2	回填方	83626	31	2592406	83626	28	2341528	250878	增大利润空间	素土回填变更为3：8灰土回填		盈点
3	小计			21488059			17902654	3585405				
二	一次结构											
1	满堂基础混凝土浇筑	19455	29	564195	19455	45	875475	-311280	降低亏损	1. 每月收集造价信息与分包价格进行对比分析，按照形象部位或施工时间调价上报。 2. 通过招标压低分包单位的价格		亏点
2	满堂基础复合模板	2938	20	58760	2938	48	141024	-82264	降低亏损	优化施工方案，使用简单快速的搭拆措施，提高周转速度，降低成本，进而减少亏损		亏点
3	有梁板混凝土浇筑	20118	36	724248	20118	45	905310	-181062	降低亏损	1. 每月收集造价信息与分包价格进行对比分析，按照形象部位或施工时间调价上报。 2. 通过招标压低分包单位的价格		亏点
4	有梁板复合模板	117204	41	4805364	117204	54	6329016	-1523652	降低亏损	优化施工方案，使用简单快速的搭拆措施，提高周转速度，降低成本，进而减少亏损		亏点
5	矩形柱复合模板	33444	38	1270872	33444	54	1805976	-535104	降低亏损			亏点
6	剪力墙混凝土浇筑	16192	41	663872	16192	45	728640	-64768	降低亏损	1. 每月收集造价信息与分包价格进行对比分析，按照形象部位或施工时间调价上报。 2. 通过招标压低分包单位的价格		亏点
7	剪力墙复合模板	88385	21	1856085	88385	54	4772790	-2916705	降低亏损	优化施工方案，使用简单快速的搭拆措施，提高周转速度，降低成本，进而减少亏损		亏点

续表

序号	清单子目	合同报价			市场价			盈亏额（+、-）	策划目标	应对措施项目	责任部门（责任人）	备注
		清单量	清单单价	合价	预算量	市场单价	合价					
8	矩形梁复合模板	69790	47	3280130	69790	54	3768660	−488530	降低亏损	优化施工方案，使用简单快速的搭拆措施，提高周转速度，降低成本，进而减少亏损		亏点
9	钢筋（10以内地上）制作安装	1402	1357	1902514	1402	950	1331900	570614	降低亏损	1. 每月收集造价信息与分包价格进行对比分析，按照形象部位或施工时间调价上报。2. 通过招标压低分包单位的价格		亏点
10	钢筋（10以外地上）制作安装	6462	1250	8077500	6462	950	6138900	1938600	降低亏损			亏点
11	钢筋（10以内地下）制作安装	805	1357	1092385	805	860	692300	400085	降低亏损			亏点
12	钢筋（10以外地下）制作安装	5714	1250	7142500	5714	860	4914040	2228460	降低亏损			亏点
13	小计			31438425			32404031	−965606				
三	防水工程											
1	地下室侧墙（SBS4+3）改性沥青防水卷材	15087	247	3726489	15087	120	1810440	1916049	增大盈利空间	通过招投标方式选择合理低价中标的专业分包队伍，进一步降低单价；增大施工范围，避免变更保证施工进度		盈点
2	基础底板（SBS4+3）改性沥青防水卷材	23761	195	4633395	23761	120	2851320	1782075	增大盈利空间			盈点
3	小计			8359884			4661760	3698124				

续表

序号	清单子目	合同报价			市场价			盈亏额（十、一）	策划目标	应对措施项目	责任部门（责任人）	备注
		清单量	清单单价	合价	预算量	市场单价	合价					
四	钢结构工程											
1	钢梁	528	10547	5568816	528	5800	3062400	2506416	扩大盈利空间	增加钢结构施工范围，降低分包单价		盈点
2	钢柱	883	10998	9711234	883	5800	5121400	4589834	扩大盈利空间			盈点
3	钢桁架	209	10901	2278309	209	5800	1212200	1066109	扩大盈利空间			盈点
4	压型钢板	466	170	79220	466	145	67570	11650	扩大盈利空间			盈点
5	小计			17637579			9463570	8174009				
	合计			78923947			64432015	10482710				

表 4-7

项目成本策划立项表（累计）

序号	专项名称	策划类别	策划内容	策划状态	策划目标(万元)	拟采取的措施	责任人	拟实施时间
1	土方回填	设计变更	将素土回填变更为2：8灰土回填	计划	100	设计变更		
2	钢柱	设计变更	人防区域增加劲性结构钢柱	计划	130	图纸会审、设计变更		
3	钢梁	设计变更	人防区域增加劲性结构钢梁	计划	150	图纸会审、设计变更		

续表

序号	专项名称	策划类别	策划内容	策划状态	策划目标(万元)	拟采取的措施	责任人	拟实施时间
4	压型钢板楼板	设计变更	部分楼板变更为压型钢板	计划	170	图纸会审、设计变更		
5	钢筋工程(10以内)	双优化及工程计量	人工费部分盈利497元/吨,计划工程计量多结算,双优化等方面增加钢筋量	计划	10.5	设计变更,双优化增加钢筋量;结算时图形算量增加钢筋布置		
6	钢筋工程(10以内)	双优化及工程计量	人工费部分盈利390元/吨,计划工程计量多结算,双优化等方面增加钢筋量	计划	47.2	设计变更,双优化增加钢筋量;结算时图形算量增加钢筋布置		
7	甲指分包管理费	总承包管理	总包管理费另收取5%	计划	暂估项工程合同额27690.53×5%=1384.5265万元	利用我司与业主的良好关系,对专业暂估项进行二次经营,争取我司利润最大化		
8	进度款策划	关系协调	与业主沟通,进度款的支付范围扩大甲乙双方已经确认的合同外洽商变更以及专业暂估项工程,支付比例同原合同	计划	暂估项合同额27690.53+1000(暂定合同外洽商变更金额)×85%=24386.9505万元	签订合同时和分包约定付款事宜,业主给我司付款,我司则给予分包付款,利用甲指分包与业主关系,让甲指分包协助我司向业主催要工程款		
9	材料调差策划	关系协调,设计变更,重新组价	鉴于房地产市场的回暖趋势,钢材价格有上涨趋势,项目部采取以下两项措施:1. 与业主进行沟通,将钢材列入可以调差的主材范围;2. 变更钢结构的施工工艺做法。通过重新组价,调整钢结构的综合单价	计划	100	取以下两项措施:1. 与业主进行沟通,将钢材列入可以调差的主材范围;2. 变更钢结构的施工工艺做法,通过重新组价,调整钢结构的综合单价。对分包单位,综合单价固定包死,不再调整		
10	满堂基础模板措施费	工程计量	模板人工费,清单单价20.54元/m²,招标劳务单价54元/m²	计划	10	图形算量增加布置,与咨询积方极沟通,争取工程量盈利,弥补单价亏损。优化施工方案,提高模板的支拆效率		
11	有梁板复合模板	工程计量	模板人工费,清单单价41.13元/m²,招标劳务单价54元/m²	计划	100	图形算量增加布置,与咨询方积极沟通,争取工程量盈利,弥补单价亏损。优化施工方案,有承压板替代模板		

续表

序号	专项名称	策划类别	策划内容	策划状态	策划目标(万元)	拟采取的措施	责任人	拟实施时间
12	矩形柱复合模板	工程计量	模板人工费,清单单价 38.57 元/m^2,招标劳务单价 54 元/m^2	计划	20	图形算量增加布置,与咨询方积极沟通,争取工程量盈利,弥补单价亏损。优化施工方案,提高模板的支拆效率		
13	剪力墙复合模板	工程计量	模板人工费,清单单价 21.03 元/m^2,招标劳务单价 54 元/m^2	计划	20	图形算量增加布置,与咨询方积极沟通,争取工程量盈利,弥补单价亏损。优化施工方案,提高模板的支拆效率		
14	矩形梁复合模板	工程计量	模板人工费,清单单价 47.7 元/m^2,招标劳务单价 54 元/m^2	计划	10	图形算量增加布置,与咨询方积极沟通,争取工程量盈利,弥补单价亏损。优化施工方案,提高模板的支拆效率		
15	地下防水卷材策划	工程计量	增加防水卷材的工程量,通过设计变更增加防水的施工范围	计划	30	图形算量增加布置,与咨询方积极沟通,争取更大的利润空间		
16	基础混凝土垫层策划	设计变更	垫层改为随打随抹,取消防水找平层做法,防水找平层:18.97 元/m^2	计划	45.08	通过设计变更或者图纸会审将垫层随打随抹,减少施工工艺,缩短工期,提高施工效率		
17	税费策划	税费策划	尽量让分包单位开具增值税专用发票,用于抵税	计划	200	做好付款计划,财务让分包开具增值税专用发票		
18	索赔策划	签证索赔	工期、费用以及利润索赔	计划	500	施工过程中及时找业主签字确认由于业主原因导致工期延误、质量维修以及导致我司费用增加的资料		
19	工程洽商策划	签证索赔	合同外签证索赔	计划	200	施工过程中及时找业主办理工程洽商,并及时上报业主确认此项费用		

注:1. 本表根据项目整体盈利点、亏损点、风险点分析进行成本策划立项;2. 策划类别:包括图纸会审、双优化、深化设计、设计变更、认质认价、重新组价、工程计量、现金流、签证索赔、总承包管理、税费、关系协调等;3. 策划状态:计划、实施、完成 ;4. 本表按月度调整、累计汇总。

4.2 工程变更

4.2.1 核心知识点

由于建设工程项目建设的周期长、涉及的关系复杂、受自然条件和客观因素的影响大，导致项目的实际施工情况与招标投标时的情况相比往往会有一些变化，出现工程变更。

1. 变更的范围

按《建设工程施工合同（示范文本）》GF—2017—0201，除专用合同条款另有约定外，合同履行过程中发生以下情形的，应按照以下约定进行变更：

（1）增加或减少合同中任何工作，或追加额外的工作；

（2）取消合同中任何工作，但转由他人实施的工作除外；

（3）改变合同中任何工作的质量标准或其他特性；

（4）改变工程的基线、标高、位置和尺寸；

（5）改变工程的时间安排或实施顺序。

2. 变更权

按《建设工程施工合同（示范文本）》GF—2017—0201，发包人和监理人均可以提出变更。变更指示均通过监理人发出，监理人发出变更指示前应征得发包人同意。承包人收到经发包人签认的变更指示后，方可实施变更。未经许可，承包人不得擅自对工程的任何部分进行变更。

涉及设计变更的，应由设计人提供变更后的图纸和说明。如变更超过原设计标准或批准的建设规模时，发包人应及时办理规划、设计变更等审批手续。

3. 变更程序

按《建设工程施工合同（示范文本）》GF—2017—0201，变更程序规定如下：

（1）发包人提出变更

发包人提出变更的，应通过监理人向承包人发出变更指示，变更指示应说明计划变更的工程范围和变更的内容。

（2）监理人提出变更建议

监理人提出变更建议的，需要向发包人以书面形式提出变更计划，说明计划变更工程范围和变更的内容、理由，以及实施该变更对合同价格和工期的影响。发包人同意变更的，由监理人向承包人发出变更指示。发包人不同意变更的，监理人无权擅自发出变更指示。

（3）变更执行

承包人收到监理人下达的变更指示后，认为不能执行，应立即提出不能执行该变更指示的理由。承包人认为可以执行变更的，应当书面说明实施该变更指示对合同价格和工期的影响，且合同当事人应当按照〔变更估价〕约定确定变更估价。

4. 变更估价

（1）变更估价原则

按《建设工程施工合同（示范文本）》GF—2017—0201，除专用合同条款另有约定外，变更估价按照以下约定处理：

1）已标价工程量清单或预算书有相同项目的，按照相同项目单价认定；

2）已标价工程量清单或预算书中无相同项目，但有类似项目的，参照类似项目的单价认定；

3）变更导致实际完成的变更工程量与已标价工程量清单或预算书中列明的该项目工程量的变化幅度超过15%的，或已标价工程量清单或预算书中无相同项目及类似项目单价的，按照合理的成本与利润构成的原则，由合同当事人协商确定变更工作的单价。

（2）变更估价程序

按《建设工程施工合同（示范文本）》GF—2017—0201，承包人应在收到变更指示后14天内，向监理人提交变更估价申请。监理人应在收到承包人提交的变更估价申请后7天内审查完毕并报送发包人，监理人对变更估价申请有异议，通知承包人修改后重新提交。发包人应在承包人提交变更估价申请后14天内审批完毕。发包人逾期未完成审批或未提出异议的，视为认可承包人提交的变更估价申请。

因变更引起的价格调整应计入最近一期的进度款中支付。

5. 承包人的合理化建议

承包人提出合理化建议的，应向监理人提交合理化建议说明，说明建议的内容和理由，以及实施该建议对合同价格和工期的影响。

按《建设工程施工合同（示范文本）》GF—2017—0201，除专用合同条款另有约定外，监理人应在收到承包人提交的合理化建议后7天内审查完毕并报送发包人，发现其中存在技术上的缺陷，应通知承包人修改。发包人应在收到监理人报送的合理化建议后7天内审批完毕。合理化建议经发包人批准的，监理人应及时发出变更指示，由此引起的合同价格调整按〔变更估价〕约定执行。发包人不同意变更的，监理人应书面通知承包人。

合理化建议降低了合同价格或者提高了工程经济效益的，发包人可对承包人给予奖励，奖励的方法和金额在专用合同条款中约定。

6. 变更产生的合同价款调整

按《建设工程工程量清单计价规范》GB 50500—2013，因工程变更引起已标价工程量清单项目或其工程数量发生变化时，应按照下列规定调整：

（1）已标价工程量清单中有适用于变更工程项目的，应采用该项目的单价；但当工程变更导致该清单项目的工程数量发生变化，且工程量偏差超过15%时，该项目单价应按照相应规定调整。

（2）已标价工程量清单中没有适用但有类似于变更工程项目的可在合理范围内参照类似项目的单价。

（3）已标价工程量清单中没有适用也没有类似于变更工程项目的，应由承包人根据变更工程资料、计量规则和计价办法、工程造价管理机构发布的信息价格和承包人报价浮动率提出变更工程项目的单价，并应报发包人确认后调整。承包人报价浮动率可按下列公式计算：

1）招标工程：

$$承包人报价浮动率\ L=(1-中标价/招标控制价)\times 100\% \quad (4\text{-}1)$$

2）非招标工程：

承包人报价浮动率 $L=(1-\text{报价}/\text{施工图预算})\times100\%$ (4-2)

（4）已标价工程量清单中没有适用也没有类似于变更工程项目，且工程造价管理机构发布的信息价格缺价的，应由承包人根据变更工程资料、计量规则、计价办法和通过市场调查等取得有合法依据的市场价格提出变更工程项目的单价，并应报发包人确认后调整。

4.2.2 工程变更案例

1. 项目背景

某城市郊区燃煤电厂项目，总投资 10000 万元。

原设计中，发包人有项目完成投入使用后，陆续引进新的大型设备的计划。由于设计时间较紧，原设计中电缆铺设方案参照了以往项目的设计方案，没有充分考虑本项目的实际情况。该地区纬度较低，夏季降雨量较多，建筑防水与排水成了保证项目顺利投入使用的关键。该工程需要使用钻孔灌注桩共 3 种，分别为：直径 1.0m、1.2m 和 1.3m 桩，合同规定选择直径为 1.0m 的钻孔灌注桩做静载破坏实验。

施工伊始，发包人由于资金短缺修改了项目设计，取消了原设计中的部分配套及办公建筑。施工过程中发现，项目的防水与排水设施均基于年平均降水量设计，没有充分考虑到雨季降水量骤增的情形，存在隐患。

2. 项目中涉及的工程变更

（1）发包人提出的变更

变更 A：发包人考虑到燃煤电厂投入使用后仍将陆续购入新设备以提高发电效率，在施工前与设计人协商，根据安全原则提出了设计变更：修改厂房基础的设计以提高厂房的承载力，保证员工与设备的安全。

变更 B：在选择钻孔灌注桩做静载破坏实验前，监理人对三种灌注桩的工程量进行确认后发现，在该工程中，直径 1.0m 的桩共需 1016m，直径 1.2m 的桩共需 5729m，直径 1.3m 的桩共需 1862m。监理人认为，选用直径为 1.2m 的钻孔灌注桩做静载破坏实验对工程更具有代表性和指导意义，有利于项目达到质量目标，因此提出了变更。

变更 C：发包人由于资金短缺修改了项目设计构成了变更，在其取消了原设计中部分配套及办公建筑的建设后，承包人认为该变更使混凝土分项工程量大幅减少，要求对合同中的单价作相应调整。而发包人认为应按原价执行，双方意见出现了分歧。

（2）承包人提出的变更建议

变更 D：承包人在施工过程中发现，原设计在电缆铺设方案上不够合理，优化电缆铺设方案可以节约部分电缆。因此，承包人提交了合理化建议，建议调整电缆铺设方案以降低建设成本，此建议被采纳并构成了变更。

变更 E：承包人经仔细调查研究后发现，该工程在某配套设施的施工图设计中防水层设计考虑不周，屋面防水性能可能受到影响。为保证此配套设施顺利使用，需要使用某种高分子防水卷材。因此，承包人综合项目实际，提出新增该种高分子防水卷材 $400m^2$，此建议被采纳并构成了变更。

变更 F：承包人发现设计人对于预定的工程条件判断不准确，在排水方面考虑不周，对雨季排水量的估计不够充分，容易产生积水影响车辆和人员安全，因此提出设计变更建议，在适当位置增设排水管道 12 道，此建议被采纳并构成了变更。

3. 变更流程

本例以变更A和变更D为例，针对发包人（变更A）和承包人（变更D）提出的工程变更（建议），详细介绍变更的估价方法，形成完整的变更流程。

（1）变更A的流程

1）变更的提出与变更指示的发出

在合同履行过程中，发包人认为应修改设计，构成了变更。监理人按合同约定，向承包人发出书面变更指示，在合同约定的期限内送达承包人并办理签收手续。变更指示见表4-8。

变更指示（第×号）　　表4-8

合同名称：××　　合同编号：××

致：（承包人现场机构）

现决定对如下项目作如下变更，贵方应根据本指示于　×　年　×　月　×　日前提交相应的施工措施计划和变更报价。

变更项目名称：某城市郊区燃煤电厂项目××厂房

变更内容简述：修改基础的设计以提升其承载力

变更工程量估计：

变更工程量内容	单位	原设计	新设计
混凝土	m^2	1295	1652
钢筋	t	114.6	184.3
钢板	t	6.862	4.284
开挖	m^2	6429	7383

变更技术要求：见附件

变更进度要求：见附件

附件：1. 变更项目清单（含估算工程量）及说明。

2. 设计文件、施工图纸（若有）。

3. 其他变更依据。

监理人：（全称及盖章）

总监理工程师：（签名）

日　　期：×年×月×日

承包人：（现场机构名称及盖章）

签收人：（签名）

日　　期：×年×月×日

说明：本表一式三份，由监理人填写，承包人签收后，发包人、监理人、承包人各一份。

2）变更估价

承包人在签收变更指示后，仔细研读附件中的技术、进度要求并核对工程量变化无误。

对于变更工程子目的单价，承包人认为开挖一项在工程量清单中可以找到适用于此项变更的子目，直接使用该子目单价。虽然钢筋的量增加了62%，但根据“项目专用合同条款”的其他规定并未申请单价的变更。钢板的量减少了38%，但由于相同原因并未对其单价申请变更。

变更中需要浇筑C25混凝土，承包人认为虽然在工程量清单中有C25混凝土的价格，但由于构筑物的尺寸、位置、用途和施工条件不尽相同，尽管强度等均为C25级，不同构筑物的C25混凝土单价却不尽相同，且没有发现与该变更部分的实际工程情况相似的单价。因此，监理人参照了类似子目的单价，计算工程量清单中所有C25混凝土的价格的平均值，为461元/m³，将其作为此变更工程中C25混凝土的单价。因此，该变更中各项内容单价见表4-9。

变更A中主要工程单价　　表4-9

	原设计	新设计	单价
混凝土	1295m³	1652m³	461元/m³
钢筋	114.6t	184.3t	4710元/t
钢板	6.862t	4.284t	4670元/t
开挖	6429m³	7383m³	8.76元/m³

承包人于收到变更指示的14天内向监理人提交了变更报价书，根据合同条款约定的估价原则详细说明了变更混凝土单价的理由、计算过程与价格组成，并附上了施工方法说明等资料证明变更单价的合理性。

监理人在收到变更报价书后的14天内，联系了合同当事人进行协商，在监理人的协调下，发包人同意变更工程中C25混凝土使用新单价，监理人确定变更该子目价格。

（2）变更D的流程

1）变更建议的提出与变更指示的发出

承包人认为原设计的电缆铺设方案设计不佳造成浪费，调整原有方案能够有效地降低建设成本。承包人确认了该变更符合合同条款约定变更情形，因此以书面形式向监理人提出书面变更建议，并附必要的图纸和说明。变更建议书见表4-10。

变更建议书　　表4-10

合同名称：××　　合同编号：××

致：（监理人名称） 根据现场施工情况以及相关设计资料，我方建议对本项目作如下变更： 变更内容简述：修改原设计的电缆铺设方案设计 变更的原因和依据：原设计的电缆铺设方案设计不佳造成浪费，调整原有方案能够有效地降低建设成本。 变更工程量估计：见附件 变更进度要求：见附件 附件：1. 变更项目清单（含估算工程量）及说明。 2. 设计文件、施工图纸（若有）。 承包人：（全称及盖章） 项目经理：（签名） 日　期：×年×月×日
监理人初步意见： 监理人：（全称及盖章） 总监理工程师：（签名） 日　期：×年×月×日

续表

设计人意见：
设计人：(全称及盖章) 负责人：(签名) 日　期：×年×月×日
发包人意见：
发包人：(全称及盖章) 负责人：(签名) 日　期：×年×月×日

说明：本表一式四份，由承包人填写，监理人、设计人、发包人 3 方审签后，发包人、承包人、设计人及监理人各 1 份。

监理人收到承包人的书面建议后，立即与发包人和设计人进行研究，确认承包人建议的变更可行，构成了工程变更。经过重新计算新方案的工程量，经过对比得出结论，新方案比原方案节约了某型号钢芯铝绞线 1250 千克。

监理人在收到承包人书面建议后的 14 天内，做出了变更指示（承包人受到变更指示后的流程与变更 A 的流程类似，此处不再重复）。

2）变更估价

考虑到发包人在原报价中有此型号的钢芯铝绞线报价，在综合分析新方案的施工条件等状况后，监理人认为减少的电缆量不多且此部分材料的采购尚未开始，工程量的减少没有对承包人带来损失，故可直接采用工程量清单中的单价。即剩余的此型号钢芯铝绞线价格依然维持在清单中的价格 10.10 元/千克。

（3）变更 B、C、E、F 的估价方法

1）变更 B 的单价

变更 B 中，原工程量清单中只有直径 1.0m 的静载破坏实验的价格，没有可以套用的价格。经过与发包人和承包人协商，监理人认为钻孔灌注桩静载破坏实验的费用主要由两部分组成，其一为试验费用，其二为桩的费用，而实验方法及设备并未因试验桩的直径变化而发生变化。因此，费用增减主要是由钻孔灌注桩的直径变化引起的，而试验费用可认为没有变化。由于普通钻孔灌注桩的单价在工程量清单中可以找到，故改用 1.2m 钻孔灌注桩进行静载破坏实验的费用为直径 1.0m 桩静载破坏试验费与直径 1.2m 钻孔灌注桩的清单价格之和。由此得出的单价由 5488 元/次变更为 6135 元/次。

2）变更 C 的单价

经监理人调解，各方达成以下共识：若最终减少的该混凝土分项工程量超过原计划工程量的 15%，则无论该混凝土分项工程费用占总工程百分比如何，混凝土分项的全部工程量执行新的综合费用单价。

确定新的综合单价时，由于发包人与承包人难以通过协商达成一致，监理人决定结合招标控制价确定新的综合单价。此工程子项混凝土的原综合单价是 410 元/m^3，招标控制价中的综合单价是 525 元/m^3，该工程投标报价下浮率为 5.5%。投标报价与招标控制价的偏差为 1－410÷525＝21.9%，大于 15%，符合根据招标控制价调整综合单价的条件。监理人考虑到承包人的投标报价整体下浮率、投标报价与招标控制价的偏差，有 525×

(1－5.5%)×(1－15%)＝421.7 元/m^3，大于原综合单价 410 元/m^3，故单价应调整为 421.7 元/m^3。

由此可见，在变更后，每立方米可为承包人减少损失 11.7 元。

3）变更 E 的单价

变更 E 中，监理人考虑到工程量清单中无此高分子防水卷材的单价，因此调查了市面上此高分子防水卷材的信息价格，按成本加利润的原则对新的综合单价进行调整。监理人调查到的高分子防水卷材平均价格为 21 元/m^2，查该项目的定额人工费为 4.12 元/m^2，除此高分子防水卷材外有其他材料费 0.85 元/m^2，管理费和利润为 1.32 元/m^2，该工程投标报价下浮率为 5.5%。

此项目的综合单价为(21＋4.12＋0.85＋1.32)×(1－5.5%)＝25.79 元/m^2。

4）变更 F 的单价

变更 F 中，虽然在工程量清单中有类似的管道单价，但承包人拒绝直接从中选择合适的子目单价作为参考依据。其理由是：变更提出的时间较晚，其土方已经完成并准备开始施工，新增工程不但打乱了其进度计划，而且二次开挖土方难度较大。监理人认为承包人的意见可以接受，不宜直接套用清单中的管道价格。经发包人与承包人协商，决定采用工程量清单中在几何尺寸、位置等条件相近的管道价格作为新增工程的基本单价，但对其中的“开挖”一项在原报价的基础上按某个系数予以适当提高，提高的费用叠加在基本单价上，由此确定新增工程的价格为 1395 元/道。

上述变更中，A、B、D 和 F 采用了工程量清单中相应工程子目的单价作为变更估价依据。其中，变更 A 中的非混凝土子项与变更 D 是直接套用，即直接采用工程量清单中相应子项的价格；变更 A 中的混凝土以及变更 F 是间接套用，即将工程量清单子目单价经换算后采用；变更 B 是部分套用，即采用工程量清单价格中的某一部分。该方法能够充分地体现单价合同的优势，减少变更工程发包人与承包人协商定价的分歧，尽快确定变更工程的单价，及时办理变更工程支付。一般在变更工程数量不大的情况下都可以采用工程量清单中相应工程子目单价作为变更估价依据。

变更 C 采用了对工程量清单中的相应单价进行变更的方法，这种方法适用于变更工程的性质和数量关系到整个工程的性质或数量，导致工程子目原有单价不合理时的情况。一般会在具体工程项目合同中的“项目专用合同条款”中予以规定。

变更 E 采用了协商确定新工程子目单价的方法，这种方法适用于工程量清单中没有相应工程子目的单价，且又不宜采用计日工单价作为计价依据的情况。协商新工程子目单价的依据有相关规范、承包人投标时提供的单价分析资料，以及工程量清单相关项目子目的单价等。

此外，对于工程量清单中无相应计价依据的零星工作的变更，也可采用计日工单价作为计价依据。此时应从暂列金额中支付，承包人应在变更的实施过程中每日提供相应的资料与凭证报送监理人审批，经监理人审核并经发包人同意后列入进度付款。

5）变更总费用计算

本案例中，变更 A、变更 B、变更 E 和变更 F 在发生后的净增费用的计算方法如下：

① 计算新设计中与原设计相对应的净增费用

变更 A 的原设计：

混凝土：1295m^3×461 元/m^3＝596995 元

钢筋：114.6t×4710 元/t＝539766 元

钢板：6.862t×4670 元/t＝32044.54 元

开挖：6429m^3×8.76 元/m^3＝56318.04 元

共计：596995＋539766＋32044.54＋56318.04＝1225124.58 元

变更 B 的原设计：10 次×5488 元/次＝54880 元

变更 A 的新设计：

混凝土：1652m^3×461 元/m^3＝761572 元

钢筋：184.3t×4710 元/t＝872763 元

钢板：4.284t×4670 元/t＝20006.28 元

开挖：7383m^3×8.76 元/m^3＝64674.08 元

共计：761572＋872763＋20006.28＋64674.08＝1719016.36 元

变更 B 的新设计：10 次×6135 元/次＝61350 元

因此，新设计中与原设计相对应的净增费用为：

(1719016.36－1225124.58)＋(61350－54880)＝500361.78 元

② 计算增加的新内容的费用

变更 E 的新增费用：400m×25.79 元/m＝10316 元

变更 F 的新增费用：12 道×1395 元/道＝16740 元

因此，增加的新内容的净增费用为：

10316＋16740＝27056 元

③ 计算变更后的总净增费用

变更后的净增费用为：500361.78＋27056＝527417.78 元

而变更 D 使项目节约成本：1250 千克×10.10 元/千克＝12625 元

综上可知，本案例项目通过工程变更，进一步保证了项目必要的质量要求与施工安全，承包人利润也随工程量的增加而增加了近 9 万元。另一方面，承包人通过合理化建议，为项目节约成本 12625 元，可能会按合同规定得到一定金额的奖励。在单项工程中通过及时、合理的工程量清单的单价变更，承包人仅混凝土一项减少了损失 11.7 元/m^3，保证了承包人的合理利润。

4. 承包人在变更中的注意事项

承包人在提出变更建议、应对变更时可以从以下几方面注意：

(1) 承包人提出变更建议

承包人主动提出变更建议，多出于项目实际施工条件与设计图纸等资料不符，以及出现对设计优化、补充、完善的办法时。此时应充分了解现场实际施工情况并研究施工组织设计，实地考察结果，抓住施工条件、施工方案、施工难度都发生根本变化关键因素，积极建议优化方案的变更，充分说明变更对项目施工的价值，论证变更后的进度、技术方案的可行性。

(2) 承包人应对变更指示

发包人为提升自身利益，或是由于质量、安全保证原因向承包人提出变更，有很大可能会导致承包人利益损失。对此，承包人在坚决响应落实发包人提出的要求的同时，也应根据合同、招投标文件、施工图纸等，不失时机地提出合理的变更价格调整、工期调整等补偿方式，减少所受到的损失，甚至从中获利。

(3) 承包人应坚持的原则

无论是主动提出变更建议，还是应对变更提出价格调整，承包人都应坚持以下原则：

1) 在监理人和发包人易于接受的范围内；

2) 严格遵照合同条件的相关规定；

3) 有利于缓解双方矛盾，保证项目顺利进行；

4) 有利于平衡双方利益，力争做到双赢。

4.3 施工索赔

4.3.1 核心知识点

1. 索赔定义

索赔是指在合同履行过程中，对于非己方的过错而应由对方承担责任的情况造成的损失，向对方提出补偿的要求。建设工程施工中的索赔是发承包双方行使正当权利的行为，承包人可向发包人索赔，发包人也可向承包人索赔。

2. 索赔的成立条件

当合同一方向另一方提出索赔时，应有正当的索赔理由和有效证据，并应符合合同的相关约定。由此可看出任何索赔事件成立必须满足的三要素：正当的索赔理由；有效的索赔证据；在合同约定的时间内提出。

索赔证据应满足以下基本要求：真实性、全面性、关联性、及时性并具有法律证明效力。

3. 承包人索赔

(1) 承包人索赔的提出

按国家发改委、财政部、建设部等九部委发布的《标准施工招标文件》(2007年版)，根据合同约定，承包人认为有权得到追加付款和（或）延长工期的，应按以下程序向发包人提出索赔：

1) 承包人应在知道或应当知道索赔事件发生后28天内，向监理人递交索赔意向通知书，并说明发生索赔事件的事由。承包人未在前述28天内发出索赔意向通知书的，丧失要求追加付款和（或）延长工期的权利；

2) 承包人应在发出索赔意向通知书后28天内，向监理人正式递交索赔通知书。索赔通知书应详细说明索赔理由以及要求追加的付款金额和（或）延长的工期，并附必要的记录和证明材料；

3) 索赔事件具有连续影响的，承包人应按合理时间间隔继续递交延续索赔通知，说明连续影响的实际情况和记录，列出累计的追加付款金额和（或）工期延长天数；

4) 在索赔事件影响结束后的28天内，承包人应向监理人递交最终索赔通知书，说明最终要求索赔的追加付款金额和延长的工期，并附必要的记录和证明材料。

(2) 承包人可向发包人索赔的条款

根据《标准施工招标文件》(2007年版)中的“通用合同条款”，承包人可向发包人提出费用、工期和利润索赔的条款如表4-11所示。

承包人可向发包人提出费用、工期和利润索赔的条款　　表4-11

条款号	主要内容	承包人可要求权利
通用合同条款		
1.10.1	在施工场地发掘出文物、古迹以及具有地质研究或考古价值的其他遗迹、化石、钱币或物品	费用和(或)工期
3.4.5	监理人未能按合同约定发出指示、指示延误或指示错误	费用和(或)工期
4.2.8	承包人应按监理人的指示为他人在施工场地或附近实施与工程有关的其他各项工作提供可能的条件	费用
4.21.2	承包人遇到不利物质条件	费用和(或)工期
5.2.4	发包人提供的材料和工程设备，要求向承包人提前交货的	费用
5.2.6	发包人提供的材料和工程设备的规格、数量或质量不符合合同要求，或由于发包人原因发生交货日期延误及交货地点变更等情况的	费用和(或)工期+合理利润
5.4.3	发包人提供的材料或工程设备不符合合同要求的	费用和(或)工期
8.3	发包人提供基准资料错误导致承包人测量放线工作的返工或造成工程损失的	费用和(或)工期+合理利润
9.2.5	采取合同未约定的安全作业环境及安全施工措施	费用
11.3	由于发包人原因造成工期延误	费用和(或)工期+合理利润
11.4	异常恶劣气候的条件	工期
11.6	发包人要求承包人提前竣工	费用+奖金
12.2	由于发包人原因引起的暂停施工造成工期延误	工期和(或)费用+合理利润
12.4.2	暂停施工后因发包人原因无法按时复工的	工期和(或)费用+合理利润
13.1.3	因发包人原因造成工程质量达不到合同约定验收标准的	费用和(或)工期+合理利润
13.5.3	监理人对覆盖工程重新检查，经检验证明工程质量符合合同要求的	费用和(或)工期+合理利润
13.6.2	由于发包人提供的材料或工程设备不合格造成的工程不合格，需要承包人采取措施补救的	费用和(或)工期+合理利润
14.2.3	监理人要求承包人重新试验和检验，重新试验和检验结果证明该项材料、工程设备和工程符合合同要求	费用和(或)工期+合理利润
18.4.2	发包人在全部工程竣工前，使用已接收的单位工程导致承包人费用增加的	费用和(或)工期+合理利润
18.6.2	由于发包人的原因导致试运行失败的	费用+合理利润
19.2.3	属发包人原因造成的工程缺陷或损坏	费用+合理利润
21.3.1	不可抗力	部分费用和(或)工期
22.2.2	由于发包人违约导致承包人暂停施工	费用和(或)工期+合理利润

(3) 承包人索赔处理程序

根据《标准施工招标文件》(2007年版)，承包人索赔处理程序如下：

1）监理人收到承包人提交的索赔通知书后，应及时审查索赔通知书的内容、查验承包人的记录和证明材料，必要时监理人可要求承包人提交全部原始记录副本。

2）监理人应按〔资格审查资料〕商定或确定追加的付款和（或）延长的工期，并在收到上述索赔通知书或有关索赔的进一步证明材料后的42天内，将索赔处理结果答复承包人。

3）承包人接受索赔处理结果的，发包人应在作出索赔处理结果答复后28天内完成赔付。承包人不接受索赔处理结果的，按〔争议的解决〕约定办理。

（4）承包人提出索赔的期限

承包人按〔竣工结算〕的约定接受了竣工付款证书后，应被认为已无权再提出在合同工程接收证书颁发前所发生的任何索赔。

承包人按〔最终结清〕约定提交的最终结清申请单中，只限于提出工程接收证书颁发后发生的索赔。提出索赔的期限自接受最终结清证书时终止。

4. 发包人索赔

（1）发包人的索赔

根据《标准施工招标文件》（2007年版），发生索赔事件后，监理人应及时书面通知承包人，详细说明发包人有权得到的索赔金额和（或）延长缺陷责任期的细节和依据。发包人提出索赔的期限和要求与〔承包人提出索赔的期限〕约定相同，延长缺陷责任期的通知应在缺陷责任期届满前发出。

监理人按〔资格审查资料〕商定或确定发包人从承包人处得到赔付的金额和（或）缺陷责任期的延长期。承包人应付给发包人的金额可从拟支付给承包人的合同价款中扣除，或由承包人以其他方式支付给发包人。

（2）发包人可向承包人索赔的条款

根据《标准施工招标文件》（2007年版）中的“通用合同条款”，发包人可向承包人提出费用和工期索赔的条款见表4-12。

发包人可向承包人提出费用和工期索赔的条款　　表4-12

条款号	主要内容	发包人可要求权利（或承包人应承担的义务）
通用合同条款		
5.2.5	发包人提供的材料和工程设备，承包人要求更改交货日期或地点的	费用和（或）工期
5.4.2	承包人提供了不合格的材料或工程设备	费用和（或）工期
6.3	承包人使用的施工设备不能满足合同进度计划和（或）质量要求时，监理人要求承包人增加或更换施工设备	费用和（或）工期
11.5	由于承包人原因导致工期延误	赶工费用＋逾期竣工违约金
12.1	由于承包人原因导致暂停施工	费用和（或）工期
12.4.2	暂停施工后承包人无故拖延和拒绝复工的	费用和工期
13.1.2	因承包人原因造成工程质量达不到合同约定验收标准的，监理人要求承包人返工直至符合合同要求	费用和（或）工期

续表

条款号	主要内容	发包人可要求权利（或承包人应承担的义务）
13.5.3	监理人对覆盖工程重新检查，经检验证明工程质量不符合合同要求的	费用和(或)工期
13.5.4	承包人未通知监理人到场检查，私自将工程隐蔽部位覆盖的，监理人指示承包人钻孔探测或揭开检查	费用和(或)工期
13.6.1	承包人使用不合格材料、工程设备，或采用不适当的施工工艺，或施工不当，造成工程不合格的	费用和(或)工期
14.2.3	监理人要求承包人重新试验和检验，重新试验和检验结果证明该项材料、工程设备和工程不符合合同要求	费用和(或)工期
18.6.2	由于承包人的原因导致试运行失败的	费用
19.2.3	属承包人原因造成的工程缺陷或损坏	费用
22.1.2	承包人违约	费用和(或)工期
22.1.6	在工程实施期间或缺陷责任期内发生危及工程安全的事件，承包人无能力或不愿进行抢救，而且此类抢救属于承包人义务范围之内	费用和(或)工期

5. 索赔费用的组成

索赔费用的组成与建筑安装工程造价的组成相似，一般包括以下几个方面。

(1) 分部分项工程量清单费用

工程量清单漏项或非承包人原因的工程变更，造成增加新的工程量清单项目，其对应的综合单价的确定参见工程变更价款的确定原则。

1) 人工费。包括增加工作内容的人工费、停工损失费和工作效率降低的损失费等累计，其中增加工作内容的人工费应按照计日工费计算，而停工损失费和工作效率降低的损失费按窝工费计算，窝工费的标准双方应在合同中约定。

2) 设备费。可采用机械台班费、机械折旧费、设备租赁费等几种形式。当工作内容增加引起设备费索赔时，设备费的标准按照机械台班费计算。因窝工引起的设备费索赔，当施工机械属于施工企业自有时，按照机械折旧费计算索赔费用；当施工机械是施工企业从外部租赁时，索赔费用的标准按照设备租赁费计算。

3) 材料费。包括索赔事件引起的材料用量增加、材料价格大幅度上涨、非承包人原因造成的工期延误而引起的材料价格上涨和材料超期存储费用。

4) 管理费。此项又可分为现场管理费和企业管理费两部分，由于二者的计算方法不一样，所以在审核过程中应区别对待。

5) 利润。对工程范围、工作内容变更等引起的索赔，承包人可按原报价单中的利润百分率计算利润。

6) 迟延付款利息。发包人未按约定时间进行付款的，应按约定利率支付迟延付款的利息。

(2) 措施项目费用

因分部分项工程量清单漏项或非承包人原因的工程变更，引起措施项目发生变化，造成施工组织设计或施工方案变更，造成措施费发生变化时，已有的措施项目，按原有措施费的组价方法调整；原措施费中没有的措施项目，由承包人根据措施项目变更情况，提出适当的措施费变更，经发包人确认后调整。

(3) 其他项目费

其他项目费中所涉及的人工费、材料费等按合同的约定计算。

(4) 规费与税金

除工程内容的变更或增加，承包人可以列入相应增加的规费与税金。其他情况一般不能索赔。

索赔规费与税金的款额计算通常是与原报价单中的百分率保持一致。

4.3.2 施工索赔案例

1. 项目背景

某年9月，某承包人与发包人签订某居住用地项目施工合同，在合同的实施过程中，发生如下主要事件。

事件A：9月15日，承包人在采购原材料时发现，工程招标文件参考资料中提供的用砂地点距工地3公里，但是开工后，经检查该砂质量不符合要求，承包人只得从另一距离工地20公里的供砂地点采购。

事件B：10月9日，发包人应交给承包人的后续图纸，但实际直到10月13日才交给承包人。

事件C：10月15日因大雨停工，并直到10月17日才开始施工，同时当天用60个工日修复因大雨冲坏的永久道路，10月19日恢复正常施工作业。

事件D：11月2日该市建委下发文件要求11月2日至11日某国际会议召开期间，该市施工现场全面停工。

事件E：12月3日，在安装作业的施工中，发包人给承包人指定了一家设备制造厂生产的工程设备，承包人与这家设备厂签订了合同，并获得了发包人的批准。可是等到设备到场后现场检查验收时，却发现缺少一批关键配件，致使该设备无法正常安装。

为此，承包人向发包人提出工期和费用索赔。

2. 事件D索赔流程

本例以11月2日发生的事件D为例，指导承包人进行工期索赔和费用索赔，详细介绍了工期及费用的计算方式，形成一套完整的索赔流程。

(1) 承包人应在索赔事件发生后28天内提出索赔要求，计算工期损失和费用损失，形成《停工索赔单项费用组成明细表》。

1) 关于事件对项目工期的影响，应先确定事件发生时，项目正在进行的工作处在整个项目进度的哪个阶段，结合项目进度图，查询正在进行的工作是否处在项目进度的关键路线上。若正在进行的工作处在项目进度的关键路线上，则因事件发生造成的项目停工的天数就应是工期索赔的天数；否则，需综合计算项目因事件发生所延迟完工的天数。经过计算，11月2日开始的停工，共造成整个项目延迟10天完工，故索赔工期为10天。

2) 经济索赔金额的计算主要包括：直接成本、现场管理费、总部管理费、安全文明施工费、规费、利润、税金七个方面：

a. 直接成本

直接成本一般采用分项法进行计算，从人工费、材料费、施工机械使用费三个角度进行计算。三种费用均又下设各分项，各分项计算公式见《停工索赔单项费用组成明细表》，不同项目所涉及的分项各不相同。各项费用单价一般在合同中早有约定或采取当时市场价格。将各分项汇总，便可得到直接成本。

b. 现场管理费

现场管理费一般包括通讯费、办公费、现场人员工资（含外聘）、水电费、餐饮费等。具体数额视承包人情况而定，逐项计算并汇总便可得到现场管理费。

c. 总部管理费

总部管理费一般采用百分比法进行计算，计算比率一般取项目合同总额比公司全部合同总额，基数一般取停工期间公司的运营费用。

d. 安全文明施工费

安全文明施工费采用百分比法进行计算，计算比例遵循合同约定，以人材机、现场管理费、总部管理费的和为基数。

e. 规费

规费采用百分比法进行计算，计算比例遵循合同约定，以人工费为基数（伙食费及赶工人工费不计取规费）。

f. 利润

利润采用百分比法进行计算，计算比率遵循合同约定，以人材机、现场管理费、总部管理费、安全文明施工费、规费的和为基数。

g. 税金

税金采用百分比法进行计算，计算比率遵循合同约定，以人材机、现场管理费、总部管理费、安全文明施工费、规费、利润的和为基数。

经计算，形成《停工索赔单项费用组成明细表》，见表 4-13。

停工索赔单项费用组成明细表（除税价） 表 4-13

序号	索赔项	计算公式	费用	备注
一	工期索赔	/	/	/
1.1	工期(天)	整体影响工期 10 天	/	/
二	经济索赔	/	1894920.32	/
2.1	直接成本(分项法)	/	1499680.49	/
2.1.1	人工	/	1061520.00	/
(1)	停工	/	/	/
	停工待命人员工资	264 人/天×93 元/工日×10 天	245520.00	按合同价计入
	停工待命人员工资伙食费	每天每人 20 元，264 人，10 天	52800.00	/
(2)	抢工	/	/	/
	抢工人员工资	264 人/天×180 元/工日×10 天	475200.00	因停工原因造成
	抢工人员工资伙食费	每天每人 20 元，264 人，10 天	52800.00	
(3)	冬施人工降效	(245 元/m^2×30%)×3200m^2	235200.00	按劳务合同签订金额的 30%降效计入

续表

序号	索赔项	计算公式	费用	备注
(4)	留守人员工资	/	/	暂不计
2.1.2	材料	/	339658.18	/
(1)	提前进入冬施费用	/	162623.85	/
	冬施外加剂	增加冬施费 947.99 m^3×15 元/m^3	14219.85	提供开盘鉴定
	阻燃毛毡(2*1m)	800 条×14 元/条	11200.00	/
	塑料布(m^2)	2000m^2×3 元/m^2	6000.00	/
	彩条布(m^2)	1000m^2×1.8 元/m^2	1800.00	/
	铁丝(kg)	500kg×11.8 元/kg	5900.00	/
	测温导线(墙)	1140 支×20 元/支	22800.00	/
	PVC 管(板)	36 根×4 元/根	144.00	/
	保温聚苯板	45m^3×800 元/m^3	36000.00	/
	炉子	36 个×60 元/个	2160.00	/
	煤	4.8t/天×1300 元/t×10 天	62400.00	/
(2)	停工期间租赁	/	177034.33	/
	大模板	1200.79m^2×1.45 元/m^2×10 天,租赁单价按信息价计入	17411.46	编制依据为模板方案
	角膜	274.73m^2×3 元/m^2×10 天,租赁单价按信息价计入	8241.90	
	异型角膜	220.29m^2×3 元/m^2×10 天,租赁单价按信息价计入	6608.70	
	电梯井平台	20.91m^2×3 元/m^2×10 天,租赁单价按信息价计入	627.30	
	钢管 ϕ48(国标)	77470.8m×0.023 元/m×10 天,租赁单价按信息价计入	17818.28	编制依据为现场实际消耗
	扣件(国标)	73424.4 个×0.022 元/个×10 天,租赁单价按信息价计入	16153.37	
	碗扣脚手架(国标)	66260.4m×0.030 元/只×10 天,租赁单价按信息价计入	19878.12	
	丝杠 32×500(国标)(顶托)	9744 个×0.08 元/m^2×10 天,租赁单价按信息价计入	7794.20	
	木跳板(国标)(脚手板)	5500 块×1.5 元/块×10 天,租赁单价按信息价计入	82500.00	
2.1.3	机械	/	91670.00	/
	塔吊 QTZ280t.m(K40/26)	均按租赁考虑:1 台,单价:按 11 月造价信息 K30/21 型号 4.8 万/月,折合每天 1600 元/天	16000.00	/

续表

序号	索赔项	计算公式	费用	备注
	塔吊 QTZ160（TC6020A）	均按租赁考虑：1台，单价：按11月造价信息 QTZ125 型号 3.5 万/月，折合每天 1167 元/天	11670.00	/
	60 型挖掘机	均按租赁考虑：1台，单价：1200 元/台班	12000.00	/
	50 型铲车	均按租赁考虑：2台，单价：1400 元/台班	28000.00	/
	地泵 HTB80 型	租赁 2400 元/天	24000.00	/
2.1.4	小型机械	/	6832.32	/
	电动夯实机（20-62kg/m）	0.94/214×10	0.04	编制依据为双方核对版 4＃、5＃楼预算
	电焊机	10314.76/214×10	482.00	
	交流电焊机（32KVA）	949.15/214×10	44.35	
	其他机具费	133892.7/214×10	6256.67	
	套丝机（圆 150）	450.48/214×10	21.05	
	蛙式打夯机	603.55/214×10	28.20	
2.2	现场管理费	包括通信费、办公费、现场人员工资（含外聘）、水电费	135630.14	/
	管理人员工资（自有）	工资合计 207100/30×10+81958.75/30×10	96352.92	/
	交通费	交通补助合计 22606/30×10	7534.33	/
	水费	当年 11 月共发生水费	3523.29	/
	电费	当年 11 月共发生电费 55254.68 元，折合每天 1841.86 元	18418.60	/
	伙食费	/	9800.00	/
2.3	总部管理费	费用比例（4.69/8.46）×合同总的每天管理费用（2548558.87/605）×10	23352.95	/
2.4	安全文明施工费	按合同（2.1+2.2.+2.3）×4.47%计入 2	74142.26	人材机、现场管理费、总部管理费为取费基数
2.5	规费	按合同规定（1）×20.5%计入	49717.80	伙食费及赶工人工费不计取规费（只计取了窝工人工费）
2.6	利润	按合同（2.1+…+2.5）×2.8%计入	49910.66	（人材机、现场管理费、总部管理费、安全文明施工费、规费）为取费基数
2.7	税金	按合同（2.1+…+2.6）×9%计入	164919.1	（人材机、现场管理费、总部管理费、安全文明施工费、规费、利润）为取费基数

（2）在完成《停工索赔单项费用组成明细表》后，将表中信息进行加和汇总得到《停

工索赔费用汇总表》，见表 4-14。

停工索赔费用汇总表　　表 4-14

序号	索赔项	费用	备注
1	直接成本(分项法)	1499680.49	/
1.1	人工	1061520.00	/
1.2	材料	339658.18	/
1.3	机械	91670.00	/
1.4	小型机械	6832.32	/
2	现场管理费	135630.14	/
3	总部管理费	23352.95	/
4	安全文明施工费	74142.26	/
5	规费	49717.80	/
6	利润	49910.66	/
7	税金	164919.1	/
	合计	1997353.4	/

(3) 认真填写完成《费用索赔意向书》，见表 4-15。

费用索赔意向书　　表 4-15

(承包〔××〕索赔×××号)

合同名称:某居住用地项目　　合同编号:××

索赔事件:××会议原因造成停工,从而出现停工窝工、机械闲置、工程维护等现象。发生日期:×年 11 月 2 日至×年 11 月 11 日,索赔工期 10 日历天。

索赔的依据:×年 11 月 2 日建委下发的×××号文

情况描述:××市建委于×年 11 月 2 日下发的关于调整×年××会议召开期间全市施工现场停工范围的通知,为了确保××会议结束后对工程总的施工进度工期不造成影响,我公司在停工期间组织外施劳务人员进行安全教育宣传活动,确保工程复工时人员、设备、机械能够及时到位。

虽然停工期间人工、材料、机械都属于在施工现场停滞状态,但劳务、材料、机械分包等要求正常付款,且为完成原定进度节点,造成后期抢工,需支付相应的抢工费用。由于原合同价中人工费单价采用当年 8 月市场信息最低价计取,已经使我司面临巨额亏损,我公司以无法再承担因××会议期间造成停工及后期抢工及维保等所发生的费用。

后附:1. 停工索赔费用汇总表;

2. 停工索赔单项费用组成明细表;

3. 其他相关资料包括如下:①停工文件;②×年 11 月 3 日监理下发的"安全工程联系单";③作业人员安全教育记录表(附签到表、照片);④×年 10 月 28 日监理会议纪要;⑤施工周报;⑥工期目标责任书;⑦实际封顶证明资料(混凝土浇筑记录);⑧监理审批后的冬施方案。

承包人:××

项目经理:××

日　期:×年×月×日

续表

监理人意见： 监理机构：×× 总监理工程师：×× 日 期：×年×月×日
项目造价部(××公司)意见： 造价咨询单位：×× 项目负责人：×× 日 期：×年×月×日
发包人意见： 发包人：×× 日期：×年×月×日
说明：本表一式陆份，由承包人填写。监理人审签后，随同批复意见，发包人3份(合同造价部(造价咨询公司)、财务部、档案室各1份)，监理人1份，承包人2份。

(4) 向发包人递交《索赔意向通知》，见表4-16。

索赔意向通知 表4-16

(承包〔××〕索赔×××号)

合同名称：某居住用地项目	合同编号：××
致：××工程咨询监理有限公司 由于 ××会议 原因造成停工。因此根据施工合同的约定，我方拟提出索赔申请，请贵方审核。 附件：索赔意向书(包括索赔事件、索赔依据等) 承包人：×× 项目经理：×× 日 期：×年×月×日	
监理人将另行签发批复意见。 监理机构：×× 签收人：×× 日 期：×年×月×日	
项目造价部(××工程造价咨询有限公司)意见： (造价咨询公司另行签发审核意见) 造价咨询公司：×× 签收人：×× 日 期：×年×月×日	
说明：本表一式陆份，由承包人填写。监理人审签后，随同批复意见，发包人3份(合同造价部(造价咨询公司)、财务部、档案室各1份)，监理人1份，承包人2份。发生索赔事件28天以内必须报送索赔意向通知书，否则视为索赔事件失效不予受理。	

3. 事件A～E索赔处理结果

(1) 事件A：应由承包人承担由此造成的工期延误和增加费用。

原因分析：

1) 承包人应对自己就招标文件的解释负责；

2) 承包人应对自己报价的正确性与完备性负责；

3) 作为一个有经验的承包人可以通过现场踏勘确认招标文件参考资料中提供的用砂质量是否合格，若承包人没有通过现场踏勘发现用砂质量问题，其相关风险应由承包人承担。

(2) 事件B：应由发包人承担工期的延误和费用增加的责任。

原因分析：工程停工由于发包人迟交图纸引起的，为发包人应承担的风险。

(3) 事件C：因大雨而停工部分工期延误3天应由发包人承担，造成人员窝工的费用应由承包人承担；因道路损坏而停工部分应由发包人承担修复冲坏的永久道路所延误的工期和增加的费用。

原因分析：

1) 大雨，按合同约定属不可抗力，属于双方共同承担的风险。由于异常不利的气候条件原因，只是达到合同要求的竣工受到延误的程度，不应考虑承包人的费用索赔要求。

2) 冲坏的永久道路是由于不可抗力（合同中约定的大雨）引起的道路损坏，应由发包人承担其责任。

(4) 事件D：应由发包人承担工期的延误和费用增加的责任。

原因分析：因会议召开而下达的停工令属于不可抗力，应由发包人承担责任。

(5) 事件E：应由发包人承担工期的延误和费用增加的责任。

原因分析：由于发包人指定的供应商引起的工期延误，属于发包人责任。

4.4 工程价款结算

4.4.1 核心知识点

1. 预付款

(1) 预付款的支付

按《建设工程施工合同（示范文本）》GF—2017—0201，预付款的支付按照专用合同条款约定执行，但至迟应在开工通知载明的开工日期7天前支付。预付款应当用于材料、工程设备、施工设备的采购及修建临时工程、组织施工队伍进场等。

除专用合同条款另有约定外，预付款在进度付款中同比例扣回。在颁发工程接收证书前，提前解除合同的，尚未扣完的预付款应与合同价款一并结算。

发包人逾期支付预付款超过7天的，承包人有权向发包人发出要求预付的催告通知，发包人收到通知后7天内仍未支付的，承包人有权暂停施工。

(2) 预付款担保

发包人要求承包人提供预付款担保的，承包人应在发包人支付预付款7天前提供预付款担保，专用合同条款另有约定除外。预付款担保可采用银行保函、担保公司担保等形式，具体由合同当事人在专用合同条款中约定。在预付款完全扣回之前，承包人应保证预付款担保持续有效。

发包人在工程款中逐期扣回预付款后，预付款担保额度应相应减少，但剩余的预付款担保金额不得低于未被扣回的预付款金额。

(3) 工程预付款的抵扣

除专用合同条款另有约定外，预付款在进度付款中同比例扣回。在颁发工程接收证书前，提前解除合同的，尚未扣完的预付款应与合同价款一并结算。

2. 安全文明施工费

安全文明施工费由发包人承担，发包人不得以任何形式扣减该部分费用。因基准日期后合同所适用的法律或政府有关规定发生变化，增加的安全文明施工费由发包人承担。

承包人经发包人同意采取合同约定以外的安全措施所产生的费用，由发包人承担。未经发包人同意的，如果该措施避免了发包人的损失，则发包人在避免损失的额度内承担该措施费。如果该措施避免了承包人的损失，由承包人承担该措施费。

除专用合同条款另有约定外，发包人应在开工后 28 天内预付安全文明施工费总额的 50%，其余部分与进度款同期支付。发包人逾期支付安全文明施工费超过 7 天的，承包人有权向发包人发出要求预付的催告通知，发包人收到通知后 7 天内仍未支付的，承包人有权暂停施工。

承包人对安全文明施工费应专款专用，承包人应在财务账目中单独列项备查，不得挪作他用，否则发包人有权责令其限期改正；逾期未改正的，可以责令其暂停施工，由此增加的费用和（或）延误的工期由承包人承担。

3. 工程进度款支付

(1) 付款周期

除专用合同条款另有约定外，付款周期应按照［计量周期］的约定与计量周期保持一致。

(2) 进度付款申请单的编制

除专用合同条款另有约定外，进度付款申请单应包括下列内容：

1) 截至本次付款周期已完成工作对应的金额；

2) 根据［变更］应增加和扣减的变更金额；

3) 根据［预付款］约定应支付的预付款和扣减的返还预付款；

4) 根据［质量保证金］约定应扣减的质量保证金；

5) 根据［索赔］应增加和扣减的索赔金额；

6) 对已签发的进度款支付证书中出现错误的修正，应在本次进度付款中支付或扣除的金额；

7) 根据合同约定应增加和扣减的其他金额。

(3) 进度款审核和支付

1) 除专用合同条款另有约定外，监理人应在收到承包人进度付款申请单以及相关资料后 7 天内完成审查并报送发包人，发包人应在收到后 7 天内完成审批并签发进度款支付证书。发包人逾期未完成审批且未提出异议的，视为已签发进度款支付证书。

发包人和监理人对承包人的进度付款申请单有异议的，有权要求承包人修正和提供补充资料，承包人应提交修正后的进度付款申请单。监理人应在收到承包人修正后的进度付款申请单及相关资料后7天内完成审查并报送发包人，发包人应在收到监理人报送的进度付款申请单及相关资料后7天内，向承包人签发无异议部分的临时进度款支付证书。存在争议的部分，按照〔争议解决〕的约定处理。

2）除专用合同条款另有约定外，发包人应在进度款支付证书或临时进度款支付证书签发后14天内完成支付，发包人逾期支付进度款的，应按照中国人民银行发布的同期同类贷款基准利率支付违约金。

3）发包人签发进度款支付证书或临时进度款支付证书，不表明发包人已同意、批准或接受了承包人完成的相应部分的工作。

（4）进度付款的修正

在对已签发的进度款支付证书进行阶段汇总和复核中发现错误、遗漏或重复的，发包人和承包人均有权提出修正申请。经发包人和承包人同意的修正，应在下期进度付款中支付或扣除。

4.4.2 工程价款结算案例

1. 工程背景

某工程项目由A、B、C、D四个分项工程组成，采用工程量清单招标确定中标人，合同工期5个月。承包人费用部分数据见表4-17。价格均为除税价。

承包人费用部分数据　　表4-17

分项工程名称	计量单位	数量	综合单价
A	m^3	5000	50元/m^3
B	m^3	750	400元/m^3
C	t	100	5000元/t
D	m^2	1500	350元/m^2
措施项目费	110000元		
其中:通用措施项目费用	60000元		
专业措施项目费用	50000元		
暂列金额	100000元		

合同中有关费用支付条款如下：

（1）开工前发包人向承包人支付合同价（扣除措施费和暂列金额）的15%作为材料预付款。预付款从工程开工后的第2个月开始分3个月均摊抵扣。

（2）工程进度款按月结算，发包人按每次承包人应得工程款的90%支付。

（3）通用措施项目工程款在开工前和材料预付款同时支付；专业措施项目在开工后第1个月末支付。

（4）分项工程累计实际完成工程量偏差超过计划完成工程量的10%时，该分项工程超出或减少部分的工程量的综合单价调整系数为0.95（或1.05）。

（5）承包人报价管理费率取10%（以人工费、材料费、机械费之和为基数），利润率取7%（以人工费、材料费、机械费和管理费之和为基数）。

（6）规费综合费率 7.5%（以分部分项工程费、措施项目费、其他项目费之和为基数），增值税 9%。

（7）竣工结算时，发包人按总造价的 3%预留质量保证金。

各月计划和实际完成工程量，见表 4-18。

各月计划和完成工程量　　表 4-18

		第1月	第2月	第3月	第4月	第5月
A(m^3)	计划	2500	2500			
	实际	2800	2500			
B(m^3)	计划		375	375		
	实际		400	450		
C(t)	计划			50	50	
	实际			50	60	
D(m^2)	计划				750	750
	实际				750	750

施工过程中，4 月份发生了如下事件：

（1）发包人确认某项临时工程计日工 50 工日，综合单价 60 元/工日；所需某种材料 120m^2，综合单价 100 元/m^2。

（2）由于设计变更，经发包人确认的人工费、材料费、机械费共计 30000 元。

问题：

（1）工程合同价为多少元？

（2）材料预付款、开工前发包人应拨付的措施项目工程款为多少元？

（3）1～4 月每月发包人应拨付的工程进度款各为多少元？

（4）5 月份办理竣工结算，工程实际总造价和竣工结算款各为多少元？

2. 工程价款结算

（1）分部分项工程费用：5000×50＋750×400＋100×5000＋1500×350＝1575000 元

措施项目费：110000 元

暂列金额：100000 元

工程合同价：(1575000＋110000＋100000)×(1＋7.5%)×(1＋9%)

＝2091574 元

（2）

材料预付款：1575000×(1＋7.5%)×(1＋9%)×15%

＝276826 元

开工前发包人应拨付的措施项目工程款：

60000×(1＋7.5%)×(1＋9%)×90%＝63275 元

（3）

1）第 1 个月承包人完成工程款：

(2800×50＋50000)×(1＋7.5%)×(1＋9%)＝222633 元

第 1 个月发包人应拨付的工程款为：222633×90%＝200370 元

2）第 2 个月 A 分项工程累计完成工程量：

$$2800+2500=5300m^3$$

$$(5300-5000)\div 5000=6\%<10\%$$

承包人完成工程款：

$$(2500\times 50+400\times 400)\times(1+7.5\%)\times(1+9\%)=333949 \text{ 元}$$

第 2 个月发包人应拨付的工程款为：$333949\times 90\%-276826\div 3=208279$ 元

3）第 3 个月 B 分项工程累计完成工程量：$400+450=850m^3$

$$(850-750)\div 750=13.33\%>10\%$$

超过 10%部分的工程量：$850-750\times(1+10\%)=25m^3$

超过部分的工程量结算综合单价：400 元/$m^3\times 0.95=380$ 元/m^3

B 分项工程款：$[25\times 380+(450-25)\times 400]\times(1+7.5\%)\times(1+9\%)=210329$ 元

C 分项工程款：$50\times 5000\times(1+7.5\%)\times(1+9\%)=292938$ 元

承包人完成工程款：$210329+292938=503267$ 元

第 3 个月发包人应拨付的工程款为：$503267\times 90\%-276826\div 3=360665$ 元

4）第 4 个月 C 分项工程累计完成工程量：$50+60=110$，$(110-100)\div 100=10\%$

承包人完成分项工程款：$(60\times 5000+750\times 350)\times(1+7.5\%)\times(1+9\%)=659109$ 元

计日工费用：$(50\times 60+120\times 100)\times(1+7.5\%)\times(1+9\%)=17576$ 元

变更款：$30000\times(1+10\%)\times(1+7\%)\times(1+7.5\%)\times(1+9\%)=41374$ 元

承包人完成工程款：$659109+17576+41374=718059$ 元

第 4 个月发包人应拨付的工程款为：$718059\times 90\%-276826\div 3=553978$ 元

（4）

1）第 5 个月承包人完成工程款：

$$350\times 750\times(1+7.5\%)\times(1+9\%)=307584 \text{ 元}$$

2）工程实际造价：

$$60000\times(1+7.5\%)\times(1+9\%)+(222633+333949+503267+718059+307584)=2155797 \text{ 元}$$

3）竣工结算款：

$$2155797\times(1-3\%)-(276826+63275+200370+208279+360665+553978)=427730 \text{ 元}$$

4.5 增值税

4.5.1 核心知识点

1. 纳税人

在中华人民共和国境内销售服务、无形资产或者不动产的单位和个人，为增值税纳税人，应当按照营业税改征增值税试点实施办法缴纳增值税，不缴纳营业税。

单位以承包、承租、挂靠方式经营的，承包人、承租人、挂靠人（以下统称承包人）以发包人、出租人、被挂靠人（以下统称发包人）名义对外经营并由发包人承担相关法律责任的，以该发包人为纳税人。否则，以承包人为纳税人。

纳税人分为一般纳税人和小规模纳税人。应税行为的年应征增值税销售额超过财政部和国家税务总局规定标准的纳税人为一般纳税人，未超过规定标准的纳税人为小规模纳税人。

2. 增值税税率

根据财政部、税务总局、海关总署《关于深化增值税改革有关政策的公告》（财政部 税务总局 海关总署公告 2019 年第 39 号）及《住房和城乡建设部办公厅关于重新调整建设工程计价依据增值税税率的通知》（建办标函〔2019〕193 号），增值税一般纳税人发生增值税应税销售行为或者进口货物，原适用 16%税率的，税率调整为 13%；原适用 10%税率的，税率调整为 9%（详见表 4-19）。

增值税税率 表 4-19

序号	增值税纳税行业		增值税税率
1	销售或进口货物（另有列举的货物除外）		13%
	提供服务	提供加工、修理、修配劳务	
		提供有形动产租赁服务	
2	销售或进口货物	粮食等农产品、食用植物油、食用盐	9%
		自来水、暖气、冷气、热气、煤气、石油液化气、天然气、沼气、居民用煤炭制品	
		图书、报纸、杂志、音像制品、电子出版物	
		粮食、食用植物油	
		饲料、化肥、农药、农机、农膜	
		国务院规定的其他货物	
	提供服务	转让土地使用权、销售不动产、提供不动产租赁、提供建筑服务、提供交通运输服务、提供邮政服务、提供基础电信服务	
3	提供服务	增值电信服务	6%
		金融服务	
		现代服务（租赁服务除外）	
		生活服务	
		销售无形资产（转让土地使用权除外）	
4	出口货物（国务院另有规定的除外）		零税率
	提供服务	国际运输服务、航天运输服务	
		向境外单位提供的完全在境外消费的相关服务	
		财政局和国家税务总局规定的其他服务	

纳税人兼营不同税率的项目，应当分别核算不同税率项目的销售额；未分别核算销售额的，从高适用税率。

3. 增值税应纳税额计算

纳税人销售货物、劳务、服务、无形资产、不动产（以下统称应税销售行为），应纳税额为当期销项税额抵扣当期进项税额后的余额。应纳税额计算公式：

$$应纳税额=当期销项税额-当期进项税额 \tag{4-3}$$

当期销项税额小于当期进项税额不足抵扣时，其不足部分可以结转下期继续抵扣。

纳税人发生应税销售行为，按照销售额和增值税暂行条例规定的税率计算收取的增值税额，为销项税额。销项税额计算公式：

$$销项税额=销售额\times税率 \tag{4-4}$$

销售额为纳税人发生应税销售行为收取的全部价款和价外费用，但不包括收取的销项税额。

销售额以人民币计算。纳税人以人民币以外的货币结算销售额的，应当折合成人民币计算。

纳税人购进货物、劳务、服务、无形资产、不动产支付或者负担的增值税额，为进项税额。

（1）准予抵扣的进项税额。下列进项税额准予从销项税额中抵扣：

1）从销售方取得的增值税专用发票上注明的增值税额。

2）从海关取得的海关进口增值税专用缴款书上注明的增值税额。

3）自境外单位或者个人购进劳务、服务、无形资产或者境内的不动产，从税务机关或者扣缴义务人取得的代扣代缴税款的完税凭证上注明的增值税额。

准予抵扣的项目和扣除率的调整，由国务院决定。

纳税人购进货物、劳务、服务、无形资产、不动产，取得的增值税扣税凭证不符合法律、行政法规或者国务院税务主管部门有关规定的，其进项税额不得从销项税额中抵扣。

（2）不得抵扣的进项税额。下列项目的进项税额不得从销项税额中抵扣：

1）用于简易计税方法计税项目、免征增值税项目、集体福利或者个人消费的购进货物、劳务、服务、无形资产和不动产；

2）非正常损失的购进货物，以及相关的劳务和交通运输服务；

3）非正常损失的在产品、产成品所耗用的购进货物（不包括固定资产）、劳务和交通运输服务；

4）国务院规定的其他项目。

4．小规模纳税人应纳税额的简易计算办法

小规模纳税人发生应税销售行为，实行按照销售额和征收率计算应纳税额的简易办法，并不得抵扣进项税额，应纳税额计算公式：

$$应纳税额=销售额\times征收率 \tag{4-5}$$

小规模纳税人的标准由国务院财政、税务主管部门规定。

小规模纳税人增值税征收率为3%，国务院另有规定的除外。

小规模纳税人以外的纳税人应当向主管税务机关办理登记。具体登记办法由国务院税务主管部门制定。

5．建筑业增值税计算办法

建筑安装工程费用的增值税是指国家税法规定应计入建筑安装工程造价内的增值税销项税额。增值税的计税方法，包括一般计税方法和简易计税方法。一般纳税人发生应税行为适用一般计税方法计税。小规模纳税人发生应税行为适用简易计税方法计税。

（1）一般计税方法。当采用一般计税方法时，建筑业增值税税率为9%。计算公式为：

$$增值税销项税额=税前造价\times 9\% \tag{4-6}$$

税前造价为人工费、材料费、施工机具使用费、企业管理费、利润和规费之和，各费用项目均以不包含增值税可抵扣进项税额的价格计算。

(2) 简易计税方法。简易计税方法的应纳税额，是指按照销售额和增值税征收率计算的增值税额，不得抵扣进项税额。

当采用简易计税方法时，建筑业增值税征收率为3%。计算公式为：

$$增值税=税前造价\times 3\% \tag{4-7}$$

税前造价为人工费、材料费、施工机具使用费、企业管理费、利润和规费之和，各费用项目均以包含增值税进项税额的含税价格计算。

4.5.2 增值税抵扣案例

1. 工程简介

某工程建筑面积为8000m²，取费类别为一类。该工程部分项目，人工费200万元；材料费中含预拌混凝土10000m³，信息价（含税，下同）450元/m³；钢筋2000t，信息价4200元/t；水80000m³，信息价5元/m³。机械费中含混凝土振捣器5250台班，台班单价20元/台班；履带式推土机850台班，台班单价1000元/台班；对焊机150台班，台班单价300元/台班。不含甲供材。本项目采用综合单价法计价，其中，企业管理费费率25%，利润费率14%，规费费率21.8%，安全文明施工费费率5.03%，总承包服务费合计800万元，增值税税率9%，附加税费费率13.36%（包括城市维护建设税、教育费附加和地方教育附加），不考虑单价措施项目费用。

2. 采用一般计税法

(1) 分部分项工程费

1) 人工费

人工费：2000000元

2) 材料费

$$预拌混凝土含税价格=10000\times 450=4500000元$$

$$钢筋含税价格=2000\times 4200=8400000元$$

$$水含税价格=80000\times 5=400000元$$

$$加和，材料费=4500000+8400000+400000=13300000元$$

3) 机械费

$$混凝土振捣器含税价格=5250\times 20=105000元$$

$$履带式推土机含税价格=850\times 1000=850000元$$

$$对焊机含税价格=150\times 300=45000元$$

$$加和，机械费=105000+850000+45000=1000000元$$

4) 企业管理费

$$企业管理费=(人工费+机械费)\times 25\%=(2000000+1000000)\times 25\%=750000元$$

5）利润

利润＝(人工费＋机械费)×14%＝(2000000＋1000000)×14%＝420000元

加和得，

分部分项工程费＝人工费＋材料费＋机械费＋企业管理费＋利润

＝2000000＋13300000＋1000000＋750000＋420000

＝17470000元

(2) 规费

规费＝(人工费＋机械费)×21.8%＝(2000000＋1000000)×21.8%＝654000元

(3) 其他项目费

本例中，其他项目费为总承包服务费：8000000元

(4) 其他总价措施项目费

本例中，其他措施项目费为安全生产、文明施工费＝(人工费＋材料费＋机械费＋企业管理费＋利润＋规费＋其他项目费)×5.03%＝1314037.2元

(5) 税前工程造价

税前工程造价＝分部分项工程费＋其他总价措施项目费＋规费＋其他项目费

＝17470000＋1314037.2＋654000＋8000000＝27438037.2元

(6) 增值税进项税额

该地区规定：

1）人工费、规费、利润、总承包服务费进项税额均为0；

2）材料费、设备费按“材料、设备除税系数表”（表4-20）中的除税系数计算进项税额；

3）企业管理费进项税额除税系数为2.3%；

4）暂列金额、专业工程暂估价在编制最高投标限价及投标报价时除税系数为3%；

5）安全文明施工费进项税额除税系数为3%；

6）在计算甲供材料、甲供设备费用的销项税额和进项税额时，其对应的销项税额和进项税额均为0。

材料、设备除税系数表　　表4-20

序号	项目名称	单位	除税系数
1	材料费进项税额	/	/
1.1	预拌混凝土	m^3	2.86%
1.2	钢筋	t	13.52%
1.3	水	m^3	2.86%
2	机械费进项税额	/	/
2.1	混凝土振捣器	台班	10.55%
2.2	履带式推土机	台班	10.55%
2.3	对焊机	台班	10.55%
3	设备费进项税额	/	/

1）材料费进项税额

预拌混凝土进项税额＝预拌混凝土含税价格×除税系数＝4500000×2.86%＝128700 元

钢筋进项税额＝钢筋含税价格×除税系数＝8400000×13.52%＝1135680 元

水进项税额＝水含税价格×除税系数＝400000×2.86%＝11440 元

加和得，材料费进项税额＝128700＋1135680＋11440＝1275820 元

2）机械费进项税额

混凝土振捣器进项税额＝混凝土振捣器含税价格×除税系数＝105000×10.55%＝11077.5 元

履带式推土机进项税额＝履带式推土机含税价格×除税系数＝850000×10.55%＝89675 元

对焊机进项税额＝对焊机含税价格×除税系数＝45000×10.55%＝4747.5 元

加和得，机械费进项税额＝11077.5＋89675＋4747.5＝105500 元

综上，材料、机械、设备增值税计算结果，见表 4-21。

材料、机械、设备增值税计算表

表 4-21

工程名称：混凝土浇筑项目　　第 1 页　共 1 页

编码	名称及型号规格	单位	数量	除税系数（%）	含税价格（元）	含税价格合计（元）	除税价格（元）	除税价格合计（元）	进项税额合计（元）	销项税额合计（元）
材料										
001	预拌混凝土	m^3	10000	2.86	450	4500000	437.13	4371300	128700	393417
002	钢筋	t	2000	13.52	4200	8400000	3632.16	7264320	1135680	653789
003	水	m^3	80000	2.86	5	400000	4.86	388560	11440	34970
	小计					13300000		12024180	1275820	1082176
机械										
004	混凝土振捣器（插入式）	台班	5250	10.55	20	105000	17.89	93922.5	11077.5	8453
005	履带式推土机	台班	850	10.55	1000	850000	894.5	760325	89675	68429
006	对焊机	台班	150	10.55	300	45000	268.35	40252.5	4747.5	3623
	小计					1000000		894500	105500	80505
合 计	/	/	/	/	/	14300000	/	12918680	1381320	1162681

3）该地区规定，总承包服务费进项税额为 0，故本例总承包服务费不计算进项税额。

4）安全文明施工费进项税额

安全文明施工费进项税额＝1314037.2×3%＝39421.12 元

5）企业管理费进项税额

企业管理费包括 11 项：管理人员工资，办公费，差旅交通费，固定资产使用费，工具用具使用费，劳动保险费，工会经费，职工教育经费，财产保险费，财务费，税金。其中办公费、固定资产使用费、工具用具使用费 3 项内容包含的进项税额，应予扣减，其他 8 项内容不做调整。综合考虑，该地区规定企业管理费的除税系数为 2.3%。

企业管理费进项税额＝企业管理费×除税系数＝750000×2.3%＝17250 元

6）暂列金额、专业工程暂估价在编制最高投标限价及投标报价时按扣除率 3%计算，结算时据实调整。本例不包含暂列金额、专业工程暂估价，故不计算。

7）采用综合单价法计价的，甲供材料、设备的采保费包含在总承包服务费中，不再单独计算其销项税额和进项税额。

8）增值税进项税额＝材料费进项税额＋机械费进项税额＋企业管理费进项税额＋安全文明施工费进项税额

＝1275820＋105500＋17250＋39421.12＝1437991.12元

增值税进项税额计算汇总，见表4-22。

增值税进项税额计算汇总表

表4-22

工程名称：混凝土浇筑项目

序号	项目名称	金额(元)
1	材料费进项税额	1275820
2	机械费进项税额	105500
3	设备费进项税额	0
4	安全文明施工费进项税额	39421.12
5	其他以费率计算的措施费进项税额	0
6	企业管理费进项税额	17250
7	暂列金额进项税额	0
8	专业工程暂估价进项税额	0
9	计日工进项税额	0
合计		1437991.12

（7）增值税销项税额

销项税额＝(税前工程造价－进项税额)×9％＝(27438037.2－1437991.12)×9％
＝2340004.15元

（8）增值税应纳税额

增值税应纳税额＝销项税额-进项税额＝2340004.15-1437991.12＝902013.03元

继2016年2月29日住房和城乡建设部办公厅发布《住房和城乡建设部办公厅关于做好建筑业营改增建设工程计价依据调整准备工作的通知》（建办标［2016］4号），我国各省、直辖市、自治区相应出台了营改增后建设工程计价程序/依据。需要注意的是，部分地区（如江苏省）将原营业税征收模式下的城市维护建设税、教育费附加及地方教育附加不再列入税金项目内，调整放入企业管理费中；但是，也有地区（如河北省）仍将城市维护建设税、教育费附加和地方教育附加列支在附加税费。

（9）附加税费

附加税费＝增值税应纳税额×13.36％＝902013.03×13.36％＝120508.94元

（10）税金

税金＝增值税应纳税额＋附加税费＝902013.03＋120508.94＝1022521.97元

（11）汇总数据，得单位工程费汇总表（表4-23）

单位工程费汇总表

表4-23

工程名称：混凝土浇筑项目

第1页　共1页

序号	名称	计算基数	费率(%)	金额(元)	其中:(元)		
					人工费	材料费	机械费
1	分部分项工程量清单计价合计	/	/	17470000	2000000	13300000	1000000
2	措施项目清单计价合计	/	/	1314037.2			

续表

序号	名称	计算基数	费率(%)	金额(元)	其中:(元)		
					人工费	材料费	机械费
2.1	单价措施项目工程量清单计价合计	/	/		0	0	0
2.2	其他总价措施项目清单计价合计	/	/	1314037.2	0	0	0
2.2.1	安全文明施工费	不含税金和安全文明施工的建安造价	5.03	1314037.2			
3	其他项目清单计价合计	/	/	8000000	/	/	/
4	规费	人工费+机械费		654000	/	/	/
5	税前工程造价	不含税金的建安造价	/	27438037.2			
5.1	其中:进项税额	见增值税进项税额计算汇总表	/	1437991.12	/	/	/
6	销项税额	税前工程造价—进项税额	9	2340004.15	/	/	/
7	增值税应纳税额	销项税额-进项税额	/	902013.03	/	/	/
8	附加税费	增值税应纳税额	13.36	120508.94	/	/	/
9	税金	增值税应纳税额+附加税费	/	1022521.97	/	/	/
/	合计	/	/	28460559.17	2000000	13300000	1000000

招标投标法、合同法、建筑法

5.1 招标投标法

招标投标法领域，近期有一些重要的改革，如取消招标代理资质、缩小必须招标的工程项目的范围。2018 年 1 月 19 日上午，国家发展改革委组织召开招标投标部际协调机制会议暨《招标投标法》修订启动工作会，要对《招标投标法》进行全面的修订。

5.1.1 必须招标的工程项目

1. 最新规定

2018 年 3 月 27 日，经国务院批准、国家发改委公布《必须招标的工程项目规定》（发改委第 16 号令），现予公布，自 2018 年 6 月 1 日起施行。与原《工程建设项目招标范围和规模标准规定》相比，必须招标的工程项目有以下三个方面的变化：一是缩小必须招标项目的范围；二是提高必须招标项目的规模标准。根据经济社会发展水平，将施工的招标限额提高到 400 万元人民币，将重要设备、材料等货物采购的招标限额提高到 200 万元人民币，将勘察、设计、监理等服务采购的招标限额提高到 100 万元人民币；三是明确全国执行统一的规模标准，明确全国适用统一规则，各地不得另行调整。

但《必须招标的工程项目规定》只对建设资金属性的工程项目规定了必须招标的范围，没有对大型基础设施、公用事业等关系社会公共利益、公众安全的项目范围作出规定，只是规定，“大型基础设施、公用事业等关系社会公共利益、公众安全的项目，必须招标的具体范围由国务院发展改革部门会同国务院有关部门按照确有必要、严格限定的原则制订，报国务院批准。”2018 年 6 月 6 日，经国务院批准、国家发改委印发了《必须招标的基础设施和公用事业项目范围规定》（发改法规〔2018〕843 号），自 2018 年 6 月 6 日起施行。

2. 未来修改的讨论

2017 年 2 月 21 日，国务院办公厅发布《关于促进建筑业持续健康发展的意见》，对完善招标投标制度，提出了如下要求：“加快修订《工程建设项目招标范围和规模标准规定》，缩小并严格界定必须进行招标的工程建设项目范围，放宽有关规模标准，防止工程建设项目实行招标‘一刀切’。在民间投资的房屋建筑工程中，探索由建设单位自主决定发包方式。”但由于《招标投标法》规定的必须招标的工程建设项目的第一类就是“大型基础设施、公用事业等关系社会公共利益、公众安全的项目”，房屋建筑工程是否属于这一类，一直存在争议。原《工程建设项目招标范围和规模标准规定》将“商品住宅，包括经济适用住房”列入了“关系社会公共利益、公众安全的公用事业项目的范围”。因此，有一种观点认为，对于必须招标的工程项目，只应当从项目的资金属性进行规定，即只规定，全部或者部分使用国有资金投资或者国家融资的项目和使用国际组织或者外国政府贷款、援助资金的项目，必须招标，否则，商品住宅，包括经济适用住房，随时可能回到必须招标的范围之内。

5.1.2 联合体投标制度的改革

1. 在新时代联合体投标的重要性

联合体投标是投标的重要方式，并且在当下简政放权的大环境下，联合体投标的重要性越加突出。党的十八大以来，简政放权是党和政府一直在抓的一件大事。取消和弱化企业资质是简政放权重要的体现。资质的本质，是政府认为一个企业可以承担什么样的工作，企业就可以承担什么样的工作。资质取消或者弱化后，本质上，要靠市场决定一家企业可以承担什么样的工作。在市场经济条件下，一般情况下，要靠市场决定一家企业能够承担什么样的工作。因此，党中央和国务院关于简政放权的决策、关于取消大部分领域企业资质的决策，是符合市场经济的本质要求的。

但是，很多领域企业资质的取消，给市场带来了一些困惑，如招标代理机构资质的取消，让有的招标人觉得无所适从，不知道该选择什么样的企业来承担招标代理业务。其实，我们可以回归事情的本源，对于大多数市场上的工作、特别是原来有资质的工作领域，承担这些工作是有门槛的，不是没有任何经验的企业可以承担的。市场主体在选择由哪一家企业承担这些工作时，一定会选择有过类似工作经验的企业来承担。这样，就带来一个严重的问题，一个企业如何进入需要门槛、但企业从未从事过的领域？答案是：没有经验的企业，需要与有经验的企业组成联合体，进入一个全新的领域。

组成联合体，既可以是互相合作，也可以是教与学的关系。从制度层面看，联合体制度更看重后者。我们可以以合资企业为例来说明。为什么可以以合资企业为例？因为在本质上，合资企业与联合体是一个概念，在英文中两者是一个词（Joint venture）。我们都知道，在我国改革开放初期，引进合资企业，最主要的目的，就是要让我国的企业能够学会外国的技术和管理，开拓本国企业没有从事过的生产和管理工作。事实上，我国企业现在掌握的大量制造业、服务业，都是通过合资企业学习和掌握的。财政部条法司原司长、《政府采购法》起草工作组副组长王家林曾表示：“允许联合体投标这一立法初衷体现了政府采购制度的政策功能，可以说是落实政府采购扶持中小企业的一项重要措施。”因此，组成联合体投标，是一个没有经验的企业进入一个需要门槛的行业的重要渠道。在当下，企业资质取消或者弱化的新时代，联合体投标显得尤为重要。

2. 联合体投标的立法现状

我国联合体投标的立法现状，可以用一句话概括：越联合越弱。《招标投标法》第31条规定：“联合体各方均应当具备承担招标项目的相应能力；国家有关规定或者招标文件对投标人资格条件有规定的，联合体各方均应当具备规定的相应资格条件。由同一专业的单位组成的联合体，按照资质等级较低的单位确定资质等级。”举例而言，某一个招标项目，招标文件要求同时具备建筑工程甲级，风景园林甲级设计资质，允许联合体。A公司只有建筑甲级，于是找了具有风景园林甲级的B公司组成联合体去投标，并约定了A公司承担建筑设计工作，B公司承担风景园林设计工作。首先，对于“由同一专业的单位组成的联合体，按照资质等级较低的单位确定资质等级”，理解应该是非常明确的，肯定是越联合越弱。因此在实践中基本看不到这样的情况：如果招标文件要求建筑工程乙级，具有甲级资质的企业与具有乙级资质的企业组成联合体投标。对于前半段，“联合体各方均应当具备承担招标项目的相应能力；国家有关规定或者招标文件对投标人资格条件有规定的，联合体各方均应当具备规定的相应资格条件”，也可以有两种理解：第一种理解是，A公司与B公司组成联合体，则A公司与B公司均应当具备规定的相应资格条件，即，A公司与B公司均应当同时具备建筑工程甲级、风景园林甲级设计资质；第二种理解则是，联合体各方可以约定承担的工作范围，在各自的工作范围内，应当具备规定的相应资格条件。如果按照越联合越弱的立法本意理解，第一种理解更符合立法本意，但同时让联合体制度彻底归于无意义。因此，在实践中，多倾向于第二种理解，第二种理解，让联合体的存在具备了一定的空间。但实践中，即使是第二种理解，有时候也会出现越联合越弱的解释。在上面的案例中，在实际操作中，A公司找B公司时，只是想着B公司具有风景园林甲级设计资质，不想B公司提供的资质证书上不仅有风景园林甲级，还有建筑工程乙级资质，评标专家以同样资质按照最低为由，认定该联合体仅具有建筑工程乙级资质，不符合资格条件，将该联合体淘汰。这是一个近期发生的真实的案例，如果B公司只具有风景园林甲级设计资质，该联合体还具有中标的可能性，但B公司不但具有风景园林甲级设计资质、还具有建筑工程乙级资质，这看起来更强大的B公司，却让中标彻底无望。

3. 如何修改

要让联合体发挥作用的基本前提，应该是越联合越强。以合资企业为例，沈阳金杯与德国宝马组成联合体，宝马与金杯都是汽车，可以算同一专业，而宝马的资质等级（如果有）显然高于金杯的，如果两者合资，只能生产金杯，显然两者均不会有合资的意愿。两者合资可以生产宝马，两者才有合资意愿。按照越联合越强的思路，《招标投标法》关于联合体的规定，应当做如下修改：“联合体各方应当分别具备承担招标项目中各自分工部分的相应能力；国家有关规定或者招标文件对投标人资格条件有规定的，联合体应当有一方具备规定的相应资格条件。由同一专业的单位组成的联合体，按照资质等级较高的单位确定资质等级。”

当然，这样的修改会给市场带来困惑：在我国市场诚信度差，借照、挂靠泛滥的今天，这不是给变相挂靠、借照又开了一个合法的口子吗？事实上，这也是当时《招标投标法》立法为了避免这种结果的一个努力。对此，我的看法是，联合体制度不可能解决我国市场中诚信度差以及借照、挂靠泛滥的情况。这些市场中的不良现象，需要整个社会提高诚信度、需要整个社会加强对违法行为的追究，才能改变。在联合体领域，如果确实能够严格对联合体各方责任的追究制度，联合体各方自然不会出现变相挂靠、借照的情况。

5.1.3 评标制度的改革方向

评标是招标投标活动中一个重要环节，合理的评标制度有助于择优确定中标人，实现招标投标当事人的合法利益。但是，目前评标制度存在一些问题，需要通过分析评标委员会的功能与性质，提出相关建议，完善评标制度，以提高招标投标法律制度的效率，实现保护国家利益、社会公共利益和招标投标活动当事人的合法权益，提高经济效益，保证项目质量这一目的。

1. 目前评标制度的出现的问题

（1）评标委员会的功能不明确

根据《招标投标法实施条例》第53条规定评标委员会对中标候选人排序，第55条则要求国有资金占控股或者主导地位的依法必须进行招标的项目，招标人应当确定排名第一的中标候选人为中标人。在这些项目中，目前的制度安排使得评标委员会成为最终决策者，由评标委员会确定中标人。但是根据《招标投标法》第40条：招标人根据评标委员会提出的书面评标报告和推荐的中标候选人确定中标人。招标人也可以授权评标委员会直接确定中标人。可见，《招标投标法》赋予了招标人确定中标人的权利。这导致了评标委员会的功能出现错位。

（2）评标委员会与招标人的关系不明确

按照《招标投标法》第37条规定评标委员会由招标人组建，但是《招标投标法实施条例》明确规定，除法律规定的例外情况外，评标委员会的专家成员应当从评标专家库内相关专业的专家名单中以随机抽取方式确定，非法定事由不得更换依法确定的专家成员。既然是随机抽取评标专家，而且评标专家库一般由监督机构建立，这样一来造成招标人实际上无法行使组建评标委员会的权利。即评标委员会的组建与招标人没有任何关系。另外，在招标投标法律制度中，并没有明确规定评标委员会与招标人的关系。目前来看评标委员会与招标人的关系并不明确。

（3）评标委员会难以追究法律责任

按照《招标投标法实施条例》和《评标委员会和评标办法暂行规定》的规定，评标委员会实际上享有最终确定中标人的权利，但是评标委员会的法律性质并不明确，且招标人实际上没有组建评标委员会的权利。这样一来，如果出现评标结果错误或者评标专家违规评标，由谁来承担法律责任呢？评标委员会没有组织机构，也没有财产，也就没有了承担法律责任的能力。评标委员会不符合法律主体的特征，不是法律主体，不能承担法律责任。

2. 招标人与评标委员会是咨询与被咨询的关系

目前，关于评标委员会与招标人的关系法律并没有明确规定。陈川生认为评标委员会与招标人之间是法定代理关系。这是因为《招标投标法》虽然赋予招标人组建评标委员会的权利，但是该权利法律法规的限制，招标人不能够自主行使，代理关系的成立和内容有法律规定，这符合法定代理的特征。但是，必须明确，评标委员会本身不是民事主体，没有组织机构，也没有财产，也就没有承担法律责任的能力。既然评标委员会不是民事主体，也就不能成为代理的一方当事人，因此评标委员会与招标人是委托代理关系不成立。钱忠宝则认为评标委员会隶属于招标人，这是因为评标委员会由招标人组建，且最终对招标人负责。但是，如果评标委员会隶属于招标人，那么评标委员会理应接受招标人的指示进行工作。但是《招标投标法》明确规定任何单位和个人不得干预、影响评标过程和结果。很显然，评标委员会隶属于招标人的说法不符合现行法律规定。张志军则认为，招标人和评标委员会之间存在两种关系，雇佣关系和委托代理关系。在招人授权评标委员会直接确定中标人的情况下，是委托代理关系；在招标人没有授权的情况下，是雇佣关系。很显然，这两种关系都需要评标委员会是民事主体，而根据上文所述，评标委员会不是民事主体。因此，评标委员会与招标人也不是雇佣关系。

根据，《招标投标法》第40条规定，招标人根据评标委员会提出的书面评标报告和推荐的中标候选人确定中标人。《招标投标法实施条例》第49条规定，评标委员会成员应当依照招标投标法和本条例的规定，按照招标文件规定的评标标准和方法，客观、公正地对投标文件提出评审意见。可见，评标委员会是为招标人提供评审意见。上文也明确评标委员会是临时的咨询机构。因此，招标人与评标委员会是咨询与被咨询的关系。在这种关系中，评标委员会只是提出相关的建议，但是由招标人决定是否采纳，由招标人承担做出相应决策的风险。评标委员会对此不承担法律责任。这样一来，就明确了招标人为招标投标活动的最终责任人，招标人作为招标投标活动的发起人，应该是招标投标活动的最终决策者和风险承担者，并为此承担可能发生的法律责任和相关风险。

3. 评标制度的改革方向

评标制度的改革方向是放权给招标人，落实招标人的定标权。

目前一些地方已经实施“评定分离”相关规定。例如深圳市《关于深化建设工程招标投标改革的若干措施》明确规定，无论招标人自行组织招标，还是委托其他机构进行招标，招标人均应对整个招标过程负责，因招标产生的所有责任由招标人承担。当然，明确由招标人确定中标人，但是定标规则应该明确。以深圳为例，《深圳市政府采购评标定标分离管理暂行办法》，在明确评定分离的原则的情况下，明确规定了定标委员会的组建程序，定标方法等内容。通过制定明确具体的定标规则，对招标人权利进行必要的限制，使得定标程序明确透明，利于投标人和监管部门进行监督。同时具体明确的定标规则也能够为投标人提供一定的指引，投标人可以更有效的提交投标文件来响应招标文件的条款，实现更好的经济效益。可见，即使是招标人拥有确定中标人的权利，也要遵守明确具体的定标规则和程序，并接受相应的监督。2018年11月14日，中央全面深化改革委员会第五次会议通过《深化政府采购制度改革方案》，要求“深化政府采购制度改革要坚持问题导向，强化采购人主体责任”，而采购人主体责任首要的就是定标权的责任，其前提则是明确定标权归采购人。

2017年8月29日，国家发改委发布关于《关于修改〈招标投标法〉〈招标投标法实施条例〉的决定》（征求意见稿）公开征求意见的公告，其中《招标投标法实施条例》第55条的修改意见为：“招标人根据评标委员会提出的书面评标报告和推荐的中标候选人确定中标人。招标人也可以授权评标委员会直接确定中标人，或者在招标文件中规定排名第一的中标候选人为中标人，并明确排名第一的中标候选人不能作为中标人的情形和相关处理规则。依法必须进行招标的项目，招标人根据评标委员会提出的书面评标报告和推荐的中标候选人自行确定中标人的，应当在向有关行政监督部门提交的招标投标情况书面报告中，说明其确定中标人的理由。”

5.1.4 低价投标的法律规范

1.《反不正当竞争法》的修改

《反不正当竞争法》作为经济领域的基础性法律之一，在2017年作了首次修订，删除了关于以低于成本的价格销售商品的禁止性规定。但是，《招标投标法》正是基于修订前《反不正当竞争法》第 11 条的理论基础，在其第 33 条中明确作出禁止性规定，即“投标人不得以低于成本的报价竞标”，从而在立法层面给予了投标人这一项禁止性义务。《反垄断法》的调整范围远远小于《反不正当竞争法》，如果对法律条文交叉重叠部分仅作机械式删除，并不能从根本上解决法律内在的逻辑冲突，更重要的是正确界定法律规范的调整范围，保持法律衔接的合理性。

从法条竞合的角度分析，未来《反垄断法》应该加宽对低于成本禁止性规定的范围，但不会宽泛到《招标投标法》规定的程度，而后者也面临着限缩其对低于成本报价行为规定的问题。

2. 投标报价低于成本的基本理论

(1) 确定交易应当适用买还是卖

诸如“腾讯云 1 分钱中标”事件，在政府采购招标活动中，政府是交易的一方，腾讯云作为交易相对的行为主体，享有自主定价的权利。如果腾讯云以 1 分钱投标仍有利可图，且能够对其低价行为作出合理性说明，则可以被认定是正常的市场行为。腾讯云或许是本着先行抢占市场，再寄希望之后更多增值业务模式，赢得未来合作机会的长期策略考虑，这也是互联网公司惯用的玩法。通过各大媒体对此次中标事件的报道来看，腾讯云以后来者居上的姿态赚足了各方关注，反而大大提高了知名度，其广告收益远远超过了预算金额，为企业节省了项目推广和广告费用等其他成本的支出。低价投标与政府高额采购预算的价格悬殊，或许是腾讯云发现了云服务市场新的盈利点，选择以近乎免费的商业模式参与投标。当交易一方的政府发现不需要支付费用即可获得相同的产品或服务时，基于公共资源的有价性，其交易主体的地位可能会由“买”转变为“卖”，甚至可以采取收费的方式出让具有市场价值的公共资源。

在实践中，很多交易活动是会在买与卖之间发生转变的。以奥运会赞助商为例，在奥运会初期，运动员的服装、饮料等物资用品是需要自己或国家来购买，这个时候是“买”。1984 年的洛杉矶奥运会尝试运用商业化的运营模式展开操作，通过采取与各个企业签订赞助协议、出售电视广播权等措施，使本届奥运会成了“第一次赚钱的奥运会”，这个时候企业转变成了买方。再以公共自行车为例，政府最初的运作模式是通过招标采购的形式购买自行车及其配套基础设施。当共享单车兴起后，此时政府一方需要重新审视自己的定位，不仅不需要按照原有的模式支付购买费用，基于公共资源的有价性，政府在未来或许还可以转变角色定位，通过收取占有使用费的方式来盈利。

(2) 报价不低于投标人的个别成本而非社会平均成本

所谓成本的概念和认定标准，我国在法律层级并未作出确切的规定。《价格法》中则使用了社会平均成本和经营者生产经营成本，后者实际是经营者个别成本。《评标委员会和评标方法暂行规定》第 21 条明确肯定了适用个别成本，排除了社会平均成本的实践运用情形。评标委员会在评判阶段，只要认为投标人的报价明显较低，有权要求该投标人阐述合理理由并举证论证，否则将面临投标文件被否决的可能。

最高人民法院在审理南通市通州百盛市政工程有限公司与苏州市吴江东太湖综合开发有限公司建设工程施工合同纠纷一案中指出，《招标投标法》第 33 条所称的“低于成本”，是指低于投标人为完成投标项目所需要支出的个别成本。每个投标人的经营管理水平、技术创新能力与条件不同，即使完成同样的招标项目，其个别成本也不可能完全相同，企业个别成本与行业平均成本存在差异，这是市场经济环境下的正常现象。实行招标投标的目的，正是为了通过投标人之间的竞争，特别在投标报价方面的竞争，择优选择中标者。因此，只要投标人的报价不低于自身的个别成本，即使是低于行业平均成本，也是完全可以的。针对该案的审理中，由于鉴定机构对工程成本价的鉴定结论，是依据建筑行业主管部门颁布的工程定额标准和价格信息编制的，反映的是整个建筑市场的社会平均成本，自然不能等同于再审申请人百盛市政公司的个别成本。由于百盛市政公司未能出具其他证据证明合同约定的价格低于其个别成本，因此法院裁定驳回其再审申请。

3.《反不正当竞争法》修改后我国对低于成本行为的法律规制

（1）反垄断法对掠夺性定价的规制

自主定价权是法律赋予市场主体的一项法定权利，作为一种微观经济活动，尚不需要运用宏观经济调控的手段加以控制。从追求自由竞争的理念和竞争策略来看，只有市场上出现垄断行为或存在垄断趋势的时候，政府才以行政干预的身份介入。因此，以法律规制的手段禁止无正当理由的低于成本价销售行为，虽然是对自主定价权的限制措施，但是其干预的最终落脚点是为了进一步优化市场结构，追求社会整体效益的极致。低于成本行为是掠夺性定价的前提条件，具有“经济宪法”之称的《反垄断法》将掠夺性定价界定为一种非法降价行为。为了有效避免市场集中度较高情形的出现，需要对这种谋求垄断化的企业加以限制，防止其排挤现有或潜在竞争者的行为出现。

从行为主体上讲，与《招标投标法》规范的一般市场主体不同，《反垄断法》侧重的是具有市场支配地位或处于经济优势地位的经营者。这类市场主体一旦实施持续较长时间的低于成本价销售行为，由于其具有支配价格或限制竞争的能力，不仅会使原有的同行业竞争者所占的市场份额锐减，还会对潜在的竞争者进入该市场制造障碍，扰乱充分、有效的市场正常竞争环境，因此必须对这种行为进行严加规范。

（2）价格法对低于成本销售行为的规制

《价格法》对经营者的低于成本销售行为设置了严格的标准和限定条件，共包括三个方面的要求。其一，经营者低于成本价格出售的做法本身属于倾销；其二，该行为的主观目的是为了谋取独有的市场地位，将竞争对手悉数驱逐出去；其三，该行为的后果将导致健康竞争秩序的紊乱，损害国家和同业竞争者的合法利益。因此，认定经营者实施低于成本销售的行为违法时，至少应当满足以上三个前置条件之一。

而纵观《招标投标法》的条文内容，其中却并未设置前提条件，即无论何种情形下投标人均不得以低于成本的报价竞标，可见两部法律的规定存在矛盾之处。如果单纯从主观目的的角度分析，经营者在市场活动中为了更多地卖出商品，通常会采用低价营销手段。正如美国学者波斯纳所言，主观目的并非判断合法与否的唯一考虑因素，况且对此证实起来也绝对不是一件容易的事，难度之大可想而知。那么，在无法证明主观意图的情况下，投标报价低于成本一般不会涉及违反《价格法》的规定。

（3）招标采购制度对低于成本报价行为的规制

《招标投标法实施条例》第27条中明令禁止招标人设定最低投标限价，主要目的是为了规制招标人实行限制竞争的行为。而《招标投标法》第33条的规定恰恰是对竞争的限制，两则条文在逻辑关系上是矛盾的。实务中有很多人认为，低价中标是引发恶性违约事件的导火索。有学者认为之所以禁止投标报价低于成本价的行为，在较大程度上是为了遏制低价中标人在合同履行阶段的失信行为。持该观点的人主张，追求利润是企业的本质，为了弥补投标阶段的利润损失，低价中标人势必在中标后采用非法手段削减开支，导致项目质量的严重不合格。

显而易见的是，这种观点明显是在强加因果，让低价中标成了供应商或承包商从事违法活动的替罪羊，这种偷换概念的逻辑关系肯定是矛盾的。低价格并不必然导致低质量，而高价格也不等于高质量。以著名的鲁布革项目为例，该项目首次以低于标底的报价使日本大成公司中标，成功的项目经验成了建筑工程界的经典案例。再以云服务市场低价中标事件为例，至今也没有看到低价导致低质的现象。由此可见，低价中标与劣质项目并无必然联系，针对合同履约阶段的偷工减料、以次充好等违法行为，应当及时追究中标人的法律责任，而不是寄希望于抬高价格就能高枕无忧。

5.2 合同法

合同法领域，近期对建设工程影响最大的制度建设，首推2018年10月29最高人民法院审判委员会第1751次会议通过、自2019年2月1日起施行的《最高人民法院关于审理建设工程施工合同纠纷案件适用法律问题的解释（二）》(以下简称《建设工程司法解释（二）》)，其他一些法律法规的修改，对建设工程合同的订立与履行也有影响。2004年，最高人民法院制定了《关于审理建设工程施工合同纠纷案件适用法律问题的解释》(以下简称《建设工程司法解释（一）》)，《建设工程司法解释（二）》生效后，《建设工程司法解释（一）》没有失效，但“最高人民法院以前发布的司法解释与本解释不一致的，不再适用。”

5.2.1 建设工程合同的订立

1. 合同内容的确定

在我国建设工程施工中，长期存在黑白合同现象，即往往存在内容不一致的两份以上合同，这是工程施工中双方容易发生争议的根源之一。《建设工程司法解释（一）》对此就进行了解释：“当事人就同一建设工程另行订立的建设工程施工合同与经过备案的中标合同实质性内容不一致的，应当以备案的中标合同作为结算工程价款的根据。”但没有明确什么是招标合同实质性内容。

《建设工程司法解释（二）》规定：招标人和中标人另行签订的建设工程施工合同约定的工程范围、建设工期、工程质量、工程价款等实质性内容，与中标合同不一致，一方当事人请求按照中标合同确定权利义务的，人民法院应予支持。招标人和中标人在中标合同之外就明显高于市场价格购买承建房产、无偿建设住房配套设施、让利、向建设单位捐赠财物等另行签订合同，变相降低工程价款，一方当事人以该合同背离中标合同实质性内容为由请求确认无效的，人民法院应予支持。《建设工程司法解释（二）》没有改变《建设工程司法解释（一）》以中标合同作为结算工程价款的根据的规定，但删除了“备案”一词，原因在于：建设工程施工合同备案没有法律、行政法规为依据，是根据部门规章进行备案的，但2018年9月28日，住房和城乡建设部关于修改《房屋建筑和市政基础设施工程施工招标投标管理办法》，删除了“订立书面合同后7日内，中标人应当将合同送工程所在地的县级以上地方人民政府建设行政主管部门备案”。

关于以备案合同或者中标合同作为确定合同内容的依据，是否适用于非必须招标的建设项目，一直存在争议，各地的做法也不相同。一种观点认为，虽然工程项目不属于强制招投标范围，但当事人自愿进行招投标，应当受《招标投标法》的约束。如，《河北省高级人民法院建设工程施工合同案件审理指南》第8条就对此作了规定：“法律、行政法规未规定必须进行招投标的建设工程，经过合法有效的招投标程序的，当事人实际履行的建设工程施工合同与备案中标合同实质性内容不一致的，应当以中标合同作为工程价款的结算根据。”另一种观点则认为，当事人自愿进行招投标的项目，在备案的合同之外，如果又另行签订的合同并不违反法律禁止性规定，不存在黑白合同的问题，根据双方当事人实际履行的合同作为结算工程价款的依据。如，《江苏省高级人民法院关于审理建设工程施工合同纠纷案件若干问题的解答》第7条规定：“非强制招投标的建设工程，经过招投标或备案的，当事人在招投标或备案之外另行签订的建设工程施工合同与经过备案的合同实质性内容不一致的，以双方当事人实际履行的合同作为结算工程价款的依据。”《建设工程司法解释（二）》支持了前一种观点，其第9条规定：“发包人将依法不属于必须招标的建设工程进行招标后，与承包人另行订立的建设工程施工合同背离中标合同的实质性内容，当事人请求以中标合同作为结算建设工程价款依据的，人民法院应予支持，但发包人与承包人因客观情况发生了在招标投标时难以预见的变化而另行订立建设工程施工合同的除外。”

当事人签订的建设工程施工合同与招标文件、投标文件、中标通知书载明的工程范围、建设工期、工程质量、工程价款不一致，一方当事人请求将招标文件、投标文件、中标通知书作为结算工程价款的依据的，人民法院应予支持。

2. 审批手续对合同效力的影响

当事人以发包人未取得建设工程规划许可证等规划审批手续为由，请求确认建设工程施工合同无效的，人民法院应予支持，但发包人在起诉前取得建设工程规划许可证等规划审批手续的除外。发包人能够办理审批手续而未办理，并以未办理审批手续为由请求确认建设工程施工合同无效的，人民法院不予支持。

3. 无效合同的赔偿

建设工程施工合同无效，一方当事人请求对方赔偿损失的，应当就对方过错、损失大小、过错与损失之间的因果关系承担举证责任。损失大小无法确定，一方当事人请求参照合同约定的质量标准、建设工期、工程价款支付时间等内容确定损失大小的，人民法院可以结合双方过错程度、过错与损失之间的因果关系等因素作出裁判。

缺乏资质的单位或者个人借用有资质的建筑施工企业名义签订建设工程施工合同，发包人请求出借方与借用方对建设工程质量不合格等因出借资质造成的损失承担连带赔偿责任的，人民法院应予支持。

5.2.2 合同的履行

1. 开工日期争议的解决

当事人对建设工程开工日期有争议的，人民法院应当分别按照以下情形予以认定：

（1）开工日期为发包人或者监理人发出的开工通知载明的开工日期；开工通知发出后，尚不具备开工条件的，以开工条件具备的时间为开工日期；因承包人原因导致开工时间推迟的，以开工通知载明的时间为开工日期。（2）承包人经发包人同意已经实际进场施工的，以实际进场施工时间为开工日期。（3）发包人或者监理人未发出开工通知，亦无相关证据证明实际开工日期的，应当综合考虑开工报告、合同、施工许可证、竣工验收报告或者竣工验收备案表等载明的时间，并结合是否具备开工条件的事实，认定开工日期。

当事人约定顺延工期应当经发包人或者监理人签证等方式确认，承包人虽未取得工期顺延的确认，但能够证明在合同约定的期限内向发包人或者监理人申请过工期顺延且顺延事由符合合同约定，承包人以此为由主张工期顺延的，人民法院应予支持。当事人约定承包人未在约定期限内提出工期顺延申请视为工期不顺延的，按照约定处理，但发包人在约定期限后同意工期顺延或者承包人提出合理抗辩的除外。

2. 返还工程质量保证金争议的解决

有下列情形之一，承包人请求发包人返还工程质量保证金的，人民法院应予支持：（1）当事人约定的工程质量保证金返还期限届满。（2）当事人未约定工程质量保证金返还期限的，自建设工程通过竣工验收之日起满二年。（3）因发包人原因建设工程未按约定期限进行竣工验收的，自承包人提交工程竣工验收报告九十日后起当事人约定的工程质量保证金返还期限届满；当事人未约定工程质量保证金返还期限的，自承包人提交工程竣工验收报告九十日后起满二年。发包人返还工程质量保证金后，不影响承包人根据合同约定或者法律规定履行工程保修义务。

3. 施工合同无效后的工程结算

当事人就同一建设工程订立的数份建设工程施工合同均无效，但建设工程质量合格，一方当事人请求参照实际履行的合同结算建设工程价款的，人民法院应予支持。实际履行的合同难以确定，当事人请求参照最后签订的合同结算建设工程价款的，人民法院应予支持。

4. 施工合同争议的鉴定鉴定

由于建设工程施工合同履行过程中，会有大量的技术性、专门性的问题，如果由于这些问题发生争议，往往需要由专业性的机构、人员进行鉴定。

（1）已经对建设工程价款结算达成协议的不再进行鉴定

当事人在诉讼前已经对建设工程价款结算达成协议，诉讼中一方当事人申请对工程造价进行鉴定的，人民法院不予准许。

（2）对共同委托的造价咨询意见可以申请鉴定

当事人在诉讼前共同委托有关机构、人员对建设工程造价出具咨询意见，诉讼中一方当事人不认可该咨询意见申请鉴定的，人民法院应予准许，但双方当事人明确表示受该咨询意见约束的除外。

（3）鉴定的释明

当事人对工程造价、质量、修复费用等专门性问题有争议，人民法院认为需要鉴定的，应当向负有举证责任的当事人释明。当事人经释明未申请鉴定，虽申请鉴定但未支付鉴定费用或者拒不提供相关材料的，应当承担举证不能的法律后果。

一审诉讼中负有举证责任的当事人未申请鉴定，虽申请鉴定但未支付鉴定费用或者拒不提供相关材料，二审诉讼中申请鉴定，人民法院认为确有必要的，应当依照以下规定处理："原判决认定基本事实不清的，裁定撤销原判决，发回原审人民法院重审，或者查清事实后改判"。

（4）鉴定的质证

人民法院准许当事人的鉴定申请后，应当根据当事人申请及查明案件事实的需要，确定委托鉴定的事项、范围、鉴定期限等，并组织双方当事人对争议的鉴定材料进行质证。

人民法院应当组织当事人对鉴定意见进行质证。鉴定人将当事人有争议且未经质证的材料作为鉴定依据的，人民法院应当组织当事人就该部分材料进行质证。经质证认为不能作为鉴定依据的，根据该材料作出的鉴定意见不得作为认定案件事实的依据。

5. 施工合同优先受偿权

（1）承包人享有建设工程价款优先受偿权

与发包人订立建设工程施工合同的承包人，根据合同法第二百八十六条规定请求其承建工程的价款就工程折价或者拍卖的价款优先受偿的，人民法院应予支持。

（2）建设工程价款优先受偿权适用于装饰装修工程

装饰装修工程的承包人，请求装饰装修工程价款就该装饰装修工程折价或者拍卖的价款优先受偿的，人民法院应予支持，但装饰装修工程的发包人不是该建筑物的所有权人的除外。

（3）建设工程质量合格与否不影响优先受偿权的行使

建设工程质量合格，承包人请求其承建工程的价款就工程折价或者拍卖的价款优先受偿的，人民法院应予支持。未竣工的建设工程质量合格，承包人请求其承建工程的价款就其承建工程部分折价或者拍卖的价款优先受偿的，人民法院应予支持。

（4）建设工程价款优先受偿的范围

承包人建设工程价款优先受偿的范围依照国务院有关行政主管部门关于建设工程价款范围的规定确定。承包人就逾期支付建设工程价款的利息、违约金、损害赔偿金等主张优先受偿的，人民法院不予支持。

（5）行使建设工程价款优先受偿权的期限

承包人行使建设工程价款优先受偿权的期限为六个月，自发包人应当给付建设工程价款之日起算。

2002年6月27日生效的《最高人民法院关于建设工程价款优先受偿权问题的批复》第4条规定："建设工程承包人行使优先权的期限为六个月，自建设工程竣工之日或者建设工程合同约定的竣工之日起计算。"但是，由于结算需要竣工以后进行，而建设工程项目的结算十分复杂，工程通过竣工验收后，办理结算手续的时间普遍较长，在双方办理结算的过程中，建设工程价款优先受偿权的保护期限就届满了，不利于保护承包人与农民工的合法权益。有的省市高级人民法院出台过相关的解释试图解决此问题，例如《广东省高级人民法院关于审理建设工程合同纠纷案件疑难问题的解答》、《河北省高级人民法院建设工程施工合同案件审理指南》、《江苏省高级人民法院关于审理建设工程施工合同纠纷案件若干问题的解答》等均规定，工程竣工验收合格，但是合同约定的付款期限未届满的，以合同约定的付款之日为建设工程价款优先受偿权的起算点。《建设工程司法解释（二）》将承包人行使建设工程价款优先受偿权的起算日确定为自发包人应当给付建设工程价款之日，符合建设工程领域的实际情况。

（6）建设工程价款优先受偿权约定放弃的效力

发包人与承包人约定放弃或者限制建设工程价款优先受偿权，损害建筑工人利益，发包人根据该约定主张承包人不享有建设工程价款优先受偿权的，人民法院不予支持。

设立优先受偿权旨在在维护建筑市场中公平和诚实信用原则，其对于保护劳动者的利益，维护良好的建筑市场环境具有十分重要的意义。而现实生活中，发包人利用自己的优势地位要求承包人放弃优先受偿权的案例大量出现，严重干扰了建筑市场环境，产生了极其重大的危害和不良的社会影响。因此，《建设工程司法解释（二）》发包人与承包人约定放弃或者限制建设工程价款优先受偿权进行了限制。

5.2.3 《政府投资条例》对垫资合同效力的影响

2019年4月14日，国务院发布了《政府投资条例》，于2019年7月1日起施行。《政府投资条例》的实施对垫资施工合同的效力产生影响。

《政府投资条例》第22条规定："政府投资项目所需资金应当按照国家有关规定确保落实到位。政府投资项目不得由施工单位垫资建设。"在工程领域，长期存在着垫资的施工合同是否有效的争议。建设工程监管部门长期以来严格执行严禁垫资的规定，其主要的依据是1996年发布的《建设部、国家计委、财政部关于严禁带资承包工程和垫资施工的通知》。但由于1999年《合同法》生效，其第52条规定，一般情况下，只有违反法律、行政法规的强制性规定的合同才会无效。《建设部、国家计委、财政部关于严禁带资承包工程和垫资施工的通知》不属于法律、行政法规，因此，2004年发布的《最高人民法院关于审理建设工程施工合同纠纷案件适用法律问题的解释》实际上认为垫资施工合同有效，其第6条规定："当事人对垫资和垫资利息有约定，承包人请求按照约定返还垫资及其利息的，应予支持。"因此，长期以来，在司法实践中，垫资施工合同都是按照有效合同进行处理的，在仲裁案件中大多也是按照有效合同处理。

但是2019年7月1日《政府投资条例》生效后，情况将发生变化。因为《政府投资条例》属于行政法规，具有影响合同效力的效力。因此，如果司法实践中，如果法官认为政府投资项目的垫资施工合同违法了法律、行政法规的强制性规定，将有依据。但是，由于什么是强制性规定，缺乏明确的解释，在司法实践中法官具有解释的随意性，也可能不会被认定垫资合同违反了强制性规定。更不要说在《最高人民法院关于适用〈中华人民共和国合同法〉若干问题的解释（二）》（2009年发布）将"强制性规定"限缩为"效力性强制性规定"。因此，《政府投资条例》加大了法官的自由裁量权，让政府投资项目的垫资施工合同的效力具有了不确定性。

《政府投资条例》只影响政府投资项目的施工合同的效力，非政府投资项目的垫资施工合同效力不会有影响。

5.2.4　关于以审计结论作为结算依据问题

2017年以前，北京、山东等14个省级人大常委会先后出台了地方性审计条例或监督条例，规定政府投资和以政府投资为主的建设项目，以审计结果作为工程竣工结算依据。

比如，2012年9月26日通过的《上海市审计条例》第13条规定："政府投资和以政府投资为主的建设项目，按照国家和本市规定应当经审计机关审计的，建设单位或者代建单位应当在招标文件以及与施工单位签订的合同中明确以审计结果作为工程竣工结算的依据。"又如，2012年7月27日通过的《北京市审计条例》第23条规定："政府投资和以政府投资为主的建设项目，建设单位应当与承接项目的单位或者个人在合同中约定，建设项目纳入审计项目计划的，双方应当配合、接受审计，审计结论作为双方工程结算的依据；依法进行招标的，招标人应当在招标文件中载明上述内容。"

政府投资和以政府投资为主的建设项目，一般都属于依法应当招标的项目。招标的建设项目如果以审计结论作为结算依据，会产生诸多问题。

第一，易使招标投标程序流于形式。招标投标制度的核心是竞争，价格竞争是重要的内容。招标投标制度是建立在基于投标人之间的竞争可以产生合理价格的假设上的。按照《招标投标法》的规定，双方应当按照招标文件和中标人的投标文件订立合同，当然也要按照合同订立的价格进行结算和决算。如果由审计结论作为结算依据，招投标程序中的价格竞争机制就毫无意义了。投标人只需按照最能够中标的条件报价，根本不必考虑自己的成本，更谈不上对预期利益的判断。最终结果是：价格竞争流于形式，审计结论一锤定音。这不但是对招标投标制度的破坏，更会实质性地冲击优胜劣汰机制。虽然《上海市审计条例》第13条规定："审计机关的审计涉及工程价款的，以招标投标文件和合同关于工程价款及调整的约定作为审计的基础"，看似审计应当尊重招标投标文件和合同的约定，但大量存在的事实是，合同当事人双方一致认定的事实、结论与审计结论不一致。要求审计结论作为结算依据，事实上是推翻了招标投标的结果。如2011年被媒体广为报道的南京天价路牌招标事件中，负责招标的奚晖处长解释说："因为是试点，在合同当中做了一个额外的约定，要求有第三方审计，最终决算价以第三方审计为准"，"估计还会有所下降"。这等于在合同履行前就明确了，投标价格将被推翻。

第二，工程价款结算技术复杂，结算价与审计结论的差异不可避免。一般而言，在政府投资和以政府投资为主的建设项目中，建筑工程竣工资料纷繁，结算工作复杂，工程造价计算极具专业性。对于工程造价中的某些问题，不同的机构和人员可能抱持不同的意见。从工程开工到竣工，建设单位与承包商的概预算人员之间需要进行大量的沟通，才能对工程造价取得一致意见。

第三，审计时限不明确使审计结论难以作为结算的依据。《审计法》及其实施条例对建设项目审计的时限没有明确规定，《政府投资项目审计规定》第9条虽然规定"审计机关对列入年度审计计划的竣工决算审计项目，一般应当在审计通知书确定的审计实施日起3个月内出具审计报告"，但通知书的下达时间并不明确。面对量大、面广的审计需求，现实中审计期限往往很长。这样，以审计结论作为结算依据导致建设单位支付工程款的长期拖延，进而导致诸如农民工工资无法及时支付等问题。

全国人大常委会法工委，对有关审计的地方性法规进行了梳理，并依照立法法规定对审查建议提出的问题进行了研究，征求了审计署、国务院法制办、财政部、住建部、国资委、最高法等多家单位的意见，并赴地方进行了调研等。经研究认为，地方性法规中直接以审计结果作为竣工结算依据和应当在招标文件中载明或者在合同中约定以审计结果作为竣工结算依据的规定，限制了民事权利，超越了地方立法权限，应当予以纠正。

5.3 建筑法

建筑法领域，近年来以法律、行政法规、司法解释或者规范性文件等方式实施了一些重要的改革。例如，取消了施工合同备案，修改了申领施工许可证应当具备的条件，修改了施工图审查制度，修改了质量保证金制度等。

2018年5月18日，国务院办公厅发布《关于开展工程建设项目审批制度改革试点的通知》（国办发〔2018〕33号），要求精减审批事项，其中包括取消施工合同备案等措施。施工合同备案事项的取消，对纠正实践中常见的行政主管部门对合同进行事先实质性审查、黑白合同等乱象，将产生深远影响。

2019年4月23日，全国人民代表大会常务委员会作出《关于修改〈中华人民共和国建筑法〉等八部法律的决定》。其中，将《建筑法》第八条中申领施工许可证的条件进行了修改，主要修改内容为：将原来的“在城市规划区的建筑工程，已经取得规划许可证”修改为“依法应当办理建设工程规划许可证的，已经取得建设工程规划许可证”，“建设资金已经落实”修改为“有满足施工需要的资金安排”，建设行政主管部门的颁证期限也由十五日缩短为七日。总体思路是对施工许可证简化办理条件、缩短办理周期。

5.3.1 建设工程质量法律规定

1. 关于施工图审查的最新规定

施工图设计文件的质量，对建设工程施工质量有直接影响。改革开放以后，我国基建规模增长较快，施工图设计水平良莠不齐，出现了一些由于施工图设计缺陷导致建设工程质量缺陷甚至重大质量事故的情形。因此，2000年1月30日发布的《建设工程质量管理条例》（国务院令第279号）在参考了国外工程设计审查制度的基础上，对施工图审查制度进行了规定。

根据前述条例，施工图设计文件的审查主体为行政机关，即建设行政主管部门或者其他有关部门。由于施工图审查工作具有专业性强、工作量大的特点，难以直接由行政机关承担具体工作。因此《房屋建筑和市政基础设施工程施工图设计文件审查管理办法》（建设部令〔2004〕第134号）对上位法作出了变通，将审查主体改为建设主管部门认定的施工图审查机构（专门从事施工图审查业务，不以营利为目的的独立法人）。该做法解决了建设行政主管部门或者其他有关部门能力与资源不足的问题，但在上位法修改之前，始终存在违法之嫌。

2017年10月7日，国务院公布《国务院关于修改部分行政法规的决定》（国务院令第687号），将《建设工程质量管理条例》第十一条第一款由原来的“建设单位应当将施工图设计文件报县级以上人民政府建设行政主管部门或者其他有关部门审查。施工图设计文件审查的具体办法，由国务院建设行政主管部门会同国务院其他有关部门制定”修改为“施工图设计文件审查的具体办法，由国务院建设行政主管部门、国务院其他有关部门制定。”这一修改解决了施工图设计文件审查主体违法性的问题。2018年12月29日发布的《住房和城乡建设部关于修改〈房屋建筑和市政基础设施工程施工图设计文件审查管理办法〉的决定》则进一步深化了这一主导思想，规定省、自治区、直辖市人民政府住房城乡建设主管部门应当会同有关主管部门按照本办法规定的审查机构条件，结合本行政区域内的建设规模，确定相应数量的审查机构，逐步推行以政府购买服务方式开展施工图设计文件审查。

2. 监理单位的质量责任和义务

（1）监理单位的法律地位

根据《建筑法》第31条，实行监理的建筑工程，由建设单位委托具有相应资质条件的工程监理单位监理。建设单位与其委托的工程监理单位应当订立书面委托监理合同。因此，建设单位与监理单位之间存在委托合同法律关系，是监理单位行使有关权利的基础法律关系。

根据《建筑法》第32条，建筑工程监理应当依照法律、行政法规及有关的技术标准、设计文件和建筑工程承包合同，对承包单位在施工质量、建设工期和建设资金使用等方面，代表建设单位实施监督。监理单位名为“代表”，实则“代理”，符合《民法总则》中关于代理的构成要件。故监理单位的法律地位是建设单位的代理人，其权限由委托监理合同产生。此外，监理单位还可按照监理合同就其专业对建设单位提供一定的咨询服务。

（2）关于监理单位应否对施工实际损失承担连带责任

由于监理单位的法律地位是建设单位的代理人，故监理单位的法律责任适用《民法总则》《合同法》等中关于代理人法律责任的规定。例如，根据《民法总则》第164条，代理人和相对人恶意串通，损害被代理人合法权益的，代理人和相对人应当承担连带责任。此外，行业法律也有明确规定，例如《建筑法》第35条规定，监理单位与承包单位串通，为施工单位谋取非法利益，给建设单位造成损失的，应当与施工单位承担连带赔偿责任。

根据相关法律，监理单位对建设工程有关质量损失负有的义务可以归结为审查、通知与报告三个环节的义务。实践中，监理单位可以构成在各个环节免责的通常表现为：在施工中就施工单位的施工质量问题组织各方当事人召开《监理例会》，并向施工单位送达《监理工程师通知单》；对存在的施工质量问题提出了整改意见和措施；在施工单位拒绝整改、现场管理失控时，及时向建设单位提出更换施工单位的建议，或者向建设行政主管部门报告。综上，监理单位不存在怠于履行监理义务的情形，则监理单位与施工单位就施工质量问题并不存在恶意串通的行为，不应承担连带责任。

（3）监理单位连带责任的立法反思

监理单位与施工单位的就串通行为给建设单位造成的损失承担连带责任的法律规定，存在问题。我国法律尤其是建筑法领域对连带责任存在迷信与误解。

通常认为，连带责任属加重责任。连带责任的设定通常具有加强保护受损害一方的权益，并加重对方尤其是连带责任人的管理义务。《建筑法》关于监理单位连带责任的规定忽视了民法上连带责任的设定前提。民法的平等原则隐含着有意忽略民事主体之间的偿债能力差异的意味。①

按照诉讼法的理论和实践以及成本收益理论，一般在主张连带责任时，通行的有效做法是将偿债能力更强的民事主体作为共同被告。②例如在侵权领域，限制民事行为能力人

---

① 李声高：《失信治理连带责任的法理质辩与规则适用》，载《法学杂志》2019年第2期。

② 俞巍《关于连带责任基本问题的探讨》，载《华东政法大学学报》，2007年第4期。

于放学途中受到第三人加害的，法律实务中往往将学校作为共同被告追究损害赔偿责任。其根本原因是学校通常较侵权人具有更强的偿债能力。《建筑法》的规定赋予了建设单位以选择权，因监理单位与施工单位的就串通行为给建设单位造成的损失时，建设单位可以选择施工单位承担责任，也可以选择监理单位承担责任。这种选择权行使的基础，在实践中起决定作用的往往是偿债能力，既包括可执行财产的数量，也包括其财产的易执行性。监理单位与施工单位相比，即便通过责任保险转移其风险，通常其偿债能力也较弱，甚至可以忽略不计，导致该连带责任的立法易流于形式。

3. 建设工程竣工验收问题与处理

（1）建设工程竣工验收基本制度

建设工程的竣工验收，是指建设工程已由施工单位按照设计要求完成全部工作任务，准备交付给建设单位投入使用时，由建设单位组织设计、施工、工程监理等有关单位依照国家关于建设工程竣工验收制度的有关规定，对该项工程是否符合设计要求和工程质量标准等所进行的检查、考核工作。

根据《建筑法》第 61 条、《建设工程质量管理条例》第 16 条的规定，建设工程竣工验收应当具备的条件有：1）必须符合规定的建筑工程质量标准；2）完成建设工程设计和合同约定的各项内容；3）有完整的技术档案和施工管理资料；4）有工程使用的主要建筑材料、建筑构配件和设备的进场试验报告；5）有勘察、设计、施工、工程监理等单位分别签署的质量合格文件；6）有施工单位签署的工程保修书。

建设单位应当自建设工程竣工验收合格之日起 15 日内，将建设工程竣工验收报告和规划、公安消防、环保等部门出具的认可文件或者准许使用文件报建设行政主管部门或者其他有关部门备案。备案机关收到建设单位报送的竣工验收备案文件，验证文件齐全后，应当在工程竣工验收备案表上签署文件收讫。工程竣工验收备案表一式二份，一份由建设单位保存，一份留备案机关存档。

（2）建设工程竣工验收纠纷及其处理

工程项目的竣工验收是施工全过程的最后一道程序，也是工程项目管理的最后一项工作。竣工验收是施工单位交付建设工程、转移成品保护责任的分界点，对双方责任划分意义重大。

1）不具备竣工验收条件导致的纠纷及其处理

实践中存在建设工程并不具备竣工验收条件，施工单位仓促向建设单位申请竣工验收的情形。该类情形既包括工程实体内容未完成，也包括欠缺相应的资料等。对于前者，施工单位的动机较多，例如工期届至，为避免违约而先提出验收申请，再将之后的工作理解为整改而非分部分项施工。对于后者，典型的原因是建设单位为了及时向第三方交付，而要求施工单位在资料尚不齐全的情况下提前申请竣工。对于并不具备竣工验收条件的建设工程项目，在民事方面可以通过对方当事人或者第三方（例如监理单位）实现一定程度的制约；在行政方面，通过行政处罚等责任形式予以防范、纠正和制裁。

2）竣工验收程序纠纷及处理

对于施工单位向监理单位报送的竣工验收申请报告，监理单位应在收到竣工验收申请报告后 14 天内完成审查并报送建设单位。监理单位审查后认为尚不具备验收条件的，应通知施工单位在竣工验收前施工单位还需完成的工作内容。实践中存在监理单位得到建设单位的授意，不接收竣工验收申请报告，或者以施工单位尚未完成全部工作内容为由要求整改、拖延报送建设单位的情形。

竣工验收申请报告已经接收的证据，在诉讼或仲裁举证环节中具有重要意义。因此对于拒不接收竣工验收申请报告的，施工单位可以采取法律允许的送达方式例如邮寄等方式送达，而不必过分顾虑与建设单位的客户关系维护。对于监理单位以施工单位尚未完成全部工作内容不予报送建设单位的情形，应当在判断工作内容是否实质上构成竣工交付的障碍的基础上，区别对待。对于不影响竣工交付的非实质工作内容，监理单位无权以此为由妨害施工单位提出竣工验收申请。

施工单位应在完成监理单位通知的全部工作内容后，再次提交竣工验收申请报告。监理单位审查后认为已具备竣工验收条件的，应将竣工验收申请报告提交建设单位，建设单位应在收到经监理单位审核的竣工验收申请报告后28天内审批完毕并组织监理单位、施工单位、设计人等相关单位完成竣工验收，并在验收后7天内给予认可或提出修改意见。施工单位按要求修改。由于施工单位原因，工程质量达不到约定的质量标准，施工单位承担违约责任。因特殊原因，建设单位要求部分单位工程或者工程部位须甩项竣工时，双方另行签订甩项竣工协议，明确各方责任和工程价款的支付办法。

3）未经竣工验收提前使用导致的纠纷及其处理

工程能够提前交付使用，对建设单位往往存在较大的经济价值。故而虽然《建筑法》第61条第2款规定“建筑工程竣工经验收合格后，方可交付使用；未经验收或者验收不合格的，不得交付使用”，《合同法》第279条第2款也有类似规定，但实践中存在施工单位将未经竣工验收或验收不合格工程交付使用或者建设单位提前使用未经竣工验收的工程的情形。此类情形下若发生质量问题，责任往往难以分清。根据民法归责原理，一般来说，由于业主提前使用所造成的质量缺陷，即使是在保修期内属于保修范围的项目，也应当由业主自己负责，只有那些本身属于施工单位施工原因导致的质量缺陷才由施工单位负责。实践中，这需要法院或者仲裁机构根据纠纷的具体情况予以判断责任归属，在某些复杂情况下，还需要借助于有资格的专业鉴定机构进行必要的鉴定工作，作出鉴定结论。因此，无论是建设单位还是施工单位都应该严格遵守法律规定，业主做到不提前使用工程，施工单位做到只交付经竣工验收合格的工程，以避免发生此类纠纷。

总体来说，竣工验收过程中产生的纠纷，归根到底仍然是质量纠纷，因为竣工验收主要是对工程质量的检验。解决纠纷的核心是依据合同约定和有关法律规定，进行合理的责任分担。

4. 建设工程质量保修问题及其处理

质量保修制度是对于竣工后一段期限内发现的质量缺陷进行补救的一项重要制度。实践中常见的质量保修问题是：施工单位对于在质量保修期内出现的质量缺陷不履行质量保修责任；或者建设单位与施工单位对保修期的期限存在争议。

《建筑法》第60条规定：“建筑物在合理使用寿命内，必须确保地基基础工程和主体结构的质量。建筑工程竣工时，屋顶、墙面不得留有渗漏、开裂等质量缺陷；对已经发现的质量缺陷，建筑施工企业应当修复。”近年来，地基基础与主体结构等重大质量保修问题相对较少，建筑工程的质量保修问题在屋面防水工程、外门窗渗漏和墙面开裂方面表现得较为严重，有些工程甚至在工程竣工时便出现这些质量缺陷。施工单位是建设工程从蓝图到实体的直接生产者，质量缺陷的产生往往与其有密切联系。质量缺陷主要原因是施工工艺或工序不按照技术规范进行，或者建筑材料本身产品质量不合格造成。施工工艺或工序产生的质量缺陷，责任方当然是施工单位。建筑材料本身产品质量不合格先由其供应方承担，最终由生产方承担。

《建设工程质量管理条例》与其他有关法律明确规定了在正常使用条件下，基础设施工程、房屋建筑的地基基础工程和主体结构工程，屋面防水工程、有防水要求的卫生间、房间和外墙面的防渗漏，供热与供冷系统，电气管线、给排水管道、设备安装和装修工程等的最低保修期限。其中，对人民生命财产安全关系最大的基础设施工程、房屋建筑的地基基础工程和主体结构工程，法律规定其法定最低保修期为“该工程的合理使用年限”。该“合理使用年限”由施工图设计文件注明，或者根据建设工程的类型由有关国家标准确定，如《建筑结构可靠度设计统一标准》GB 50068—2001 规定的 3 类普通房屋和建筑物，其设计年限为 50 年，并明确工程是在正常施工、正常使用和正常维护的前提下才能满足的条件。

5. 质量保证金返还问题

按照质量保证金的字面语义理解，建设工程质量保修期满方才返还质量保证金。但由于我国现行的《建设工程质量管理条例》规定的质量保修期（尤其是地基基础与主体结构）较长，实践中返还质量保证金时点的做法不一。有的于竣工验收合格后 2 年全部返还；有的分成若干笔，最终于竣工验收合格后 5 年全部返还。为解决质量保证金返还实践中认识不统一的问题，建设部、财政部于 2005 年发布了《建设工程质量保证金管理暂行办法》，创造性地借鉴了国外经验，规定了“缺陷责任期”的概念，实际上应当理解为“质保金返还期”。该期限一般为 6 个月、12 个月或 24 个月，具体可由发、承包双方在合同中约定。2017 年经由住房和城乡建设部、财政部《建设工程质量保证金管理办法》（建质〔2017〕138 号）修改为：缺陷责任期一般为 1 年，最长不超过 2 年。

质量保证金的返还，也是司法裁判关注的问题。《最高人民法院关于审理建设工程施工合同纠纷案件适用法律问题的解释（二）》（法释〔2018〕20 号）规定应予支持承包人请求发包人返还工程质量保证金的情形有：（1）当事人约定的工程质量保证金返还期限届满；（2）当事人未约定工程质量保证金返还期限的，自建设工程通过竣工验收之日起满 2 年；（3）因发包人原因建设工程未按约定期限进行竣工验收的，自承包人提交工程竣工验收报告 90 日后起当事人约定的工程质量保证金返还期限届满；当事人未约定工程质量保证金返还期限的，自承包人提交工程竣工验收报告 90 日后起满 2 年。该司法解释同时明确了发包人返还工程质量保证金后，不影响承包人根据合同约定或者法律规定履行工程保修义务，以司法解释的方式将“缺陷责任期”定位于“质量保证金返还期”。

5.3.2 建设工程安全法律规定

近年来，建设工程领域发生了一些重大生产安全事故。例如，2018 年 2 月 7 日佛山地铁 2 号线一期工程发生隧道透水坍塌，造成重大人员伤亡与直接经济损失。建设工程安全生产监督管理再次成为负有安全监督职责的行政部门、安全生产企业以及社会关注的焦点问题。

1. 建设工程安全监管职责划分的问题与处理

按照所属行业的不同，我国建设工程分类较多。我国各类建设工程，大多有对应的行业主管部门；行业主管部门之外，还存在安全职能管理部门，对建设工程的安全进行职能监管；再加上监管的级别与地域等因素，构成了我国建设工程安全监管的分级管理、属地管理、职能管理和专项管理的叠加，职责交织造成一系列问题，实践中往往表现为过度监管或无人监管，给建设工程各参建主体的建筑活动造成困扰。

（1）属地管理与职能管理

就建设工程安全生产而言，属地管理通常指纵向两个层面，即项目所在地政府及其部门均负有监督责任；而职能管理通常指一个横向层面，即项目所在地各有关职能部门，主要是安监部门与建设部门职责划分。发生建设工程重大生产安全事故，政府及其相关部门必然难辞其咎。但各自责任的性质与轻重，有重要差别。依属地管理理论，政府负有监督不力的行政责任；若依职能管理论，政府主要表现为领导责任。[①] 属地管理与职能管理交织在一起，加之部门之间职能不清，导致责任承担不清晰，影响过程监管的合法性与有效性。

（2）安全监管角度

从监管角度看，具有不同监管职能的安监主管部门与建设主管部门在建设期内存在职责交织。以化工项目为例，从行业和专业管理角度看，建设主管部门对所有行业的建设工程负有统筹监管职能，对于房建与市政工程具有专业监管职能；工业主管部门（包含化工建筑安装工程质量监督机构）对于化工专业项目具有专业监管职能。从职能管理的角度看，安监部门对所有行业的建设和生产安全负有统筹监管职能。化工项目建设期内发生生产安全事故的，安监部门、工业主管部门居主要地位。建设主管部门在建设期内对建设工程负有统筹监管职能，居次要地位，通常参与事故调查与处理，但不发挥主导作用。

（3）三定方案的职责依据

明确各部门职责的根本依据是三定方案。属地与分级管理决定了本级政府对辖区内项目建设期内安全生产负有最终责任。由于政府通常不是直接执法单位，政府监管最终要落实为职能部门的具体职责，各地各级“三定方案”往往写入兜底性条款，即“承办政府或上级交办的其他任务”。当地方政府以文件形式要求安监主管部门或建设主管部门履行行政区域内建设工程安全监管责任的，安监主管部门或建设主管部门应当完成该任务。

（4）部门改革

大部制改革并不仅指裁撤有关部委，还包括由该类部委实施行业管理的相关企业与项目采取何种监管模式的重新梳理与建构等诸多问题。后一工作未能彻底完成，给地方监管工作带来诸多遗留问题。仍以化工项目为例，计划经济时期，国务院下属的原化工行政主管部门负责全国一般化工建设工程的质量监管。各省、自治区、直辖市的化工厅（局）下设的监督站负责本行政区域内一般化工建设工程的质量监督。但由于安全与质量密不可分，安全监督事实上包含在质量监督内。面对大部制改革的不彻底性，实践中通常的做法是：那些没有行业主管部门的项目或企业，尤其是不实行垂直管理的，对其的监管职责并入项目或企业所在地同级政府。同级政府设立了行业或专业监督部门的，职责由该监督部门具体行使。大部制改革中也存在一些专业和行业的融合现象，采取 EPC 模式的项目就是典型。实践中 EPC 项目有相当体量是以设备为主要内容的化工类项目。虽然在准入、

① 皮建才：《垂直管理与属地管理的比较制度分析》，载《中国经济问题》2014 年第 7 期。

报建、过程监管以及处罚等各环节，建设行政主管部门目前均介入，但在时机成熟时，应将安全监管的职责逐步分离出去。

(5) 安全监管的法律渊源

从建设项目安全监管的法律渊源来看，1998 年施行的《建筑法》将“建筑活动”限定于“房屋建筑”。2000 年施行的《建设工程质量管理条例》扩大了“建设工程”的内涵，将建设工程扩大为“土木工程、建筑工程、线路管道和设备安装工程及装修工程”，2004 年施行的《建设工程安全生产管理条例》也遵循了该规定。以上两《条例》以行政法规的方式将建设部的监管范围扩大到房建以外的其他建设工程，并具有了渗透到其他行业的可能性。以上两条例虽为行政法规，实际起草部门仍然是建设部门。这一立法是建设部坚持不断扩大本部门权限的监管理念的一贯体现。这一点上，作为中央部委的建设部与地方建设部门的思路存有一定差异。那些处于模糊地带的监管内容在地方上的执行仍存在较大问题。

综上，应当在分级管理、属地管理的基础上，根据政府的领导功能、安全监管部门的职能管理功能、行业主管部门的专项管理功能等，明确划分各自的职责。

2. 建设工程安全事故的问题与处理

(1) 质量事故与安全事故的密切性

无论是从建设法规的历史沿革看，还是从建设行政执法监督实践看，建设工程质量和安全并不能严格区分开来，在事故的性质与分级问题上尤为明显。2007 年 9 月 21 日，建设部废止了《工程建设重大事故报告和调查程序规定》。之后的一段时期内，建筑工程领域的质量事故或安全事故，均直接适用安全生产事故的分类。住建部于 2010 年发布的《关于做好房屋建筑和市政基础设施工程质量事故报告和调查处理工作的通知》单独定义了工程质量事故。这一文件表明了部委层面对建设工程质量安全的重视，但由于建设工程的质量事故与安全事故事实上密不可分，而安全事故本有专门的统筹监管机构，地方建设主管部门的安全事故监管变得进退失据。近年来，国家提出“质量、安全一体化监管”，要求“管行业必须管安全、管业务必须管安全、管生产经营必须管安全”，体现的是国家对安全生产的高度重视，同时也反映了部门职能界定不清的现状。

(2) 建设工程生产安全事故民事责任的承担

建设工程生产安全事故经调查处理后，进入法律责任的追究阶段。按照法律性质的不同，涉及民事责任、行政责任和刑事责任。《生产安全事故报告和调查处理条例》中主要规定了行政责任和刑事责任：有关机关应当按照人民政府的批复，依照法律、行政法规规定的权限和程序，对事故发生单位和有关人员进行行政处罚，对负有事故责任的国家工作人员进行处分；事故发生单位应当按照负责事故调查的人民政府的批复，对本单位负有事故责任的人员进行处理；负有事故责任的人员涉嫌犯罪的，依法追究刑事责任。事实上，民事责任的追究对于补偿有关民事主体的损失、防范生产安全事故发生的作用不可忽视。

建设工程安全事故的等级划分，以造成的人员伤亡或者直接经济损失为要素。以较大事故为例，该类事故是指造成 3 人以上 10 人以下死亡，或者 10 人以上 50 人以下重伤，或者 1000 万元以上 5000 万元以下直接经济损失的事故。人员伤亡和直接经济损失均涉及赔偿问题，即民事责任的承担。

实践中存在着一有事故发生，往往认为主要由施工单位造成的认识。事实上，由于建设工程项目参与主体较多，建设工程生产安全事故往往是多个主体的行为或者因素共同引起，民事赔偿责任也具有复杂性的特点。以某综合体工程生产安全事故为例，该综合体施工至地下室外回填并停止降水后十日内，通过沉降观测发现各测点上浮平均为140～152mm，柱垂直度偏差为2～18mm，地下室底板变形最大高差为395mm。因工程主体倾斜、上浮、断裂，给建设单位造成巨大损失。建设单位无法确定责任方，可能承担民事赔偿责任的主体包括勘察、设计、施工等单位。

1）建设工程生产安全事故中，勘察单位承担赔偿责任的主要情形是未按工程勘察强制性标准实施勘察。但实践中往往也存在勘察单位与设计单位责任难以界定的问题。例如，勘察报告未对地下室抗浮提出评价，表面上是勘察单位存在过错。但从义务与责任承担关系看，勘察单位提供抗浮设计水位的义务是基于法律的直接规定，还是应对方当事人的要求而产生，是界定勘察单位法律责任的关键。根据《岩土工程勘察规范》的有关规定，工程需要时，详细勘察应提出抗浮设计水位的建议。前提条件“工程需要时”的措辞较为模糊，鉴于勘察单位没有技术能力判定工程是否需要抗浮设计水位，在工程平行发包模式下，可以认为是“具有相应技术能力的设计单位通过建设单位提出要求时”；此外，规范对于勘察单位的要求仅仅是提出“建议”，是否采纳、如何进行不是勘察单位的义务。按照这种理解，勘察单位不负或者少负民事法律责任。

2）建设工程生产安全事故中，设计单位承担赔偿责任的主要情形是未按工程设计强制性标准实施设计。常见的一类生产安全事故与勘察资料不充分有关。仍以前述生产安全事故为例，设计单位未要求勘察单位提供用于计算地下水浮力的设计水位，未进行抗拔和受拉承载力计算，在勘察资料不充分的情况下，向建设单位先行提供了桩基施工图。设计单位的前述行为存在过错，违反了法律、设计标准的规定和设计合同的约定，与建设工程安全生产事故的发生有必然的因果关系，应当按有关法律规定和合同约定，承担相应的民事赔偿责任。

3）施工单位是否承担赔偿责任，取决于其是否违反了法律、标准的规定和施工合同的约定。当勘察资料或施工图设计文件有误时，虽然施工单位有善意审查和通知的义务，但该义务不构成减轻和免除勘察、设计单位的责任。尤其在我国的工程平行发包模式下，建设单位分别与勘察、设计、施工等单位签订合同，行政管理和司法实践强调施工单位必须按照图纸和规范进行施工，故因勘察资料或施工图设计文件有误导致建设工程生产安全事故的，施工单位承担的民事赔偿责任较轻，或者不承担民事赔偿责任。

对于多个主体的行为或者因素共同引起建设工程生产安全事故的，民事赔偿责任界定的核心是如何判断民事合同履行中违约行为与损害结果的因果关系。该因果关系是否存在，决定了赔偿与否的必然性。违约行为与损害结果存在因果关系的，赔偿的主张成立。违约行为与损害结不存在因果关系的，赔偿的主张不成立。以设计为例，设计单位依据工程建设强制性标准进行设计，既是其约定义务，也是法定义务。设计单位的施工图设计文件未考虑抗浮设计，也未对停止降水的时间提出具体要求，属违约、违法行为。在施工图审查、施工等其他环节未积极弥补该设计缺陷的情形下，该违约、违法行为将必然导致损害的发生。

此外，不同的发承包模式下，因果关系与责任承担也将发生相应变化。在国际工程承包领域，设计单位与施工单位的定位存在多种模式。通行的一种模式是，方案设计与初步设计由建设单位委托设计单位出具，施工图设计则由施工单位编制。在此模式下，抗浮计算当然由施工单位实施。因未考虑抗浮计算而导致的损失，则当然应由施工单位承担。

3. 施工单位与监理单位的建设工程安全责任划分

(1) 建设工程安全责任的责任来源

本部分的建设工程安全责任并非指义务，而是指因违反该义务而应承担的不利后果。施工、监理单位的法律责任来自于合同和法律。如果建设单位与施工、监理单位在合同中约定了明确的安全责任，在不违反法律、行政法规强制性规定的前提下，应按照合同约定处理。如果建设单位与施工、监理单位未约定安全责任或合同约定不明确，则施工、监理单位仅应根据法律法规的规定承担安全责任。由于监理单位依照法律、行政法规及有关的技术标准、设计文件和建筑工程施工合同，对施工单位在施工质量、建设工期和建设资金使用等方面，代表建设单位实施监督，故两单位对发生的建设工程生产安全事故责任具有较强的关联性。对于监理单位这类典型的受托单位、咨询单位，发生建设工程生产安全事故时，监理单位的工作做到什么范围、什么程度即可以免除其责任，对于施工单位及其相关工作人员分清其与监理单位的安全生产民事赔偿责任，具有重要意义。

(2) 法律责任的性质与种类

监理责任和施工单位责任可按照性质划分为刑事责任、行政责任和民事责任。根据《刑法》规定的工程重大安全事故罪，施工单位、监理单位违反国家规定，降低工程质量标准，造成重大安全事故的，对直接责任人员，处五年以下有期徒刑或者拘役，并处罚金；后果特别严重的，处五年以上十年以下有期徒刑，并处罚金。根据《建筑法》，监理单位承担的行政责任主要有罚款、责令停业整顿、降低资质等级或者吊销资质证书、没收违法所得等。

(3) 各类责任的构成要件异同

民事责任通常以后果为要件，《建设工程安全生产管理条例》第 57 条第 1 款明确了“工程监理单位……造成损失的，依法承担赔偿责任”。该条例第 65 条也对施工单位的民事赔偿责任设定了“造成损失”这一要件。而对于行政责任，通常不以后果为要件，即只要有法律列举的情形之一的，就应承担相应的行政责任。过错也是界定民事责任和行政责任的主要因素。施工、监理单位应就其过错承担相应的责任。应当将故意、重大过失与一般过失区分开来，在两种情形下，责任主体承担责任的形式不同。在民事责任承担中，故意或者重大过失，如《建设工程安全生产管理条例》第 57 条列举的几种情形，应承担较重的责任如连带责任。如果是一般过失，仅就其过错承担较轻的责任如比例责任。

6

建设工程施工合同订立和履行案例

6.1 建设工程施工合同订立案例

6.1.1 施工项目招标资格审查纠纷案例

【核心知识点】

资格审查是指招标人或其组建的评审委员会依据招标文件或资格预审文件中的审查标准与方法、审查程序确定潜在投标人或投标人的投标资格是否合格的活动。按照资格审查所处的阶段，可以将资格审查分为资格预审与资格后审。资格预审发生于开标之前，招标人采用资格预审办法对潜在投标人进行资格审查的，应当发布资格预审公告、编制资格预审文件。编制依法必须进行招标的项目的资格预审文件和招标文件，应当使用国务院发展改革部门会同有关行政监督部门制定的标准文本。国家发展和改革委员会等九部委联合制定了《标准施工招标资格预审文件》，自 2008 年 5 月 1 日起施行，后于 2013 年 5 月 1 日修订。该文件主要就资格预审公告、申请人须知、资格审查办法、预审申请文件格式等内容作出了规定。资格后审发生于开标之后，招标人采用资格后审办法对投标人进行资格审查的，应当在开标后由评标委员会按照招标文件规定的标准和方法对投标人的资格进行审查。招标人可以根据招标项目本身的要求，在招标公告、投标邀请书或者资格预审公告及其相应文件中，要求潜在投标人提供有关资格审查的材料。资格审查标准的设置应当遵循合法性与合理性的原则，不得以不合理的条件限制或者排斥潜在投标人，不得对潜在投标人实行歧视待遇。施工招标项目资格审查的内容主要包括：（1）申请人应具备承担本标段施工的资质条件、财务要求、业绩要求、信誉要求、项目经理等主要人员资格；（2）联合体的资质及其等级确定，联合体牵头人和各方的权利义务与分工，联合体的财务能力、信誉情况等资格条件；（3）是否存在与招标人有利害关系、被禁止在一定期限内投标、严重丧失商誉等禁止投标的法定情形。资格审查应当按照相关文件载明的标准和方法进行。资格预审的主要审查方式是有限数量制和合格制。资格后审的主要审查方式是合格制。审查程序通常按照初步审查、详细审查、澄清、评分等步骤进行。在审查程序各阶段，通常设置了相应的审查标准，如初步审查标准、详细审查标准与评分标准。经招标人或评审委员会资格审查后合格的，潜在投标人或投标人可以进入下一环节：属于资格预审的，潜在投标人可以购买招标文件；属于资格后审的，评标委员会对投标文件的技术、报价等其他部分进行评审。

【案情摘要】

原告：某施工单位

被告：某建设单位

某市新建文化中心工程，属于财政投资项目，工程总投资 10 亿元人民币，建设工期 20 个月。该项目施工采用公开招标方式确定施工单位，委托招标代理机构实施。为保证参与投标的施工单位具备相应的实力，建设单位（招标人）决定采取资格预审的方式进行筛选。2017 年 10 月 17 日，招标人发布资格预审公告，设定的主要资格条件为：（1）在中华人民共和国境内注册的独立法人，注册资本金不少于 5 亿元人民币；（2）近三年完成过规模不少于本次建设规模 3 项以上的施工业绩。

资格预审公告发出三日后，招标人收到有关单位的关于注册资本和业绩要求过高的反馈，决定降低资格预审公告中注册资本及类似项目业绩数量的要求。为节约时间，招标人在资格预审文件中调整了前述要求，资格预审申请文件的提交截止时间按公告载明的时间进行。资格预审文件中有关评审因素节录如下：

评审因素与评审标准表（节录） **表 6-1**

评审因素		评审标准
审查因素要求	营业执照	有效(外地企业须在本市设立分支机构)
	安全生产许可证	投标有效期内保持有效
	注册资本	不少于 2 亿元人民币
	项目业绩	近三年完成过规模不少于本次建设规模 2 项以上的施工业绩
	资质等级	建筑工程施工总承包特级
	组织形式	允许联合体
	项目经理	国家注册一级建造师
	信誉	无严重不良行为记录

招标人依法组建了资格审查委员会。资格审查委员会在评审中发现申请人 A 资格预审申请文件中的营业执照副本（复印件）的有效期已届至，经集体商议要求 A 予以澄清。A 解释在装订资格预审申请文件时，新的营业执照正在办理。因文件编制人员顾虑无法及时拿到新的营业执照，故使用了旧的营业执照。A 提交书面澄清文件，并当场提交了新办理的营业执照副本的原件进行核查。资格审查委员会认定 A 的营业执照合格。最终，经资格审查委员会评审，A～G 七家申请人资格审查合格，可以购买招标文件。2017 年 11 月 3 日，B 不服资格审查委员会的评审结果，向招标人提起异议，要求重新评审，认为 A 资格预审申请文件中的营业执照不合格；B 还提供了申请人 C、D 的企业信息户卡，认为两者属同一母公司的全资子公司，应当按涉嫌串通投标处理。招标人于同年 11 月 6 日作出决定，要求招标代理机构组织资格审查委员会进行了重新评审。资格审查委员会的重新评审结论坚持了原意见。招标人根据招标代理机构提交的重新评审报告后，函复 B“同意专家复评意见，维持原审结果”的决定。B 收到异议回复后未向招标监管部门投诉。后经开标、评标，评标委员会出具评标报告，推荐 A、C、B 依次为第一至第三中标候选人。公示期内，B 向招标监管部门、纪检监察部门反映情况的同时，向人民法院提起了民事诉讼。诉讼请求为：确认中标无效。事实与理由主要为：A 资格预审申请文件中的营

业执照不合格；C、D 不得在同一招标项目中投标。

【审裁结果】

人民法院经审理后依法判决：驳回 B 的诉讼请求。

【评析】

长期以来，施工项目普遍采取招标方式订立合同。能否中标，往往决定着施工单位能否生存；加之我国招标投标相关规定刚性而细致，往往导致公示期间内出现大量的举报、异议、投诉乃至诉讼。本案例较为典型，争议焦点主要涉及公告发布之后任意修改资格条件、资格条件设置的合理性判断、营业执照办理展期的处理、有利害关系的投标人的投标资格限制问题等。

1. 公告发布之后能否修改资格条件

招标实践中，对投标人的资格条件设定较难把握尺度。资格条件设定过低，竞争过于激烈，甚至可能危及中标合同的履行。资格条件设置过高，将会妨害竞争，甚至导致完全缺乏竞争的情形。出于保守考虑，招标人往往设定较高的资格条件，并通过报名、信息反馈等机制判断资格条件设置程度的合理性。一旦发现资格条件设置不合理，即启动调整程序。项目进入到招标程序后，内外部环境条件往往要求招标人及早签订合同，招标人对节约招标流程的时间既有压力也有动力。

招标实务中存在两种典型的处理方式：一是为了减少招标时间，在招标文件或资格预审文件及其澄清与修改中直接对资格条件进行调整，并在法律规定的时限内通知所有购买了相应文件的潜在投标人。此方式较为激进。二是重新发布公告，在公告和相应文件中同时调整资格条件，并通知已经购买相应文件的潜在投标人更换新的文件，文件截止时间相应顺延。此方式较为保守。

事实上，这两种方式是在未把握关键衡量标准的情况下所做的处理，均失之简单。依据《合同法》第 15 条规定，招标公告或资格预审公告属于订立合同过程中的要约邀请，招标文件或资格预审文件属于在招标公告或资格预审公告基础上的细化和补充，但又不符合要约的具体而明确的要求，因此本质上也属于要约邀请的范畴。

招标文件或资格预审文件能否修改，以及能够修改到何种程度，应当符合的基本衡量标准是：该类修改若能保证所有潜在投标人均有机会判断自己是否有能力、有兴趣参与竞标，则可以修改并能修改到该相应程度；反之，则不能修改或修改到该程度。本案中，招标人接到反馈、分析原因并决定降低注册资本及类似项目业绩的要求，属于修改了公告中已经明确的实质性内容。招标人采取相应文件的形式通知潜在投标人，仅能保证购买了相应文件的潜在投标人知晓这一变化，而不能保证所有潜在投标人均能知晓，剥夺了未购买相应文件的潜在投标人重新判断的机会，存在被招标人滥用而缩小投标人范围的可能性。若相应文件仅为非实质性修改，应视为可保证未购买相应文件的潜在投标人在公告发布期间已享有了判断的机会，即为法律所允许。

2. 资格条件设置的合理性判断

现行招标投标法律规定，招标人不得以不合理的条件限制、排斥潜在投标人或者投标人。通常表现为：（1）就同一招标项目向潜在投标人或者投标人提供有差别的项目信息；（2）设定的资格、技术、商务条件与招标项目的具体特点和实际需要不相适应或者与合同履行无关；（3）依法必须进行招标的项目以特定行政区域或者特定行业的业绩、奖项作为加分条件或者中标条件；（4）对潜在投标人或者投标人采取不同的资格审查或者评标标准；（5）限定或者指定特定的专利、商标、品牌、原产地或者供应商；（6）依法必须进行招标的项目非法限定潜在投标人或者投标人的所有制形式或者组织形式。本案例中，“外地企业须在本市设立分支机构”于招标人大多基于投标人当地办公便利的考虑，于政府大多基于增加地方税收的考虑，涉嫌与合同履行无关且非法限定投标人的组织形式。资质等级要求建筑工程施工总承包特级，则涉嫌与招标项目的具体特点和实际需要不相适应。事实上，按照施工企业资质标准，其他资质等级如建筑工程施工总承包一级企业也能从事本项目承包活动。

3. 营业执照办理展期的处理

实践中有观点认为：评审委员会发现某资格预审申请文件中营业执照副本（复印件）超出了有效期，进而查对原件判定该份申请文件有效的做法不符合相关规定；资格预审文件中没有规定的方法和标准不得采用。申请人营业执照副本的原件不属于资格申请文件的内容，查对原件的目的仅在于审查委员会进一步判定原申请文件中营业执照副本（复印件）的有效与否，而不是判断营业执照副本原件是否有效。

存在有效期限的资质、资格证书，于有效期届满前，通常可通过办理展期的方式，确保其继续有效。资质、资格证书办理展期的期间内，对招标投标工作将带来一定干扰。由于招标人或评审委员会难以判断投标人对资质、资格证书是否办理展期，或者展期是否被颁证机关准许，故而实践中处理方式并不统一。以律师注册为例，由于国内各地方的律师例行年检多在四月份完成，故四月份时较多律师出庭时无法携带律师证。法院对此情况知晓并较为通融，给予安检和庭审的方便，并不因此而否定律师的执业资格。相应资质、资格证书只是认定具有相应能力的行政许可的证明文件，而不是行政许可自身。若依法律、其他证据或者习惯，能够确定投标人具有相应能力的，不应机械地予以否决。

4. 有利害关系的投标人的投标资格限制

《招标投标法》是一部竞争法，其核心在于保证投标人能够公平竞争。基于公平原则，目前我国招标投标法律体系中，对有利害关系的投标人的投标资格限制最典型的是三条规定：

一是《工程建设项目施工招标投标办法》（国家发展计划委令〔2003〕第30号）第35条规定：“招标人的任何不具独立法人资格的附属机构（单位），或者为招标项目的前期准备或者监理工作提供设计、咨询服务的任何法人及其任何附属机构（单位），都无资格参加该招标项目的投标。”公平原则的内涵之一是要求所有潜在投标人能够获取的信息或者能够获取信息的途径一致，即信息公平。在现行法律体系中，一般潜在投标人获得信息的途径主要有招标公告、资格预审公告、招标文件及其澄清与修改文件、资格预审文件、现场踏勘等。若某单位如设计院在工程前期提供过咨询，则该设计院能够获得的项目信息，基本是当时该项目的全部信息。此时，该设计院的附属机构（单位）则极易拥有其他潜在投标人远不能比拟的信息优势，导致所有潜在投标人不能在同一起点上竞争，丧失了公平竞争性。

二是《工程建设项目货物招标投标办法》（国家发改委令〔2005〕第27号）第32条规定：“法定代表人为同一个人的两个及两个以上法人，母公司、全资子公司及其控股公司，都不得在同一货物招标中同时投标。一个制造商对同一品牌同一型号的货物，仅能委托一个代理商参加投标，否则应作废标处理。”投标人之间存在利害关系的，可能发生主观上的串通或客观上的一致，将对其他投标人造成不公平，甚而对招标人的利益造成损害结果。但不能一概因投标人之间存在利害关系而将其否定。衡量标准应当是：这一利害关系是否已经足以损害公平竞争。目前的法条，通常是观察到利害关系构成绝对控制时——如母子公司之间、控股公司与被控股公司之间——则禁止其同时投标。本案中，C和D属同一母公司的全资子公司，彼此之间虽然亲密，但并未构成绝对控制，不为法律所明确禁止。

三是《招标投标法实施条例》第34条规定："与招标人存在利害关系可能影响招标公正性的法人、其他组织或者个人，不得参加投标。单位负责人为同一人或者存在控股、管理关系的不同单位，不得参加同一标段投标或者未划分标段的同一招标项目投标。违反前两款规定的，相关投标均无效。"该条规定借鉴了前两部规章，充分体现了立法保障公平竞争的原则。

【拓展思考】

实践中产生这类问题争议的根源是现行法律规定没有对公告发布之后能否修改资格条件、营业执照办理展期处理、有利害关系的投标人的投标资格限制的衡量标准做出原则性规定。在《招标投标法》的修订中，应当在明示列举情形的基础上，明确其衡量标准。

6.1.2 施工项目招标程序纠纷案例

【核心知识点】

施工项目招标程序的环节较多。广义的招标程序包括招标方案的编制、选择招标代理机构等。狭义的招标程序则通常以招标公告（资格预审公告）或投标邀请书为起点。狭义的施工项目招标基本程序如下：（1）招标人按照法律规定的媒体发布招标公告或发出投标邀请书；采取公开招标方式招标的，应当发布招标公告或资格预审公告（采取资格预审时）；采取邀请招标方式招标的，招标人应当向三个以上具备承担招标项目的能力、资信良好的特定的法人或者其他组织发出投标邀请书；（2）招标人编制资格预审文件或招标文件；编制资格预审文件，应当载明资格预审的条件、标准和方法；编制招标文件，应当包括招标项目的技术要求、对投标人的资格审查的标准、投标报价要求和评标标准等实质性要求和条件以及拟签订合同的主要条款；（3）招标人按照公告或者投标邀请书规定的时间、地点发售资格预审文件；（4）招标人组建的评审委员会实施资格审查；采取资格预审的，在投标前由审查委员会对潜在投标人进行的资格审查；采取资格后审的，在开标后由评标委员会对投标人进行的资格审查；（5）招标人按招标公告或者投标邀请书规定的时间、地点出售招标文件；采取资格预审的，在资格预审合格后发售；（6）招标人视招标项目的具体情况组织潜在投标人现场踏勘；（7）对于潜在投标人提出的疑问，招标人以书面形式或召开投标预备会的方式澄清或修改，在投标截止时间至少15日前书面通知所有购买了招标文件的潜在投标人；（8）购买了招标文件的潜在投标人根据招标文件等资料编制投标文件；（9）购买了招标文件的潜在投标人按公告或者投标邀请书规定的时间、地点和方式提交投标文件和投标担保；（10）招标人组织开标；时间应当为投标截止时间；地点为招标文件中确定的地点；（11）由招标人依法组建的评标委员会按照招标文件规定的评标标准和方法实施评标，向招标人提出书面评标报告；（12）招标人将评标委员会提出的评标结果在规定的时间在规定的媒体上公示；

(13) 公示期满无异议的，招标人向中标人发出中标通知书；(14) 招标人与中标人在法律规定的时限内就合同履行的非实质性内容实施合同谈判；(15) 招标人和中标人自中标通知书发出之日起30日内，按照招标文件和中标人的投标文件订立书面合同；(16) 中标人按照合同约定的比例和方式提交履约担保；(17) 招标人向中标人退还投标担保及相应孳息；(18) 招标人依法向有关行政监督部门提交招标投标情况的书面报告。

【案情摘要】

原告：某投标人

被告：某住房和城乡建设局

某依法必须招标的施工项目于某年1月9日开标。开标过程中，在招标代理机构的组织下，招标人工作人员与投标人代表共同检查了已接收的投标文件的密封情况。某投标人于开标现场提出异议，认为招标人检查投标文件密封情况的行为不符合法律相关规定，招标人无权检查已接收的投标文件的密封情况。招标人根据《招标投标法实施条例》，当场对投标人的异议作出答复，认为其有权检查投标文件的密封情况，并制作了书面异议与答复记录。评标结果公示后，该投标人被列为第二中标候选人。该投标人遂于同年1月12日就招标人越权检查投标文件为由向项目所在地住房和城乡建设局投诉，请求确认招标人越权检查投标文件的行为无效，且评标结果无效。住房和城乡建设局通知招标人暂停招标活动，在调取相应证据并分析后认为：依据《招标投标法》第36条，即"开标时，由投标人或者其推选的代表检查投标文件的密封情况，也可以由招标人委托的公证机构检查并公证"，故有权检查投标文件密封情况的主体仅限于投标人、投标人推选的代表或招标人委托的公证机构，而招标人并非前述任一主体。由此，住房和城乡建设局最终作出书面投诉处理决定，认定招标人与投标人代表共同检查已接收投标文件的密封情况属违法行为，应当予以改正。招标人不服，依法提起行政诉讼，认为住房和城乡建设局适用法律、法规错误，诉请撤销投诉处理决定。

人民法院依法判决后，招标人与中标人进行了合同谈判。招标人要求中标人在投标报价的基础上，再下浮2%。出于维护良好客户关系的考虑，中标人按照招标人的要求签订了建设工程施工合同。合同履行中，该项目建设内容进行了调整，需要建设部分住房配套设施。发包人（招标人）遂与承包人（中标人）协商订立了补充协议，明确承包人无偿为发包人建设该住房配套设施，施工合同价格不作调整。后因承包人出现资金周转困难，无力继续施工，要求发包人按照中标价重新确定施工合同价格，并对住房配套设施部分予以调价。发包人不同意承包人的要求，承包人就前述主张提起民事诉讼。

【审裁结果】

1. 关于行政诉讼。人民法院经审理后认为，住房和城乡建设局作出的投诉处理决定认事实清楚，适用法律正确，程序合法，予以支持；依照《行政诉讼法》第69条规定，判决驳回原告的诉讼请求。

2. 关于民事诉讼。人民法院经审理后认为，对承包人按照中标价重新确定施工合同价格并对住房配套设施部分予以调价的主张予以支持。

【评析】

1. 关于密封检查的争议。该争议与招标投标程序中开标时对投标文件密封性的检查直接相关。关于招标人是否享有投标文件密封检查权，实践中有两种截然对立的观点。一是如案例中住房和城乡建设局和人民法院的观点，严格对法律条文进行字面理解。一是从法理分析入手，对法律条文进行原意解释。

（1）投标文件密封性的法益主体。招标是保密状态下的一次价格竞争，保密是其形成充分价格竞争的关键。招标人、投标人、招标代理机构、政府监管部门等多方主体对于投标文件的密封性均享有实体上与程序上的法益。在这些法益主体中，何方主体是投标文件密封性完好的最大受益者，是解析上述问题的切入点，可以用排除法进行分析。各方主体中，监管部门是行政部门，不存在民商事层面上的法益。招标代理机构是招标人的委托代理人，无独立意义上的法益，可将其归属于招标人这一主体。

实务界的通常看法是投标人对投标文件密封性享有最大法益。投标文件密封性若损坏，可能导致某一投标人投标信息泄露。该泄露情况无论是为其他投标人获得，还是为招标人所知晓，其直接后果均会降低甚至消灭特定投标人的中标可能性，并能显著增加获得信息的投标人中标的可能性。可见如果密封遭到破坏，意味着特定投标人的投标行为失败，将直接损害特定投标人的法益。但这种损害的分析，尚停留于个体层面上。

从招标的制度层面看，情况又有不同。确保所有投标人在保密状态下进行价格竞争，是招标采购机制的关键所在。若投标文件密封受损、保密失败，尤其是其他投标人获得该投标文件实质性内容时，则意味着本次招标在保密状态下各投标人的竞争博弈行为失效。较之特定投标人的投标行为失败，密封性受损于招标人而言可能意味着采购目的落空，其为招标活动支付的大量前期成本（也包括时间成本等）将付之东流，导致本次招标活动失败。因此，在制度价值上看，对投标文件保密性享有最高法益的主体应当是招标人。既然法益稍弱的主体投标人得享有密封检查权，则最高法益主体享有该权利更具有正当性。

（2）受托公证机构密封检查权的权利来源。“可以由招标人委托的公证机构检查并公证”的立法表述表明了招标人和招标人委托的公证机构系委托授权法律关系。按照委托授权的构成要件，委托人对其委托的事务享有合法权利是其委托法律关系成立的基础。受托公证机构的密封检查权显系派生性权利，而招标人才享有本源性权利。若招标人无开标时检查密封状况的权利，则无法将该权利授予公证机构。根据法理学的基本原则，任何人都不能将自己不享有之权利授予他人。

从法律适用的角度看，当然解释是法律解释的一种重要方法。适用于民商法等私法领域，表现为当法律对某一事项无明文规定但对类似情形有明文规定时，如果是授权性规则，则举重以明轻，如果是义务性规则，则举轻以明重。即从实现法律目的等功能出发，将法律对未明确规定的事项的调整包含在调整类似现象的法律条文的适用范围之内。《招标投标法》第36条即属此例，“开标时，由投标人或者其推选的代表检查投标文件的密封情况，也可以由招标人委托的公证机构检查并公证”，该条是规定行为人“可为模式”的赋权性规范。利用当然解释法进行法律适用和推理可得，既然作为派生权利人的公证机构享有投标文件密封检查权，作为本源权利人的委托人当然更具有享有密封检查的正当性。该规定是为举重以明轻，以立法技术强调而非排除了招标人于开标时的投标文件密封检查权。

（3）招标人密封检查权的全程性。保密状态下的价格竞争决定了在开标之前，所有投标人的投标文件对他人均处于秘密状态。在投标文件编制过程中，投标人应自行采取保密措施防止相关投标信息被他人知晓；在文件提交阶段，投标人应当提交按照招标文件要求密封的投标文件，招标人（含招标代理机构）应当接收符合密封要求的投标文件并确保所有接收的投标文件在开标之前一直处于密封状态。

现行法律体系中，投标文件的密封检查明示于两个环节。一是投标文件接收环节的密封检查。相关法律将“不按照招标文件要求密封的投标文件”作为招标人应当拒收投标文件的法定情形之一，意味着将接收投标文件时的密封检查认定为招标人的职责。此环节，招标人与特定投标人表现为一对一的密封检查。二是开标环节的密封检查。这一节点的密封检查参与主体更多。该保密状态对各投标人均具有直接利害关系。对每一投标人而言，既要确认自己的投标文件信息未泄露，也要确认其他投标人的投标文件密封完好。而保密状态对招标人而言，利害关系更为重大。密封检查的根本意义在于招标人、各投标人及其他主体共同见证，使得参与本次招标活动的全部法益主体确信，所有投标文件在保管人保管期间截至开标时均处于保密状态。利害关系是产生检查权的法理基础，确保投标文件保密的闭环性，是招标人全程密封检查权的现实来源。除立法明示的投标人、投标人推选的代表、招标人委托的公证机构外，作为具有重大利害关系的招标人当然享有开标环节的密封检查权。

（4）招标人放弃密封检查权的现实考量。招标实践中，招标人在开标时往往不参与进行投标文件的密封检查，一则与我国招标实务领域存在法无明文授权不可为的思维误区紧密相关，二则多出于避嫌考量。在招标人看来，从程序上远离投标文件可以有效避免他人的无谓猜忌，减少异议、投诉乃至诉讼。这种避嫌的思维，甚至逆而上行，影响到了投标文件的接收环节。例如，实践中招标文件明确规定“不接收邮寄的投标文件”的情形并不鲜见，该做法既有简化程序的考虑，也有避免承担密封受损责任的考量。这种情况的普遍存在，根源于现行招标法律体系限制招标人权利的价值取向下招标人的自我保护以及由此带来的法律执行与适用上的机械主义。《招标投标法》担负着规范招标活动、防止滥用权利（力）等多重立法目标，但“为招标人设计、为招标人服务”始终应当是招标投标法律的出发点和落脚点，招标投标立法应立足于此完善制度设计。

（5）投标人和其他利害关系人的救济途径。投标人和其他利害关系人的救济途径主要包括：异议、投诉、行政复议、行政诉讼、民事诉讼。其中异议应当与一般的询问相区别。异议以投标人和其他利害关系人认为招标人的行为具有违法性为要件。询问则主要针对技术、专业或者文件印刷等不涉及违法的事项。异议属于自力救济范畴；投诉、行政复议属于公力救济中的行政救济；行政诉讼、民事诉讼属于公力救济中的司法救济。

根据《招标投标法》第65条：投标人和其他利害关系人认为招标投标活动不符合本法有关规定的，有权向招标人提出异议或者依法向有关行政监督部门投诉。根据《招标投标法实施条例》第六十条：投标人或者其他利害关系人认为招标投标活动不符合法律、行政法规规定的，可以自知道或者应当知道之日起10日内向有关行政监督部门投诉。投诉应当有明确的请求和必要的证明材料。就该条例对资格预审文件、招标文件，开标，以及评标结果等事项投诉的，应当先向招标人提出异议，异议答复期间不计算在前款规定的期限内。该条规定确立了投标人或者其他利害关系人就三类事项投诉的异议前置程序。对于该三类事项，非经合法的异议，不得投诉。常见的一类情形是，投标人或者其他利害关系人未在法律规定的时限内提起异议，则再行投诉时，招标行政监管部门不予受理。但招标行政监管部门不予受理，仅是指投标人或者其他利害关系人丧失了行政救济方式，并不意味着其丧失了司法救济的途径。根据《行政诉讼法》第46条，公民、法人或者其他组织直接向人民法院提起诉讼的，应当自知道或者应当知道作出行政行为之日起六个月内提出。因此，投标人或者其他利害关系人在行政诉讼时效内提起诉讼，人民法院仍应受理。

2. 关于实质性背离，主要涉及两种情形。一种是指招标人和中标人签订的施工合同对招标文件和中标人的投标文件产生了实质性内容的背离。另一种是指，中标合同未对招标文件和中标人的投标文件产生实质性内容的背离，但是招标人和中标人在中标合同之外，另行签订了与中标合同产生实质性内容背离的其他建设工程施工合同。其他合同与中标合同的签订时间顺序无关紧要，不论是同时签订，还是任一合同在先，均属于前述第二种情形的范畴。

（1）第一种情形中，只存在一份合同。主要问题涉及该份合同与其形成文件之间的法律关系。从法律性质与合同形成过程方面看，招标文件是要约邀请的载体，投标文件是要约的载体，而中标通知书则是承诺的载体。故而，招标文件、投标文件、中标通知书是施工合同签订的根本依据。如无重大、充分事由，施工合同不能对其根本依据产生实质性背离。此外，理论与实务界通说认为中标结果应当是投标人竞争的最优结果。若能在最优结果之外另行签署合同，则意味着最优变成了次优，实际上意味着本次招标的彻底失败。这显然属于逻辑悖论。因此，《最高人民法院关于审理建设工程施工合同纠纷案件适用法律问题的解释（二）》（法释〔2018〕20号）第十条规定："当事人签订的建设工程施工合同与招标文件、投标文件、中标通知书载明的工程范围、建设工期、工程质量、工程价款不一致，一方当事人请求将招标文件、投标文件、中标通知书作为结算工程价款的依据的，人民法院应予支持。"

（2）第二种情形中，存在两份以上的合同。在法律规定与各地实务操作中施工合同备案均严格执行的时期，主要表现为黑白合同形式。中标合同用于备案，是白合同。招标人和中标人另行签订的建设工程施工合同往往属私下签订、准备实际履行的合同，是黑合同。黑合同往往在工程范围、建设工期、工程质量、工程价款等方面与备案的中标合同不一致。施工合同领域，产生黑白合同的主要原因是当事人的合同自由与国家干预之间的矛盾。可以想见，施工合同备案经试点弱化甚至取消后，就一项工程同时签订两份以上的合同的情形，将大为减少。在不考虑招标人为顺利通过施工合同备案的形式审查（实践中往往变相进行实质审查）等因素下，由于中标合同可认为是投标人竞争的最优结果，因而在没有重大、充分事由的情形下，应当认为中标合同的内容是当事人的真实意思，予以尊重。故而《最高人民法院关于审理建设工程施工合同纠纷案件适用法律问题的解释（二）》（法释〔2018〕20号）第一条规定："招标人和中标人另行签订的建设工程施工合同约定的工程范围、建设工期、工程质量、工程价款等实质性内容，与中标合同不一致，一方当事人请求按照中标合同确定权利义务的，人民法院应予支持。"实践中，还存在招标人和中标人在中标合同之外就明显高于市场价格购买承建房产、无偿建设住房配套设施、让利、向建设单位捐赠财物等另行签订合同的情形，该类情形事实上属于变相降低工程价款的情形，属于以合法形式掩盖非法目的的行为，应当为无效合同。

此外，对于那些依法不属于必须招标的建设工程（即自愿招标项目）采用了招标采购方式订立合同的，也应当尊重中标结果的最优性与招标的严肃性，适用前述原则。当事人请求以中标合同作为结算建设工程价款依据的，人民法院应予支持，但发包人与承包人因客观情况发生了在招标投标时难以预见的变化而另行订立建设工程施工合同的除外。

【拓展思考】

保密竞争的招投标采购机制决定了招标人自接触投标文件开始直至投标文件公开的全过程中，因对投标文件的密封性具有重大法益而当然享有全程性的投标文件密封检查权，并因此而得以将该权利授予其“委托的公证机构”。只是现实中囿于各种顾虑或考量，招标人大多放弃了这一权利。为充分保障招标人的投标文件密封检查权，建议：第一，在修订《招标投标法》第36条时，将招标人明确列为密封检查权的行使主体。第二，在法律执行与适用层面，探究立法目的，综合运用包括当然解释在内的法律推理和解释方法，充分尊重招标人行使投标文件密封检查权。第三，在守法层面，例如编制招标文件时，可在相关程序性规定中明确招标人对投标文件密封检查权。

6.1.3 施工项目招标投标法律责任纠纷案例

【核心知识点】

施工项目招标投标中会产生法律责任，是招标投标活动中，行为人由于违反法律法规的规定或者违反约定，应当承担的不利后果。施工项目招标投标中的法律责任包括民事责任、行政责任、刑事责任。招标投标中的民事责任主要是合同责任，包括违约责任和缔约过失责任。在《招标投标法》和《招标投标法实施条例》中，规定的法律责任主要是行政责任。如，投标人相互串通投标或者与招标人串通投标的，有可能的行政责任包括：中标无效，处中标项目金额千分之五以上千分之十以下的罚款，对单位直接负责的主管人员和其他直接责任人员处单位罚款数额百分之五以上百分之十以下的罚款；有违法所得的，并处没收违法所得；情节严重的，取消其一年至二年内参加依法必须进行招标的项目的投标资格并予以公告，直至由工商行政管理机关吊销营业执照。作为施工企业的项目经理，特别需要注意的是，招标投标活动中有可能产生刑事责任。如向招标人或者评标委员会成员行贿的，有可能构成行贿罪。在《刑法》中，有专门关于招标投标活动的罪名——串通投标罪，投标人相互串通投标报价，投标人与招标人串通投标，情节严重的，有可能构成刑事犯罪。最近几年，各地打击串通投标罪的力度在不断加大。

【案情摘要】

原告：苏州美瑞德建筑装饰有限公司（以下简称苏州美瑞德公司）

被告：安徽海亮房地产有限公司（以下简称海亮房地产公司）

2013年12月6日，海亮房地产公司发布招标文件，对其建设的位于合肥市高新区海亮九玺花园南12号、南13号楼室内精装修工程进行招标。2013年12月16日，苏州美瑞德公司从海亮房地产公司领取了招标文件，之后向海亮房地产公司提交了投标文件，对工程进行了投标，并按照招标文件要求，将30万元投标保证金转入海亮房地产公司指定的海亮投资公司银行账户。海亮房地产公司于2013年12月18日开标，于2014年1月10日通知苏州美瑞德公司中标。2014年1月19日，苏州美瑞德公司员工取走中标通知书。2014年10月29日，苏州美瑞德公司向海亮投资公司致函《关于合肥海亮九玺花园南12号、南13号楼室内精装修工程施工合同的异议回复》，该项目合同提出履约保证金问题、预付款、甲供材、施工范围、工期等等，提出修改意见。此后，苏州美瑞德公司自行退出九玺花园南 12 号精装样板房工程施工现场。海亮投资公司就涉案项目重新进行了招、投标。2017 年 1 月 16 日，苏州美瑞德公司诉至安徽省合肥高新技术产业开发区人民法院法院，要求判如海亮房地产公司退还 30 万投标保证金。

【审裁结果】

安徽省合肥高新技术产业开发区人民法院（2017）皖 0191 民初 273 号民事判决：鉴于苏州美瑞德公司在 2014 年 10 月 29 日前就合同的某些条款，甚至是主要条款仍然与海亮投资公司协商，未与海亮房地产公司签订合同，且自行退出样板房工程施工现场，视为放弃中标项目，其行为违反了其投标时的承诺，构成违约。驳回苏州美瑞德的诉讼请求。

一审判决后，苏州美瑞德公司上诉至安徽省合肥市中级人民法院，该院 2017 年 12 月 1 日作出（2017）皖 01 民终 4851 号判决，驳回上诉，维持原判。

【评析】

我国《招标投标法》第 46 条规定“招标人和中标人应当自中标通知书发出之日起三十日内，按照招标文件和中标人的投标文件订立书面合同。”但在现实中经常存在中标通知书发出后招标人改变中标结果或中标人放弃中标项目等导致书面合同未订立的现象，第 45 条第 2 款又规定“中标通知书对招标人和中标人具有法律效力。中标通知书发出后，招标人改变中标结果的，或者中标人放弃中标项目的，应当依法承担法律责任。”对此，司法实践和学界对其应承担的法律责任是违约责任还是缔约过失责任一直存在争议，立法上也没有进行明确规定。这一争议是与招标投标程序中合同的成立时间直接相关，关于合同的成立时间有“中标通知书成立说”和“书面合同成立说”两种观点①。

1. 缔约过失责任说

缔约过失责任，依照《合同法》第 42 条的规定，是指当事人在订立合同过程中，一方因违背其依据的诚实信用原则所产生的义务，而致另一方造成信赖利益损失，应承担的损害赔偿责任。②它是一种先合同义务，发生在合同订立过程中，主要适用于合同尚未成立或者成立后不符合法定要件而被确认无效或被撤销的情形。缔约过失责任是一种法定责任，基于法律的直接规定而产生的，且其责任形式也是法定的，即赔偿损失，当事人不能任意选择。缔约过失责任一般以损害事实的存在为成立条件，只有缔约一方先违反合同义务造成相对方损失时，才能产生缔约过失责任。“缔约过失责任说”是以“书面合同成立说”为基础，认为中标通知书发出后，招标合同尚未成立，此时仍处于合同订立阶段，若因招标人改变中标结果的，或者中标人放弃中标项目等原因未订立书面合同，违反诚实信用义务，应承担缔约过失责任。

但是，“缔约过失责任说”对于实践中招标中成立缔约过失责任缺乏充分依据。首先，缔约过失责任采过错责任原则，成立的主观要件非常严格，一般要求受害方举证另一方有主观故意，如“假借订立合同，恶意进行磋商”，但招标人在发出中标通知书或中标人提交投标标书的时候，他们并不存在促使合同不成立主观故意或者要让招标人或者中标人证明对方存在主观故意十分困难，因而现实中认定缔约过失责任成立是非常难的。其次，一般认为，缔约过失责任中的损失主要是信赖利益的损失，即当事人因信赖合同的成立和有

① 何红锋：《招标投标程序中合同的成立时间》，《招标采购管理》2016 年第 2 期。

② 王利明：《合同法研究》第一卷第三版，中国人民大学出版社，2015 年，第 337 页。

效，但合同却不成立或无效而遭受的损失，因而其赔偿范围也主要是与订约有关的费用支出，招标人和投标人在开标至定标期间所应承担责任的范围也应以此为限，例如制作招标、投标文件等进行招标或投标行为所发生的费用。这就导致两个问题：一是对招标人而言，招标投标失败后要重新组织招标投标，所费的时间成本远大于实际损失费用；二是对于投标人而言，我国建筑市场上竞争激烈，招标人对投标人而言处于强势地位，如果中标通知书发出后，招标人提出附加条件，中标人不同意就延迟甚至拒绝签订合同，这样只承担投标行为的费用，双方利益也难以平衡，不能遏制招标人悔标的行为。

2. 违约责任说

根据《合同法》107 条，违约责任是当事人一方不履行合同义务或者履行合同义务不符合约定的，依法产生的法律责任。一般发生在合同订立之后，以合同的有效成立为前提。违约责任的赔偿范围通常为实际损失和可得利益的损失。“违约责任说”以“中标通知书成立说”为基础，认为中标通知书发出后招标合同即告成立，此后招标人改变中标结果的，或者中标人放弃中标项目的而导致书面合同未订立，应属当事人一方不履行合同义务或者履行合同义务不符合约定，因而应承担违约责任。

在构成违约责任的观点中，又存在两种不同观点，一是认为中标通知书是预约合同的承诺，因此中标通知书发出预约合同成立，产生缔结本合同（招标合同）的义务，未订立合同违反预约合同的约定，承担违约责任；[①] 二是认为中标通知书发出本合同即成立，未订立书面合同即是违反本合同约定而构成违约责任。预约合同是以合同的方式承担在将来订立一个合同的义务。但是，从预约合同的立法目的、合同内容及实践上来看，将中标通知书发出后成立的合同定性为预约合同并不恰当。首先，预约合同的立法目的是通过对将来要订立的合同的事先安排，以维护其交易安全，促使交易达成，主要适用于要物合同，而招标投标合同非属要物合同，中标通知书的发出即为缔约承诺的发出，预约合同从立法目的上来看并不适用。第二，从合同内容来看，招标文件、投标文件和中标通知书已经详尽地包含了合同所有内容条款，而预约合同虽然可以约定本合同的主要内容，但若详尽到不需签订本合同，则应当认定为本合同，所以即使在预约合同理论下，中标通知书发出后成立的合同也应被认定为本合同。因此，我们认为，中标通知书发出后招标合同即成立生效，且该合同是本合同而非预约合同，若未订立书面合同应承担违约责任。

理由是：一方面，违约责任采用严格责任原则，违约行为发生后，违约方即应承担违约责任，而不以违约方的主观过错作为其承担违约责任的要件；非违约方也无需就违约方是否有过错承担举证责任，相反违约方则需要就自己没有过错或者出现法定免责事由承担举证责任，方可免除违约责任。这样在中标通知书发出后，因一方原因未订立书面合同，除非其举证自己没有过错或者出现法定免责事由，否则将会承担不履行合同义务的违约责任。另一方面，根据《合同法》第 107 条规定，当事人一方不履行合同义务或者履行合同义务不符合约定的，应当承担继续履行、采取补救措施或者赔偿损失等违约责任。双方当事人可以事先约定违约责任的形式和内容，规避违约行为的发生，也可以在一方违约后可以向法院请求对方继续履行合同义务，签订书面合同，达到合同继续履行的目的。也符合

---

① 陈川生、王倩、李显冬：《中标通知书的法律效力研究——预约合同的成立和生效》，《中国政府采购》2011 年第 1 期。

《招标投标法》促使资源的有效配置，提高经济效益的立法目的。

3. 我国的司法实践情况

目前，司法实践中，对这一问题存在着不同的看法，法院判决也有不同的结果。司法实践的这种分歧，也表现在最高人民法院在 2017 年 7 月起草的《关于审理建设工程施工合同纠纷案件适用法律问题的解释（二）（征求意见稿）》中，其第一条内容如下："【中标通知书的性质】招标人向中标人发出中标通知书后，一方未依照招标投标法第四十六条第一款的规定履行订立书面合同义务，对方请求其承担预约合同违约责任或者要求解除预约合同并主张损害赔偿的，人民法院应予支持。另一种意见：招投标文件与中标通知书已具备建设工程施工合同主要内容，且不得作实质性变更，即使未订立书面合同，本约亦成立。"但现在法院的判决中很少适用预约合同。我们认为，应当采用中标通知书发出、合同即成立的观点。

首先，法院认为中标通知书发出后招标合同尚未成立的观点与现行着重合同实质轻合同形式的趋势是背道而驰的。法院判决中标通知书发出后书面合同未订立一方应承担缔约过失责任一般基于认为招标合同因书面合同未订立而尚未成立。如安徽省高级人民法院在审理"安徽水利开发股份有限公司与怀远县城市投资发展有限责任公司缔约过失纠纷（〔2004〕皖民二终字第 00659 号）"一案中，简单的认定《招标投标法》第 46 条规定招标人和中标人之间应签订的"书面合同"为《合同法》第 32 条中的"合同书"，因此须在双方当事人签字或盖章时合同方成立。这也是目前中标通知书发出后能否导致招标合同成立存在的主要争议，即《招标投标法》第 46 条要求中标通知书发出后 30 天内双方当事人应当签订书面合同的形式要求对合同成立的效力影响，其实质上是《合同法》要求采用书面形式对合同成立有何影响。如果书面形式是合同的成立或者生效要件，那么没有采取法律规定或者合同约定的书面形式，该合同就不能成立或者生效。反之，则合同成立生效。反观我国现在的司法实践，对合同的成立越来越重视当事人的意思表示，而轻合同的形式，除非违反效力强制性法律法规的规定，不会轻易否定合同的效力。如"中铁二十局集团有限公司与程义强建设工程施工合同纠纷（〔2016〕陕 07 民终 260 号）"中，法院认定，虽然当事人之间的建设工程合同未按法律规定采用书面形式，仅为口头约定，但是法院根据原告组建工班进驻施工现场进行施工等情形，认定双方所达成的建设工程口头合同已经成立，双方均应切实履行该合同。在司法实践中，法院在判案中重实质轻形式，不会轻易因未采取书面形式而否定合同的成立的立场可见一斑。

其次，国际惯例中对于中标通知书的效力倾向于其发出则合同成立，即中标通知书发出后书面合同未订立应承担违约责任。如 FIDIC 则明确表示"以中标函形式签发的通知书将构成合同的成立（The notification by the letter of acceptance will constitute the formation of the contract）。"我国仍在进行加入 WTO《政府采购协议》谈判之中，这也就意味着我国的招投标采购相关制度要与国际接轨，而大多数国家在国际工程招标中合同成立的时间都是中标通知书发出的时间，即使我国对招标合同有书面形式的要求，也不会导致合同成立的时间延后到订立书面合同时。因而法院现在认定中标通知书发出后招标合同尚未成立是落后于发展的观点。

综上，在中标通知书发出后书面合同尚未订立，招标人改变中标结果的，或者中标人放弃中标项目的，应承担违约责任。如果招标人拒绝与中标人签订合同或者改变中标结果，应当赔偿中标人的损失和可得利益；如果中标人放弃中标项目，招标人则有权没收其投标保证金，如果保证金不足以弥补招标人损失的，招标人有权继续要求赔偿损失。

【拓展思考】

实践中产生这类问题争议的根源是《招标投标法》第45条，没有对中标通知书发出后，招标人改变中标结果的，或者中标人放弃中标项目的，应当承担法律责任的属性做出规定。在《招标投标法》的修订中，应当明确这属于违约责任。

6.2 建设工程施工合同履行案例

6.2.1 施工合同垫资纠纷案例

【核心知识点】

在建设工程实践中，普遍存在垫资施工现象。垫资施工一般是指承包单位通过使用自有资金或自行筹措的资金，不依赖于建设单位付款而为其完成部分和全部合格工程后，方可在约定时间内收回资金及利息的行为。对于项目实施过程中发生的垫资，属于借款还是工程款，若属于工程款，是垫资款还是工程欠款，由于法律对于借款、垫资款和工程欠款的保护措施及力度不同，实践中易发生争议。《最高人民法院关于审理民间借贷案件适用法律若干问题的规定》（法释〔2015〕18号）第二十六条规定“借贷双方约定的利率未超过年利率24%，出借人请求借款人按照约定的利率支付利息的，人民法院应予支持。借贷双方约定的利率超过年利率36%，超过部分的利息约定无效。借款人请求出借人返还已支付的超过年利率36%部分的利息的，人民法院应予支持”。《最高人民法院关于审理建设工程施工合同纠纷案件适用法律问题的解释》（法释〔2004〕14号）第六条规定“当事人对垫资和垫资利息有约定，承包人请求按照约定返还垫资及其利息的，应予支持，但是约定的利息计算标准高于中国人民银行发布的同期同类贷款利率的部分除外。当事人对垫资没有约定的，按照工程欠款处理。当事人对垫资利息没有约定，承包人请求支付利息的，不予支持。”第十七条规定“当事人对欠付工程价款利息计付标准有约定的，按照约定处理；没有约定的，按照中国人民银行发布的同期同类贷款利率计息”。可见对于借款、垫资款、工程欠款，法院的支持力度是存在较大差别的。另外，对于垫资，我国的法律适用也经历了从否定到原则肯定的变化，目前已普遍认为垫资是合同双方合意的结果，是双方的真实意思表示，是合法有效的。

【案情摘要】

上诉人（原审原告）：甘肃万城建筑工程有限责任公司（以下简称万城公司）

上诉人（原审被告）：甘肃盛世豪龙房地产开发有限公司（以下简称盛世豪龙公司）

2010年10月18日，万城公司与盛世豪龙公司签订《工程协议书》，约定由万城公司总承包盛世豪龙公司建设开发的位于兰州市皋兰县“皋兰温州品牌步行街”项目。协议书内容包括：“一、1. 乙方向甲方支付500万元保证金，乙方在签署协议后先交20万元保证金，待2010年10月31日前再交480万元保证金，并垫资施工至正负零以上二层顶板，在乙方完成至正负零以上二层顶板时，甲方将返还300万元保证金给乙方，剩余200万元保证金待主体封顶（时间）后一周内全部返还给乙方；七、3. 当本工程如期开工，乙方施工至正负零以上二层顶板后甲方不能返还给乙方所交300万元保证金，甲方应承担300万元保证金利息按银行同期同类贷款利息的二倍至还款之日，木工程垫资至二层顶板后甲方不能付款，则甲方自愿承担已完工程量银行同期同类贷款利息的二倍给乙方作为垫资补偿，乙方不得停工，须继续施工......”。2012年6月10日，万城公司与盛世豪龙公司又签订《建设工程施工合同》，工程名称为皋兰县中堡村委员会南侧商住楼工程。工程施工过程中，盛世豪龙公司多次向万城公司出具《借据》进行借款，分别为2012年3月10日2360000元、2011年12月29日3675000元、2012年1月7日4900000元、2012年3月29日200万元、2012年5月15日900万元，合计21935000元，约定的利息有月息4%、6%。2013年11月11日，双方当事人达成《借款偿还协议书》，约定：因案涉工程用款，盛世豪龙公司向万城公司借贷5180万元（包括2013年10月31日前本金和利息)，在2014年4月30日前还清不计利息，若在此日期不能偿还，则承担从2013年11月1日起产生的利息（按双方原借款协议约定的计息标准计息)。

2013年11月12日，万城公司出具2张收据，金额1000万元；2014年4月14日1000万元收据1张；2014年5月21日1000万元收据1张。收款事由均为：收11月11日协议中双方约定2013年10月31日前的5180万元中的款项，不计入工程款。

针对上述3000万元，双方发生争议，万城公司认为是盛世豪龙公司基于工程施工借万城公司5笔借款，合计21935000元产生的利息，该笔付款是盛世豪龙公司给万城公司归还的3000万元利息。盛世豪龙公司认为虽然双方有约定，但借款没有实际发生，应由甲方支付乙方的工程款而没有实际支付，变成甲方欠乙方的借款，3000万元是已支付的工程款不是利息。双方诉至甘肃省高级人民法院。

【审裁结果】

一审法院认为，首先，因盛世豪龙公司没有正常支付工程款，经双方多次协商，多次以盛世豪龙公司给万城公司出具借条以借款并支付相应利息的方式确定已付工程款。也即盛世豪龙公司应付工程款而未付，由万城公司自行出资继续施工，双方对该部分特定的欠付工程款特别约定了欠付利息。根据《最高人民法院关于审理建设工程施工合同纠纷案件适用法律问题的解释》第十七条“当事人对欠付工程款利息计付标准有约定的，按照约定处理”的规定，盛世豪龙公司应按约定支付特别约定借款部分的相应利息，并且万城公司出具的3000万元收据表明该部分款不计入工程款，也说明双方约定利息的事实。其次，盛世豪龙公司的五笔借款虽然只有部分约定利息，但在2013年11月11日《借款偿还协议书》中约定的内容，证明2013年11月11日之前的借款应全部计算利息，故此五笔欠款应全部计息。经审查，双方约定的利息有月息4%、6%不等，根据《最高人民法院关于审理民间借贷案件适用法律若干问题的规定》第二十六条第二款的规定，盛世豪龙公司已支付的3000万元中不超过36%的款项，应计作欠付工程款利息，超出部分应计入已付工程款。万城公司主张3000万元全部是利息，超出法律限定计算民间借贷欠款利息的最高限额，不予支持。

盛世豪龙公司对此不服，上诉至最高人民法院。最高人民法院经审理，认定上述2193.5万元虽系盛世豪龙公司向万城公司先后出具的五张借条构成，但该部分款项实际系盛世豪龙公司欠付万城公司的工程进度款，属万城公司为案涉工程进行施工所垫付的资金，并非借款。根据《最高人民法院关于审理建设工程施工合同纠纷案件适用法律问题的解释》第六条规定，当事人对垫资和垫资利息有约定，承包人请求按照约定返还垫资及其利息的，应予支持，但是约定的利息计算标准高于中国人民银行发布的同期同类贷款利率的部分除外。本案中，就该2193.5万元款项，双方约定的利率有月息4%、6%不等，该约定明显高于中国人民银行发布的同期同类贷款利率，二审法院仅对人民银行同期同类贷款利率范围内的利息给予保护，对于高出部分，二审法院不予支持。故万城公司认为该3000万元应全部作为借款利息计算的主张二审法院不予支持；盛世豪龙公司关于该款不应作为利息计算，应全部作为已付工程款的主张二审法院亦不予支持。一审判决将3000万元已付款项按照年利率36%的标准作为利息计算，其余款项直接冲抵未付工程款的处理欠妥。最高人民法院2018年6月27日做出（2018）最高法民终397号，对此予以纠正。

【分析评论】

垫资施工，一般是指承包单位通过使用自有资金或自行筹措的资金，不依赖于建设单位付款而为其完成部分和全部合格工程后，方可在约定时间内收回资金成本及利息的行为。也有人认为承包人在施工过程中借款给发包人或垫付材料费、人工费或其他费用，再另外按约定向发包人结算的施工方式也属于垫资施工。

一、垫资资金属于是借款、垫资款还是工程欠款

对于项目实施过程中出现的垫资资金，应首先对其性质进行认定，在完成性质认定后，才能有针对性的适用相应的法律法规进行处置。本案例中，合同双方以及法院对于垫资资金的认识存在不同的理解。首先，万城公司认为2193.5万元属于其对盛世豪龙公司的借款，且双方对借款的利息有月息4%、6%不等的约定，故盛世豪龙公司后续支付的3000万元属于上述2193.5万元的利息；其次，盛世豪龙公司认为其支付的3000万元属于已付工程款；第三，一审法院认为上述借款属于盛世豪龙公司对万城公司的工程欠款，应按工程欠款进行处理，且双方约定有特别欠付工程款的利息，盛世豪龙公司应按约定支付相应的利息，但对于超过36%的部分，不认定为利息，应纳入已付工程款；第四，二审法院认为上述资金不属于借款，属万城公司为案涉工程进行施工所垫付的资金，仅对人民银行同期同类贷款利率范围内的利息给予保护。

本案例中，双方对于垫资施工是有明确约定的，该约定是双方合意的结果，是双方真实意思表示，且未违反法律和行政法规效力性强制规定，具有法律的约束力。在双方明确约定垫资的情况下，对于承包方为工程建设的顺利进行而投入的资金，不宜认定为借款，尤其是约定有高额利息的借款，人民法院一般不予支持。

对于承包方投入资金属于垫资款还是工程欠款，关键在于双方是否对垫资行为有明确约定。《最高人民法院关于审理建设工程施工合同纠纷案件适用法律问题的解释》（法释〔2004〕14号）第六条规定“当事人对垫资和垫资利息有约定，承包人请求按照约定返还垫资及其利息的，应予支持，但是约定的利息计算标准高于中国人民银行发布的同期同类贷款利率的部分除外。当事人对垫资没有约定的，按照工程欠款处理。当事人对垫资利息没有约定，承包人请求支付利息的，不予支持”。可见，在双方对垫资有明确约定的情况下，应首先适用关于垫资的规定。在此需注意，根据最高院的司法解释，虽然垫资利息可以保护，但垫资仍然不是被支持和提倡的行为，故规定若双方未约定垫资利息，承包人关于垫资利息的请求，法院不予支持；且对垫资的利息进行了限制，不得高于中国人民银行

发布的同期同类贷款利率，对于垫资约定的利息高于同期同类贷款利率的部分法院不予保护。不过实践中承包方可将利息约定稍高，以期发包方能够遵守约定，对发包方施加一定压力。

若双方对于垫资行为没有明确约定，根据最高院的司法解释，应当按照工程欠款处理。从法律属性上说，工程欠款可以理解为应付款。工程价款是发包人用以支付承包人按时保质完成建设工程，以及承担质量保修责任的合理造价，一般包括工程预付款、进度款、竣工结算款和质保金。《最高人民法院关于审理建设工程施工合同纠纷案件适用法律问题的解释》（法释〔2004〕14号）第十七条规定“当事人对欠付工程价款利息计付标准有约定的，按照约定处理；没有约定的，按照中国人民银行发布的同期同类贷款利率计息”。工程欠款属于“应付而未付”的款项，若双方对工程欠款利息计付标准有约定的，应按约定处理；即使没有约定利息，也可按照中国人民银行发布的同期同类贷款利率计息。

由上述内容可知，法院对于工程款的保护力度大于对垫资款的保护力度。工程欠款未约定利息的，法院支持利息请求，而垫资未约定利息的，法院不支持利息请求，且对于垫资约定的利息高于同期同类贷款利率的部分亦不予保护。

二、垫资施工的法律评价发展

我国法律没有对于垫资承包作出具体规定，行政管理部门为规范建筑市场秩序，出台了规范性文件。法院为了裁判和审理垫资承包案件，发布了相关的司法解释，这些部门规章和司法解释曾一度成为审理垫资承包纠纷案件的法律依据。垫资施工在我国的法律架构下，大致经历了四个不同的发展阶段，每个阶段都呈现出其不同的法律特征。

（一）垫资施工合同无效的阶段

由于大量垫资行为的存在，致使一些建设资金不足甚至没有资金的建设项目上马，扰乱了国家对整个建筑行业的宏观调控，同时以垫资为条件的承发包行为，也引发了建筑市场的恶性竞争，扰乱了建筑市场的正常秩序。

1996年建设部、国家计委、财政部联合发布《关于严格禁止在工程建设中带资承包的通知》（建建〔1996〕347号），其中规定：任何建设单位都不得以要求施工单位带资承包作为招标投标条件，更不得强行要求施工单位将此类内容写入工程承包合同。对于在工程建设过程中出现的资金短缺，应由建设单位自行筹集解决，不得要求施工单位垫款施工。施工单位不得以带资承包作为竞争手段承揽工程，由于施工单位带资承包而出现的工程款回收困难等问题，由其按合同自行承担有关责任。该《通知》出台后，人民法院对垫资承包合同纠纷案件的审理和判决，都按照该《通知》的精神来处理，凡是以垫资作为合同生效和履行先决条件的，都被视为无效合同，合同当事人按照各自过错承担相应的民事责任①。

（二）垫资有效与垫资无效并存阶段

1999年10月1日，《中华人民共和国合同法》颁布实施，根据合同法第五十二条规定，有下列情形之一的，合同无效：（一）一方以欺诈、胁迫的手段订立合同，损害国家利益；（二）恶意串通，损害国家、集体或者第三人利益；（三）以合法形式掩盖非法目的；（四）损害社会公共利益；（五）违反法律、行政法规的强制性规定。

根据上述规定，“违反法律、行政法规的强制性规定”的合同才当然无效。而《关于

① 陈晓雷：《论垫资承包合同的法律效力》，《黑龙江教育学院学报》，2008年第27卷第6期。

严格禁止在工程建设中带资承包的通知》不属于法律、行政法规的范畴，在《中华人民共和国合同法》颁布实施后，其不能作为合同无效的依据。最高人民法院《关于适用〈中华人民共和国合同法〉若干问题的解释（一）》（法释〔1999〕19号）明确规定："合同法实施后，人民法院确认合同无效，应当以全国人大及其常委会制定的法律和国务院制定的行政法规为依据，不得以地方性法规、行政规章为依据。"基于此，部分法院认为确认垫资不违反国家法律、行政法规的禁止性法律规定，因此确认有效。

但同时部分法院持不同的观点，认为垫资实际上属于企业之间的一种变相借贷关系，而根据我国法律的规定，企业之间依法不能进行资金借贷，因此继续按照确无效处理。

（三）垫资原则按照有效处理的阶段

2004年最高人民法院颁布《最高人民法院关于审理建设工程施工合同纠纷适用法律问题的解释》（法释〔2004〕14号），规定当事人对垫资和垫资利息有约定，承包人请求按照约定返还垫资及其利息的，应予支持，但是约定的利息计算标准高于中国人民银行发布的同期同类贷款利率的部分除外。至此，垫资承包已经被有条件的承认其合法地位，垫资原则按照有效处理。

《最高人民法院关于审理建设工程施工合同纠纷案件适用法律问题的解释》的上述规定，对于人民法院在司法实践中对于垫资施工案件的审理和判决进行了明确的规定，统一了各地法院在审理案件时的裁判标准。

（四）行政管理部门关于垫资的新态度

2006年，建设部、国家发展和改革委员会、财政部、中国人民银行联合发布《关于严禁政府投资项目使用带资承包方式进行建设的通知》（建市〔2006〕6号），通知中规定：政府投资项目一律不得以建筑业企业带资承包的方式进行建设，不得将建筑业企业带资承包作为招投标条件；严禁将此类内容写人工程承包合同及补充条款。此文件仅禁止了政府投资项目垫资施工，但对于非政府投资项目未做禁止性规定，与1996年发布的《关于严格禁止在工程建设中带资承包的通知》（建建〔1996〕347号）内容相比，行政管理部门对于垫资施工的认知也在发生变化。除政府投资项目以外的，市场经济活动中出现的垫资施工，其持不禁止的态度。

我国建筑市场供过于求，施工单位之间竞争激烈，通过资金实力获取市场地位符合市场竞争规律。首先，垫资承包是一种市场行为，是市场经济体制下的必然结果，承发包双方可以根据自己的需求和实力向对方提出交易条件。只要垫资条件确为双方自愿，没有违反法律法规的强制性规定，就应尊重契约自由，法律不应强加干预①。其次，我国已经参与到国际建筑市场，而国际建筑市场允许垫资承包。垫资施工作为国际工程业的一项惯例，也是我国建筑业"引进来"和"走出去"需要借鉴的。FIDIC合同条件中，专门设置了承包商融资垫付工程款工程的条款，更说明了国际市场对于垫资承包的认可。第三，从优化资源配置的角度来看，施工单位垫资承包可以充分利用自有资金参与市场竞争，充分发挥建设资金的价值。垫资承包可以缓解建设单位资金短缺，促进建设项目早日开工和竣工，提早投入运营，发挥其社会和经济价值。②

① 王建东：《垫资施工合同法律效力问题研究》，《法学》，2003年第12期。

② 钟骞：《国内工程建设领域垫资承包问题解决方法研究》，同济大学，2006年。

对于垫资施工，从行政管理部门到司法裁判部门，都在引导其回归市场本源，给予其合适的地位，应根据市场经济的实际情况出发，更多地从合理性角度进行制度设计。

2019年4月14日，国务院发布了《政府投资条例》，于2019年7月1日起施行。《政府投资条例》的实施对垫资施工合同的效力产生影响。

长期以来，在司法实践中，垫资施工合同都是按照有效合同进行处理的，在仲裁案件中大多也是按照有效合同处理。《政府投资条例》第22条规定："政府投资项目所需资金应当按照国家有关规定确保落实到位。政府投资项目不得由施工单位垫资建设。"《政府投资条例》生效后，情况将发生变化。因为《政府投资条例》属于行政法规，具有影响合同效力的效力。因此，如果司法实践中，如果法官认为政府投资项目的垫资施工合同违法了法律、行政法规的强制性规定，将有依据。但是，由于什么是强制性规定，缺乏明确的解释，在司法实践中法官具有解释的随意性，也可能不会被认定垫资合同违反了强制性规定。更不要说在《最高人民法院关于适用〈中华人民共和国合同法〉若干问题的解释（二）》（2009年发布）将"强制性规定"限缩为"效力性强制性规定"。因此，《政府投资条例》加大了法官的自由裁量权，让政府投资项目的垫资施工合同的效力具有了不确定性。

《政府投资条例》只影响政府投资项目的施工合同的效力，非政府投资项目的垫资施工合同效力不会有影响。

6.2.2 施工合同质量纠纷案例

【核心知识点】

建设工程作为一种特殊产品，是人类生存和发展的基本条件与重要基础。一旦发生质量事故，必将危及人民生命财产安全，甚至造成巨额损失。《建筑法》第六章专门规定了建筑工程质量管理，国务院颁布的《建设工程质量管理条例》则分章规定了建设单位、施工单位以及监理单位等的质量责任和义务。这些法律、法规规定对于切实抓好建设工程质量问题，进一步明确相关主体的责任，并为最终避免或解决建设工程施工合同质量法律问题提供了法律依据。建设工程的施工质量问题，产生的原因比较复杂，从主体角度划分，主要有：（一）建设单位的原因导致的质量问题，比如建设单位违反国家法律、法规规定行为，进而发生质量法律问题。（二）施工单位的原因导致质量问题。比如施工单位未按图施工、违反技术规范以及施工过程中偷工减料；施工单位不具备相关资质进行施工和其他相关违反活动；施工单位未履行在施工前产品检验的强化责任；施工单位在质量保修期内出现的质量缺陷不履行质量保修责任；（三）工程监理单位的原因导致的质量问题。从建造过程的程序划分，竣工验收的质量问题比较突出，典型的如竣工验收合格后出现的质量问题，施工单位是否还应承担质量责任等。

【案情摘要】

原告（反诉被告）：江苏南通二建集团有限公司

被告（反诉原告）：吴江恒森房地产开发有限公司

原告江苏南通二建集团有限公司（以下简称南通二建）诉吴江恒森房地产开发有限公司（以下简称恒森公司）支付工程价款及被告反诉工程质量纠纷一案，经重审并经江苏省高院终审后，已审理终结。

原告诉称：原被告签订《建设工程施工合同》约定由原告承建吴江某国际广场的土建工程。2005 年 7 月 20 日涉案工程全部竣工验收合格，并同时由被告接收使用，现有余款被告拒不支付。故请求判令被告支付工程余款及逾期付款违约金。

被告辩称：被告已依约支付工程款，请求驳回原告诉讼请求；并反诉称：反诉被告偷工减料，未按设计图纸施工，质量不合格，导致屋面广泛渗漏，该部分重作的工程报价为 3335092.99 元，请求判令反诉被告赔偿该损失。

南通二建对恒森公司的反诉辩称：(1) 涉案工程已竣工验收合格，依据《建设工程质量管理条例》，施工单位仅有保修义务。(2) 屋面渗漏系原设计中楼盖板伸缩缝部位没有翻边等原因造成，且工程竣工后恒森公司的承租方在屋顶擅自打螺丝孔装灯，破坏了防水层。

【审裁结果】

法院经审理查明：涉案工程于 2005 年 7 月 20 日竣工验收合格后在保修期内出现屋面渗漏。诉讼中鉴定意见为：屋面构造做法不符合原设计要求，屋面渗漏范围包括伸缩缝、部分落水管道、出屋面排气管及局部屋面板。鉴定意见建议将原防水层全面铲除，重做屋面防水层，并出具了全面设计方案。该全面设计方案中包括南通二建在实际施工中未施工工序，并在原设计方案伸缩缝部位增加了翻边。

江苏省高级人民法院二审认为：(一) 屋面广泛性渗漏属客观存在并已经法院确认的事实，竣工验收合格证明及其他任何书面证明均不能对该客观事实形成有效对抗，故南通二建根据验收合格抗辩屋面广泛性渗漏，其理由不能成立。南通二建依据《建设工程质量管理条例》，进而认为其只应承担保修责任而不应重作的问题，同样不能成立。因该条例是管理性规范，而本案屋面渗漏主要系南通二建施工过程中偷工减料而形成，其交付的屋面本身不符合合同约定，且已对恒森公司形成仅保修无法救济的损害，故本案裁判的基本依据为民法通则、合同法等基本法律而非该条例。根据法律位阶关系，该条例在本案中只作参考。本案中屋面渗漏质量问题的赔偿责任应按谁造成、谁承担的原则处理，符合法律的公平原则。(二) 屋面渗漏的质量问题不在于原设计而在于南通二建偷工减料，未按设计要求施工，故应按全面设计方案修复。且鉴定意见对原设计方案是否有缺陷以及与屋面渗漏是否存在因果关系作出说明。二审庭审中，鉴定机构的鉴定人员也出庭接受了质询。关于原设计方案中伸缩缝部位无翻边设计的问题，二审认为，伸缩缝翻边非强制性要求，仅是为进一步保险起见采取的更有效的防水措施，与屋面渗漏之间无必然联系，施工方如按照原设计规范保质保量施工，结合一般工程施工实际考量，屋面不会渗漏。关于本案屋面渗漏应按何种方案修复的问题，二审法院认为，根据《中华人民共和国合同法》第 107 条、第 281 条之规定，因施工方原因致使工程质量不符合约定的，施工方理应承担无偿修理、返工、改建或赔偿损失等违约责任。本案中，双方当事人对涉案屋面所做的工序进行了明确约定，然而南通二建在施工过程中擅自减少多道工序，尤其是缺少对防水起重要作用的 2.0 厚聚合物水泥基弹性防水涂料层，其交付的屋面不符合约定要求，导致屋面渗漏，其理应对此承担违约责任。鉴于恒森公司几经局部维修仍不能彻底解决屋面渗漏，双方当事人亦失去信任的合作基础，为彻底解决双方矛盾，原审法院按照司法鉴定意见认定按全面设计方案修复，并判决由恒森公司自行委托第三方参照全面设计方案对屋面渗漏予以整改，南通二建承担与改建相应责任有事实和法律依据，亦属必要。江苏省高级人民法院于2012年12月15日作出（2012）苏民终字第0238号民事判决，南通二建赔偿恒森公司屋面修复费用2877372.30元。

【分析评价】

本案是一起因承包人起诉发包人不支付工程款、发包人提起反诉称承包人施工质量有问题的纠纷，主要涉及以下几个法律问题：

一、发包人就工程质量问题的对抗性主张属于反诉还是抗辩

（一）司法实务对此问题的探索

司法实务中，承包人追索工程款，发包人经常以建设工程质量存在问题为由对抗承包人的诉讼请求。对建设单位这个主张，是提出反诉还是主张抗辩，在司法实践存在争议。

反诉与抗辩都是被告的诉讼权利，都是被告用于对抗原告的诉讼请求、保护自己合法权益的诉讼手段。民事诉讼中的反诉，是指在已经开始的诉讼程序中，被告针对原告提出的与本诉有牵连的诉讼请求。被告提出反诉的目的，旨在通过反诉，抵消或吞并本诉的诉讼请求，或者使本诉的诉讼请求失去意义。抗辩则是被告要求在同一诉讼内部，提出各种有利于自己的事实和理由来否定原告所主张的事实和理由，以达到被告减轻合同对等责任的目的。简单理解，反诉属于请求权，抗辩属于抗辩权。发包人就承包人请求支付工程款而以质量问题进行对抗，该主张应当以抗辩还是反诉提出，应区分不同情况。

《合同法》第279条规定："建设工程竣工后，发包人应当根据施工图纸及说明书、国家颁发的施工验收规范和质量检验标准及时进行验收。验收合格的，发包人应当按照约定支付价款，并接收该建设工程。建设工程竣工经验收合格后，方可交付使用；未经验收或者验收不合格的，不得交付使用。"因此，建设工程竣工验收未合格，自然存在质量问题，工程款支付条件未成就，发包人可以工程质量问题抗辩工程款支付请求。建设工程已经竣工验收合格，或者经修复后验收合格，发包人应当履行工程款支付义务，其不能再以工程质量问题拒绝支付工程款，而应当以反诉追究对方的违约责任。

地方高院如广东省高院、江苏省高院、安徽省高院基本按照该逻辑来处理该问题，如《广东省高级人民法院关于审理建设工程施工合同纠纷案件若干问题的指导意见》（2011年7月发布）第1条规定："工程欠款纠纷案件中，发包人以建设工程质量不符合合同约定为由主张付款条件未成就的，可以作为抗辩处理。发包人以建设工程质量不符合合同约定为由，请求承包人承担违约责任的，应当提起反诉。"

（二）《最高人民法院关于审理建设工程施工合同司法解释二》的适用

《最高人民法院关于审理建设工程施工合同司法解释二》（法释〔2018〕20号）对此问题进行了明确、细化，解决了实践中的争议，对应属反诉，可以合并审理的情形进行了规定，对统一司法实践的适用起到积极作用。该解释第七条规定："发包人在承包人提起的建设工程施工合同纠纷案件中，以建设工程质量不符合合同约定或者法律规定为由，就承包人支付违约金或者赔偿修理、返工、改建的合理费用等损失提出反诉的，人民法院可以合并审理。"发包人要求承包人支付违约金或者赔偿修理、返工、改建的合理费用等损失，并据此要求不付、少付、迟付所欠工程款。发包人的主张包含有请求承包人支付违约金或者赔偿修理、返工、改建的合理费用等损失的独立诉讼请求，而非单纯对支付工程价

款的抗辩，因此应当通过提起反诉或者另行提起诉讼解决[①]。

二、竣工验收合格并不导致免除施工单位的质量责任

建设工程竣工验收，是指建设工程已由施工单位按照设计要求完成全部工作任务，准备交付给建设单位投入使用时，由建设单位组织设计、施工、工程监理等有关单位按照国家关于建设工程竣工验收制度的有关规定，对该项工程是否符合设计要求和工程质量标准等所进行的检查、考核工作。竣工验收是全面考核建设工作，检查是否符合设计要求和工程质量的重要环节。但需要注意，工程竣工验收合格与工程质量合格，应属不同概念。工程竣工验收合格主要表明所建造工程符合相关建筑工程标准和规范、满足了国家对工程建造程序的要求。而建设工程质量合格，主要表明建设工程应保证其在保修期内，满足工程设计要求、技术标准和合同约定的前提下，满足工程正常使用的基本要求。

关于工程质量的认定，如果双方当事人一致确认工程质量问题，则法院应予以认定。若当事人不予认可，则法院应当通过举证责任分配规则综合认定。具体来说，发包人主张工程质量问题的，应当提供关于质量问题的初步证据，如竣工验收记录、照片、现场勘察记录等；承包人予以否认的，应当提供反驳证据证明不存在这些质量问题或者这些质量问题并非承包人的原因所造成。若双方当事人不能达成一致，一般由发包人申请法院委托工程质量鉴定机构进行鉴定。即使工程通过竣工验收，但如果有迹象证明验收后的工程存在质量问题时，仍应当准许启动对工程质量的司法鉴定程序，并根据鉴定意见判别是否应当由施工方承担质量责任。本案中，涉案工程于2005年7月20日竣工验收合格。但恒森公司在诉讼中已经提交部分用以证明该工程可能存在质量问题的证据及线索，南通二建作为施工方在保修期内对该工程应承担相应的质量保证责任，并不因工程验收合格而免除。因此，恒森公司是针对工程质量提出的异议且有明确迹象，故一审法院准许启动质量鉴定符合相关规定。专业鉴定机构鉴定意见为“屋面构造做法不符合原设计要求，屋面渗漏范围包括伸缩缝、部分落水管道、出屋面排气管及局部屋面板。”该鉴定意见明确屋面广泛性渗漏属客观存在且属于南通二建责任，故竣工验收合格证明及其他任何书面证明均不能对该客观事实形成有效对抗，南通二建根据验收合格抗辩屋面广泛性渗漏，其理由不能成立。

三、施工人对因其造成的质量问题应承担修复费用

《建筑法》《建设工程质量管理条例》均规定，建设工程实行质量保修制度。建设工程质量保险制度，是指建设工程竣工验收后，在规定的保修期内，因勘察、设计、施工、材料等原因造成的质量缺陷，应当由施工单位负责维修、返工或更换，由责任单位负责赔偿损失的法律制度。原建设部第80号令《房屋建筑工程质量保修办法》（2000年）第4条、第9条、第13条规定：（1）房屋建筑工程在保修范围和保修期限内出现质量缺陷，施工单位应当履行保修义务；（2）房屋建筑工程在保修期限内出现质量缺陷，建设单位或者房屋建筑所有人应当向施工单位发出保修通知。施工单位接到保修通知后，应当到现场核查情况，在保修书约定的时间内予以保修；（3）保修费用由质量缺陷的责任方承担。

本案中，诉争工程尚在保修期内，南通二建作为承包人，无论该工程质量问题由何方原因造成，南通二建均有义务进行维修。南通二建维修后，再由责任方承担维修费用。本

① 最高人民法院民事审判第一庭：《最高人民法院建设工程施工合同司法解释（二）理解与适用》，人民法院出版社，2019年，第160、161页。

案中，经鉴定机构出具鉴定认定工程质量问题系因南通二建未按设计要求和合同约定施工导致，且该工程尚在保修期内，故南通二建应承担保修责任且应承担维修费用。

保修期内发生质量问题，建设单位可否直接起诉要求施工单位承担预估的修复费用？原建设部第80号令《房屋建筑工程质量保修办法》（2000年）第12条规定："施工单位不按工程质量保修书约定保修的，建设单位可以另行委托其他单位保修，由原施工单位承担相应责任。"结合该办法第9条规定，施工单位在保修期内保修责任的落实，整个处理过程是建设单位先通知施工单位保修，施工单位不保修或者保修后仍不合格的，建设单位才能另行委托保修或自行修复。根据上述分析，建设单位在施工单位未进行修复时不能直接其实要求赔偿修复费用。而在本案中，二审法院认为："南通二建在施工过程中，擅自减少多道工序导致屋面渗漏，其理应对此承担违约责任。鉴于恒森公司几经局部维修仍不能彻底解决屋面渗漏，双方当事人亦失去信任的合作基础。为彻底解决双方矛盾，法院按照司法鉴定意见认定按全面设计方案修复，并判决由恒森公司自行委托第三方参照全面设计方案对屋面渗漏予以整改，南通二建承担该预估的整改费用。"本案中法院结合双方合作的基础和恒森公司已经多次修复无法彻底解决问题的事实，认定如判决南通二建进行修复已经不太可能，从而判决南通二建承担修复费用，应不具普遍意义。因此，在保修期内发生质量问题，施工单位拒绝修复，建设单位宜先委托他人进行修复并保留相关证据，再起诉要求赔偿修复费用。

【拓展思考】

实践中对保修期内发生质量问题，施工单位拒绝修复后具体责任的承担，相关规定尚未完善。建议在今后相关规定的修订中，应当明确责任承担的具体方式和范围等。

6.2.3 施工合同工期纠纷案例

【核心知识点】

工期是指建设工程从开工到完成承包合同规定的全部内容，达到竣工验收标准所经历的天数。工期的长短直接影响建筑企业的经济效益，并关系到国民经济计划的完成和经济效益的发挥。施工进度合理，适当缩短工期，建设工程才能产生较好的经济效益。在工程建设实践中，由于施工过程漫长、现场情况复杂、不确定风险因素多等客观原因，以及工程量变更、设计变更、施工条件不具备、施工组织不力等可归于当事人的原因，普遍存在工期延迟，未能按照约定工期完成施工任务的情况。对于工期延迟，应结合实际情况，就工期延迟的原因进行专门分析，识别导致工期延迟的原因，在分清责任的基础上，确定是工期延误还是工期顺延，进而确定纠纷的解决方向。承包人原因造成的工期延误，工期将不予顺延，并且要承担逾期竣工的违约责任。发包人原因造成的工期延误，工期顺延，而且承担承包人窝工损失。对于工程建设当事人而言，特别是承包人，由于工程建设中处于相对弱势的地位，举证责任相对较重，工期索赔是需要在施工过程中予以重点关注，一旦发生可纳入索赔范围的事件，应立即启动索赔，按程序按要求上报索赔请求，并留好相关证据，以备发生争议时使用。

【案情摘要】

再审申请人（一审被告、二审上诉人）：成都中医药大学附属医院（以下简称成都中

医附院）

被申请人（一审原告、二审被上诉人）：成都市第六建筑工程公司（以下简称成都六建司）

成都六建司通过招投标方式取得成都中医附院发包的四川省中医医院老内科楼修缮改造工程。2013年3月12日，成都六建司、成都中医附院签订《四川省中医医院老内科楼修缮改造工程建设工程施工合同》（以下简称《施工合同》），约定由成都六建司承建成都中医附院的老内科楼内外改造、装修及中央空调、中心供氧、紧急呼叫等系统和水电工程（四、五层除外），以及老外科楼外墙装饰等修缮改造工程施工。合同约定以下内容：1. 合同总工期为224天，自监理人发出开工通知中载明的开工日期起算；2. 发包人应向承包人提供施工场地，以及施工场地内地下管线和地下设施等有关资料，并保证资料的真实、准确和完整；3. 由于发包人的原因造成工期延误的，承包人有权要求发包人延长工期和增加费用，并支付合理利润；4. 索赔：承包人应知道或应当知道索赔事件发生后的28天内，向监理人递交索赔意向通知书，并说明索赔事件的事由；否则，丧失要求追加付款和延长工期的权利；承包人应在发出索赔意向书后28天内，向监理人正式递交索赔通知书。索赔事件具有连续影响的，承包人应按合理时间间隔继续递交延续索赔通知，说明连续影响的实际情况和记录，列出累计的追加付款金额和工期延长天数；在索赔时间影响结束后的28天内，承包人应向监理人递交最终索赔通知书，说明最终要求索赔的追加付款金额和延长的工期，并附必要的记录和证明材料；监理人应按合同第3.5款商定或确定追加的付款额和延长的工期。

2013年3月14日，监理单位同意成都六建司进场施工。但由于成都中医附院对案涉大楼并非全部停止使用，而是一边营业一边施工，造成成都中医附院不能完全按合同约定及时提供施工面，导致成都六建司施工组织受到影响，并造成部分施工人员窝工现场和工期延误，成都六建司就此多次向成都中医附院提出要求及时解决，并对所造成损失提出索赔。工程施工过程中，成都六建司多次提交《工作联系单》《工程延期报告》《技术、经济签证核定单》等文件材料，要求成都中医附院提供施工面、顺延工期、确认窝工损失等，并由监理单位对相关文件进行签字确认。

后由于双方对工期延误、索赔金额、索赔程序等存在争议，成都六建司提起诉讼，请求判令成都中医附院赔偿因工期延误给成都六建司造成的经济损失5685156元。成都中医附院认为：1. 双方实际同意对工期进行变更；2. 工程未停工，不存在窝工；3. 即使工期有延误，但成都六建司没有按约定索赔，按合同约定已丧失索赔权利。后经一审法院查实：1. 双方对合同工期的延长或变更没有签订过协议，相反成都六建司提出索赔申请时也对延误工期损失进行了主张，且成都中医附院认可延误工期的原因。2. 虽然工程未停工，但由于成都中医附院不能按约提供施工面造成成都六建司施工人员窝工情况，且通过监理单位签字确认的《技术、经济签证核定单》得到成都中医附院的确认。3. 对于成都中医附院提出即使工期有延误，成都六建司没有按约定索赔，按合同约定已丧失索赔权利的意见，与查明事实不符，法院亦不予采纳。

【审裁结果】

一审法院判决成都中医附院向成都六建司赔偿违约损失窝工人工费2108735.16元。成都中医附院不服一审判决，上诉至四川省成都市中级人民法院，该院做出（2016）川

01 民终 1728 号民事判决，驳回上诉，维持原判。二审判决后，成都中医附院向四川省高级人民法院申请再审，该院 2018 年 3 月 14 日做出（2017）川民再 405 号判决，维持四川省成都市中级人民法院（2016）川 01 民终 1728 号民事判决。

【分析评论】

一、确定工期延误还是工期顺延

解决施工合同工期纠纷，最关键的就是对工期延迟的原因进行专门分析，识别导致工期延迟的原因，在分清责任的基础上，确定是工期延误还是工期顺延，进而确定纠纷的解决方向。承包人原因造成的工期延误，则工期不予顺延，并且要承担逾期竣工的违约责任。发包人原因造成的工期延误，则工期顺延，而且承担承包人窝工损失。所以，合同中规定的双方义务是决定工期顺延还是工期延误的重要因素。

（一）工期顺延。可归责于发包人的原因导致工期延迟，指发包人违反合同约定或者法定义务造成工期延迟，此时工期应予顺延，且承包人可要求发包人承担停工、窝工的损失。《2013 版施工合同示范文本》7.5.1 条规定，由发包人原因导致工期延误的七种情形：（1）发包人未能按合同约定提供图纸或所提供图纸不符合合同约定的；（2）发包人未能按合同约定提供施工现场、施工条件、基础资料、许可、批准等开工条件的；（3）发包人提供的测量基准点、基准线和水准点及其书面资料存在错误或疏漏的；（4）发包人未能在计划开工日期之日起 7 天内同意下达开工通知的；（5）发包人未能按合同约定日期支付工程预付款、进度款或竣工结算款的；（6）监理人未按合同约定发出指示、批准等文件的；（7）专用合同条款中约定的其他情形。根据实际情况，可归责于发包人，且能够达到导致承包人无法施工程度的事由，主要包括发包人逾期支付工程款、发包人在施工过程中变更设计图纸、增加工程量等、发包人逾期提供甲供材料等。在工期顺延的问题中，需注意发包人的相关事由，必须属于直接影响工程建设，导致工程建设无法继续，必须是工程建设关键路径中不可规避的问题，且需要承包人在此过程中积极主张权利，若不满足上述条件，则不一定必然会导致工期顺延。例如，若发包人逾期支付工程款，虽然达到无法施工的程度，但承包人并未积极主张权利，采取停工等合同约定手段向发包人施压，而是垫资继续施工，并在约定工期范围内竣工的，自然不存在工期顺延的问题。

（二）工期延误。可归责于承包人的原因导致工期延迟，指承包人违反合同约定或法定义务造成的工期延迟，此时导致的是工期延误，承包人应承担逾期竣工的违约责任。一般来说，可归责于承包人的原因主要包括承包方的综合实力不能够满足施工合同的约定要求，表现在施工管理水平欠缺、技术力量配备不到位等，导致超出工期范围施工或者返工影响工期，或者作为有经验的承包人应能够合理预见却未能合理预见非异常气候条件影响施工而导致工期延迟。上述情形下，施工工期不能顺延，属于工期延误，承包人需采取措施加快施工进度，力争在约定时间内完成施工任务，否则将可能面临逾期竣工的巨大压力及承担相应的违约责任。

本案中，双方约定“2. 发包人应向承包人提供施工场地，以及施工场地内地下管线和地下设施等有关资料，并保证资料的真实、准确和完整；3. 由于发包人的原因造成工期延误的，承包人有权要求发包人延长工期和增加费用，并支付合理利润”。根据法院查明事实，由于成都中医附院对涉案大楼并非全部停止使用，而是一边营业一边施工，造成成都中医附院不能完全按合同约定及时提供施工面，导致成都六建司施工组织受到影响，并造成部分施工人员窝工现场和工期延误。成都中医附院不能提供施工面，属于工程建设关键路径上不可规避的问题，是导致工期延误和窝工的直接原因，且违反了双方的合同约定，其应当承担相应的不利后果，允许成都六建司延长工期，并对窝工损失进行赔偿。本案中的一审、二审、再审法院都认定是成都中医附院的责任，由其承担不利后果。

二、未按合同约定程序进行工期索赔的处理

（一）本案当事人工期索赔工作值得借鉴

关于索赔，本案双方当事人约定“承包人应知道或应当知道索赔事件发生后的28天内，向监理人递交索赔意向通知书，并说明索赔事件的事由；否则，丧失要求追加付款和延长工期的权利；承包人应在发出索赔意向书后28天内，向监理人正式递交索赔通知书”。基于上述约定，成都中医附院提出成都六建司没有按约定索赔，按合同约定已丧失索赔权利。但经法院查明，工程施工过程中，成都六建司多次提交《工作联系单》《工程延期报告》《技术、经济签证核定单》等文件材料，要求成都中医附院提供施工面、顺延工期、确认窝工损失等，并由监理单位对相关文件进行签字确认。成都六建司严格按照合同约定程序进行了工期索赔，其索赔内容亦得到法院的支持。本案中，成都六建司及时、高效的按约定程序开展了索赔工作，极大地保护了自身的权益与利益，值得施工单位的项目经理对其进行研究学习。

（二）《最高人民法院关于审理建设工程施工合同司法解释二》关于工期索赔期限的适用

本案中，成都六建司按合同约定程序进行工期索赔，保护了自身利益，但实践中大量存在由于未按合同约定程序进行索赔，而导致索赔权利丧失，且在诉讼中承担不利后果的案例。其中的关键点就在于是否在双方约定的索赔期限（本案中约定承包人应知道或应当知道索赔事件发生后的28天内）内提出索赔，是否超过索赔期限必然导致索赔权利的丧失，在以往的司法实务中，对该约定是否应支持存在不同观点。一种观点认为，承包人未按照约定提出顺延工期申请，并不一定丧失实体权利，主要理由为实体性权利与程序性权利存在区别，除法律明确规定的诉讼时效制度，不宜通过约定方式让当事人放弃实体权利；第二种观点认为，如承包人未在约定时间内提出工期顺延申请，应产生其在诉讼程序中丧失胜诉权的法律后果，主要理由为“法律不保护躺在权利上睡觉的人”，权利义务对等的原则以及承包人及时提出顺延工期请求有利于发包人即时做出判断并答复等[①]。

根据《最高人民法院关于审理建设工程施工合同司法解释二》（法释〔2018〕20号）第六条规定：“当事人约定顺延工期应当经发包人或者监理人签证等方式确认，承包人虽未取得工期顺延的确认，但能够证明在合同约定的期限内向发包人或者监理人申请过工期顺延且顺延事由符合合同约定，承包人以此为由主张工期顺延的，人民法院应予支持。当事人约定承包人未在约定期限内提出工期顺延申请视为工期不顺延的，按照约定处理，但发包人在约定期限后同意工期顺延或者承包人提出合理抗辩的除外”，最高人民法院已通过司法解释正式认可索赔权逾期失权制度，此规定对施工单位工期索赔管理工作提出了更高的要求。作为施工单位的项目经理必须高度重视工期索赔工作，深入理解掌握合同约定

① 最高人民法院民事审判第一庭：《最高人民法院建设工程施工合同司法解释（二）理解与适用》，人民法院出版社，2019年，第136、137页。

的索赔程序，一旦出现索赔事项，要立即着手准备，并严格按照合同约定的时间开展索赔工作，一方面易得到发包人的认可，另一方面在诉讼过程中也能得到法院的支持。否则，在诉讼中可能面临法院不予支持逾期索赔请求的不利局面。

三、如何做好工期索赔

下面仅从承包方的角度，对做好工期索赔应注意的问题，从以下几个方面进行提示。（一）清楚界定责任。工期延误可能由多种原因造成，发包人和承包人均可能由于自身过错导致工期延误。承包人应在合同签订阶段及履行阶段要能够清楚界定工期延误的违约责任，并做好记录与留好证据，这样能够强化发包人履约意识，有效避免工期延误风险。（二）严格落实签证。对于工期顺延的签证，承包人一定要按照合同约定的期限与程序，及时提交给监理及发包人，以确保签证的有效性。承包人应按月对照施工组织计划表，审查工期执行情况，若发现工期滞后的，应及时审查工期签证是否落实、是否需要采取弥补措施、是否需要协商改变工期等。（三）关注工期索赔。实践中，承包人对于工程量变更、设计变更、工程价款支付等工作内容较为关注，但对于由此引发的工期延迟关注度不够，尤其是当受影响的工期较短，承包人往往忽略了对工期进行索赔，而导致自身的利益受到损害。所以，承包人应加强对于工期索赔的关注度，即使是较短的工期延误，也应当按程序做好索赔工作，才能够最大化的保护自身利益。

参考文献

[1] 美国项目管理协会.《项目管理知识体系指南（PMBOK 指南)》(第六版)［R］. 北京：电子工业出版社，2018.

[2] 美国项目管理协会.《项目集管理标准》(第二版)［R］. 北京：电子工业出版社，2009.

[3] 美国项目管理协会.《项目管理组合标准》(第二版)［R］. 北京：电子工业出版社，2009.

[4] 美国项目管理协会.《项目变革管理实践指南》［R］. 北京：中国电力出版社，2014.

[5] 美国项目管理协会.《组织级项目管理实践指南》［R］. 北京：中国电力出版社，2015.

[6] 美国项目管理协会.《项目组合、项目集和项目治理实践指南》［R］. 北京：电子工业出版社，2016.

[7] 张茉楠. “一带一路”：重构全球经贸大循环［N］. 华夏时报，2016-3-18.

[8] 易军：落实顶层设计 打造中国建造品牌［EB/OL］. http：//news. dichan. sina. com. cn/2017/03/03/1226702. html，2017-03-03.

[9] 陈琪慧. 建筑业支柱产业地位的实证分析［J］. 建筑，2015，09：24-27.

[10] 住建部. 住建部解读《关于促进建筑业持续健康发展的意见》［N］. 中国建设报. 2017-03-02.

[11] 2017 年中国建筑信息化行业发展趋势分析［EB/OL］. http：//www. chyxx. com/industry/201705/520122. html，2017-05-08.

[12] 李冬. 规矩定方圆-香港建造业议会工人训练学院考察有感［EB/OL］. http：//www. bcdaedu. com/newsitem/44028.

[13] PMI. 道德规范与专业操守守则［S］. 2007.

[14] CIOB. 会员专业能力与行为准则和规范［S］. 1993.

[15] FIDIC. 工程咨询业务廉洁管理指南［S］. 1999.

[16] 中国建设工程造价管理协会. 造价工程师职业道德行为准则（中价协［2002］第 015 号)［S］. 2002.

[17] 全国一级建造师执业资格考试用书编写委员会. 建设工程经济［M］. 北京：中国建筑工业出版社，2019.

[18] 王雪青主编. 建设工程投资控制［M］. 北京：中国建筑工业出版社，2016.

[19] 王雪青主编. 工程估价［M］. 北京：中国建筑工业出版社，2011.

[20] 全国造价工程师执业资格考试培训教材编审委员会. 建设工程计价［M］. 北京：中国计划出版社，2017.

[21] 中华人民共和国住房和城乡建设部，中华人民共和国国家质量监督检验检疫总局联合发布. 建设工程工程量清单计价规范 GB 50500—2013. 北京：中国计划出版社，2013.

[22] 汤礼智编著. 国际工程承包实务［M］. 北京：中国对外经济贸易出版社，1990.

[23] 何红锋、张连生、杨宇.《建设法规教程》(第四版)（住房城乡建设部土建类学科专业“十三五”规划教材)［M］. 北京：中国建筑工业出版社，2018.

[24] 于剑龙、王红松、冯小光、孙巍主编.《中国建设工程法律评论（第七辑)》［M］. 北京：法律出版社，2018.

[25] 何红锋著.《工程建设中的合同法与招标投标法》［M］. 北京：中国计划出版社，2014.

[26] 杨紫烜主编.《经济法》(第五版)［M］. 北京：北京大学出版社、高等教育出版社，2016.

[27] 朱树英著.《建设工程法律实务》［M］. 北京：法律出版社，2001.

[28] 最高人民法院民事审判第一庭.《最高人民法院建设工程施工合同司法解释（二）理解与适用》［M］. 北京：人民法院出版社，2019.

[29] 何伯森.《建设工程仲裁案例解析与思考》［M］. 北京：中国建筑工业出版社，2014.

[30] 国家发展和改革委员会法规司、国务院法制办公室财金司、监察部执法监察司.《中华人民共和国招标投标法实施条例释义》［M］. 北京：中国计划出版社，2012.

[31] 何红锋、李德华.《建设工程法律实务》［M］. 北京：中国人民大学出版社，2010.

[32] 何红锋.《建设工程施工合同纠纷案例评析（修订版)》［M］. 北京：中国知识产权出版社，2009.